数学名著译丛

数　学

——它的内容，方法和意义

第三卷

〔俄〕A.D.亚历山大洛夫　等　著

王　元　万哲先　等　译

科学出版社

北京

图字：01-2000-2677 号

内 容 简 介

本书是前苏联著名数学家为普及数学知识撰写的一部名著，用极其通俗的语言介绍了现代数学各个分支的主要内容，历史发展及其在自然科学和工程技术中的应用．本书内容精练深入浅出，只要具备高中的数学知识就能阅读．全书共 20 章，分三卷出版．每一章介绍一个数学分支，本卷是第三卷，内容包括实变函数论、线性代数、抽象空间、拓扑学、泛函分析、群及其他代数系统．

本书可供高等院校理工科师生、中学教师和学生、工程技术人员和数学爱好者阅读．

Originally published in Russian under the title "Mathematics, Its Essence, Methods and Role" by A. D. Aleksandrov.

Copyright © 1956, Publishers of the USSR Academy of Sciences, Moscow. All right reserved.

图书在版编目(CIP)数据

数学——它的内容，方法和意义(第 3 卷)/(俄罗斯)亚历山大洛夫等著；王元，万哲先等译．—北京：科学出版社，2001
（数学名著译丛）
ISBN 978-7-03-009598-5

Ⅰ．数… Ⅱ．①亚… ②王… Ⅲ．数学 Ⅳ．O1

中国版本图书馆 CIP 数据核字(2001)第 044593 号

责任编辑：林　鹏　刘嘉善/责任校对：陈玉凤
责任印制：赵　博 /封面设计：张　放

科 学 出 版 社 出版
北京东黄城根北街 16 号
邮政编码：100717
http://www.sciencep.com

三河市春园印刷有限公司印刷
科学出版社发行　　各地新华书店经销
*
2001 年 11 月第　一　版　开本：850×1168 1/32
2024 年 5 月第二十次印刷　印张：10 5/8
字数：282 000
定价：49.00 元
（如有印装质量问题，我社负责调换）

目 录

第 三 卷

第十五章　实变数函数论

§1.　绪　　论

在十八世纪末、十九世纪初的时候, 微积分学已基本上被发掘了. 在这个时候(正确地说是十八世纪), 学者们开始建立它的各个分支, 揭示了很多新而又新的事实, 发展了微积分学在力学、天文学与技术科学方面的种种问题的日新月异的应用. 现在已经出现综观所有获得的结果的可能性, 使它们系统化并深入探究分析的基本概念的意义. 但在这个时候, 已经可以看出来, 分析基础本身并不是毫无问题的.

还在十八世纪, 那时的大数学家关于什么是函数就没有一致的见解, 因此长期争论着问题的这样与那样的解答, 这样与那样的具体数学结果, 弄不清究竟谁是正确的. 逐渐才知道了分析的另一些基本概念也需要进一步精确. 如果对什么是连续性及连续函数的性质是些什么, 都没有足够清晰的理解, 那就常常会引起一系列错误的论断. 例如, 认为连续函数总是可微的. 由于数学中已经处理着这样复杂的函数, 以至于仅仅依凭直观与猜测已经是不可能的了. 因此, 分析的基本概念的整理就成为燃眉之急了.

第一个在这方面认真尝试的是拉格朗日, 在他之后, 柯西又走上了这条道路, 柯西将直到今天还广泛运用的极限、连续性与积分的定义严格化了. 大约就在那个时候, 捷克数学家波尔察诺也认真地研究着连续函数的基本性质.

我们详细地讨论一下连续函数的一些性质. 命 $f(x)$ 是某个间隔 $[a, b]$ (即满足不等式 $a \leqslant x \leqslant b$ 的所有的点 x) 上的连续函数. 如果在间隔的端点上, 函数取异号的数值, 那么在间隔中间必定有一点, 使函数的值为零. 这件事在过去认为是显然的, 现在这个命题已经得到了严格的论证. 同样严格地证明了间隔上的连续函数必定在其上的某些点取自己的最大值与最小值.

连续函数的这些性质的研究, 迫使人们深入地去探究实数的本性, 因此就出现了实数的理论, 而数轴的基本性质也得到了确切的表述.

数学分析的进一步发展, 促使人们必须去研究愈来愈多的"坏"的函数, 特别是间断的函数. 例如, 间断函数作为连续函数的极限而出现. 早先, 人们并不知道, 极限函数是否连续. 间断函数也在描绘突然改变的过程时出现, 因此产生了一个新的问题——把分析的工具推广到间断函数上去.

黎曼研究了这样一个问题, 即积分的概念可能推广到怎样的间断函数上去. 由于所有这些奠定分析基础的活动, 使一个新的数学分支——实变数函数论出现了.

如果古典数学分析是基于处理一些"好"的函数(例如连续函数和可微函数), 那么实变数函数论主要是处理更为广泛的函数类. 如果在数学分析里对于连续函数给出了某些运算(例如积分)的定义, 那么实变数函数论就以研究这样一些问题为特征, 即这个定义可以应用于怎样的函数类, 以及这个定义应该怎样改变, 才能更为广泛. 特别是, 只有在实变数函数论里才能满意地回答这样的问题, 即什么是曲线的长度? 及对于怎样的曲线, 讨论它的长度才有意义?

实变数函数论本身是建立在集合论的基础上的.

正由于这个原因, 我们先叙述集合论的原理, 然后转入点集的讨论, 而以叙述实变数函数论的基本概念之一——勒贝格积分作为本章的结束.

§2. 集 合 论

人们经常需要考虑各种各样事物的集合, 正如第一章(第一卷)所阐明的, 这就引起了数的概念的产生, 然后是集合的概念的产生; 这是数学中基本而又简单的概念之一, 不能再加以精确的定义了. 以下讨论的目的, 无非是要弄清楚集合是什么, 而不必纠缠于它的定义.

不管按照什么特征或者依循什么规律结合起来的事物的总体都称之为集合. 集合的概念是通过抽象化的途径而产生的. 人们把任意东西的总和看成集合, 是抽去了集合中各个东西之间的所有联系与关系, 而仅仅保留了这些东西的个别特性. 这样一来, 由五个钱币做成的集合与五个苹果做成的集合就完全不相同了. 但是另一方面, 围成一个圆圈的五个钱币做成的集合与一个个叠起来放的五个钱币所做成的集合, 则被看成是相同的.

我们试举几个集合的例子, 例如, 沙粒的集合, 太阳系所有行星的集合, 在给定的时间里, 在某个房子里所有人的集合及这本书的全部书页的集合. 数学里也常常碰到各种各样的集合, 例如, 给定的方程所有的根的集合, 全体自然数的集合及直线上所有的点的集合等等.

研究集合不依赖于组成它的事物的特性的性质, 即仅仅研究集合的一般性质的数学分支称之为集合论. 这一分支是在十九世纪末及二十世纪初才开始蓬勃发展起来的. 德国数学家康托尔 (G. Cantor) 是科学的集合论的奠基人.

康托尔关于集合论的工作产生于三角级数收敛性问题的研究. 由于具体数学问题的研究而引起非常抽象与普遍的理论的建立, 已经是一种非常普通的现象了. 这些抽象理论的意义在于它不仅与产生它的那个具体问题有联系, 而且由于它对于另外一系列问题也有着应用. 集合论也就是如此. 集合的想法与概念已经浸透到所有的数学分支, 并且改变了它们的面貌, 所以不熟悉集合论的原理就不可能对近代数学获得正确的理解. 而集合论对于实变数函数论则有着特别巨大的作用.

假如对于任何东西, 都可以知道它属于集合或者不属于集合, 那么集合就算被给出来了; 换言之, 集合是由所有属于它的东西所完全确定的. 如果集合 M 是由而且仅仅是由 $a, b, c, \cdots$ 这些东

西构成,那么就写成

$$M = \{a,\ b,\ c,\ \cdots\}.$$

组成任意集合的东西,通常称为它的元素. 当一个东西 m 是集合 M 的元素时,就记作

$$m \in M.$$

读做"m 属于 M"或者"m 是 M 的元素". 如果有一个东西 n 不属于集合 M,则记作 $n \bar\in M$. 每一个东西只能是给定的集合的一个元素;换言之,一个集合中所有的元素彼此都是不同的.

集合 M 的元素,本身可以是集合. 但是,为了避免矛盾起见,应该要求集合 M 本身不是组成它自己的一个元素,即 $M \bar\in M$.

不包含任何东西的集合称为空集. 例如,方程

$$x^2 + 1 = 0$$

所有的实根组成的集合就是空集. 以后我们用 θ 来表示空集.

对于两个集合 M 与 N,如果集合 M 的每个元素 x 同样也是集合 N 的元素,那么就说 M 含在 N 之中;M 是 N 的一部分;M 是 N 的子集或者 N 包含 M. 而记作

$$M \subseteq N \quad \text{或} \quad N \supseteq M.$$

例如集合 $M = \{1,\ 2\}$ 是集合 $N = \{1,\ 2,\ 3\}$ 的一部分.

显然 $M \subseteq N$ 恒成立. 为了方便起见,我们把空集看作是任何集合的子集.

如果两个集合是由完全相同的元素构成的,那么就说这两个集合相等. 例如,方程 $x^2 - 3x + 2 = 0$ 所有的根的集合与集合 $\{1, 2\}$ 是相等的.

我们来定义集合上的运算规律.

联或和 给出集合 $M,\ N,\ P,\ \cdots$. 集合

$$X = M + N + P + \cdots,$$

即由它的"被加数"$M,\ N,\ P,\ \cdots$ 的所有元素所组成的集合,称为这些集合的联或和. 但是,如果元素 x 属于很多被加数,那么 x 只能归入和 X 一次. 显然

$$M + M = M.$$

而且当 $M \subseteq N$ 时,有
$$M + N = N.$$

交　同时属于所有的集合 M, N, P, … 的那些元素的全体所组成的集合 Y,称为 M, N, P, … 的交或这些集合的公共部分.

显然 $M \cdot M = M$. 如果 $M \subseteq N$,则 $M \cdot N = M$.

如果集合 M 与 N 的交是空集,即 $M \cdot N = \theta$,则称这两个集合不相交.

为了标记集合的和与交的运算,我们仍旧沿用记号 Σ 与 Π. 因此
$$E = \sum E_i$$
为诸集合 E_i 之和,而
$$F = \prod E_i$$
为它们的交.

请读者自己证明,集合的和与交服从普通的结合律
$$M(N+P) = MN + MP.$$
同样也服从规律
$$M + NP = (M+N)(M+P).$$

差　所有属于 M 而不属于 N 的元素所组成的集合 Z,称为两个集合 M 与 N 的差:
$$Z = M - N.$$

如果 $N \subseteq M$,则差 $Z = M - N$ 也称为集合 N 关于 M 的补集.

不难证明,关系式
$$M(N-P) = MN - MP$$
与
$$(M-N) + MN = M$$
恒成立.

因此,集合的运算规则与普通算术运算规则有很大的不同的.

有限集合与无限集合　由有限多个元素组成的集合,称为有限集合. 如果集合的元素的个数是无限的,那么这个集合就称为无限集合. 例如全体自然数所组成的集合就是无限集合.

我们研究任意两个集合 M 与 N, 并且提出这样的问题, 即这两个集合的元素的数量是否一样.

如果集合 M 是有限的, 那么它的元素的数量可以由某个自然数(即其元素的数目)来表达. 在这种情形之下, 为了比较集合 M 与 N 的数量, 就只要计算一下 M 与 N 的元素的个数, 然后比较一下所得到的这两个数目就可以了. 同样, 假若集合 M 与 N 中, 一个是有限的, 另一个是无限的, 那么很自然地可以认为无限集合包含着比有限集合更多的元素.

然而, 如果两个集合 M 与 N 都是无限集合, 那么用简单地计算元素的个数的方法是什么也得不到的. 所以立刻引起这样的问题, 即是否所有的无限集合的元素的数量都是一样的, 或者是否存在元素数量互相不同的无限集合? 假如后者是正确的, 那么用什么方法可以比较无限集合的元素数量呢? 我们就要讨论这些问题.

一一对应 重新命 M 与 N 为两个有限集合. 如果不利用计算集合中元素的个数的方法, 又如何来判断这两个集合中哪一个包含的元素更多一些呢? 为此我们将要确定它的对应关系, 即将 M 中的一个元素与 N 中的一个元素联结成一对. 因此, 假若 M 有任何一个元素在 N 中找不到它所对应的元素, 那么显然 M 的元素较 N 为多. 我们只要观察一些例子, 就很清楚了.

假若大厅里有若干个人及若干把椅子. 为了要知道哪样多一些, 只要让人们都去找座位. 如果有人没有位子坐, 那么人就比椅子多. 但是, 假如所有的位子都有人坐上了, 那么人和椅子正好一样多. 上面所讲的比较集合元素的数量的方法比依次计算元素个数的方法有着无比的优越性. 这是因为不需要特别的改变, 这个方法就不仅能够用之于有限集合, 而且可以用之于无限集合.

我们研究所有自然数的集合

$$M = \{1,\ 2,\ 3,\ 4,\ \cdots\}$$

与所有偶数的集合

$$N = \{2,\ 4,\ 6,\ 8,\ \cdots\}.$$

哪一个集合包含着更多的元素呢？ 一眼看去，似乎前者的元素更多些. 然而，我们可以在这两个集合的元素之间建立一对对的关系，如下表所示：

表 1

M	1	2	3	4	...
N	2	4	6	8	...

没有任何 M 的元素，也没有任何 N 的元素找不到它所对应的元素. 我们也可以建立如下的对应关系：

表 2

M	1	2	3	4	5	...
N	—	2		4	—	...

因此 M 有很多元素找不到它所对应的元素. 但是另一方面，我们也可以将对应关系确定如下表：

表 3

M	—	1	—	2		3	—	...
N	2	4	6	8	10	12	14	...

现在 M 又有很多元素没有对应的元素了.

因此，如果集合 A 与 B 是无限的，那么用不同的方法来建立对应关系，就得到完全不同的结果. 假如存在这样一个建立对应关系的方法，使 A 的每个元素与 B 的每个元素都有它所对应的元素，那么就说在集合 A 与 B 之间可以建立一一对应的关系. 例如，恰如表1所示，上面所考虑过的集合 M 与 N 之间，就可以建立一一对应的关系.

如果在集合 A 与 B 之间可以建立一一对应的关系，那么就说他们的元素有同一数量，或者称它们同势. 如果用任何方法来建立对应关系，集合 A 中总有若干个元素没有与之对应的元素，那么就说，集合 A 的元素比 B 多，或者 A 的势比 B 大.

因此，我们获得了上面提出的问题的解答，即如何比较无限集合的元素的数量. 然而这却一点也不能给另外一个问题以丝毫的回答，即是否存在不同势的无限集合？为了要回答这一问题，我们来研究某些简单类型的无限集合.

可数无限集合 如果可以在集合 A 的元素与全体自然数所组成的集合

$$Z = \{1, 2, 3, \cdots\}$$

的元素之间建立一一对应的关系，那么就称集合 A 是可数无限的. 换言之，假若集合 A 的元素可以用全体自然数来标记号码，即可以将它写成序列的形式

$$a_1, a_2, \cdots, a_n, \cdots,$$

那么就说 A 是可数无限集合.

表 1 说明了全体偶数所组成的集合是可数无限的(前一列的数，现在被看成是它所对应的后一列各数的指标数).

由上所述容易看出，最小的无限集合正是可数无限集合，即每一无限集合皆包含一个可数无限集合为其子集.

如果两个非空的有限集合互不相交，那么它们的和的元素的个数比它们中的任何一个的元素个数都多，但对于无限集合，这个规律就可能不成立. 事实上，命 $Ч$ 是所有偶数所组成的集合，H 是所有奇数做成的集合，而 Z 是全体自然数组成的集合. 表 4 说明，集合 $Ч$ 与 H 都是可数无限集合. 然而 $Z = Ч + H$ 仍然是可数无限集合.

表 4

$Ч$	2	4	6	8	...
H	1	3	5	7	...
Z	1	2	3	4	...

对于无限集合，"整体多于部分"这一法则被破坏了，这就表明无限集合有本质上异于有限集合的特性. 从有限过渡到无限，完

全符合了熟知的辩证法的规律——性质的质变.

现在我们来证明全体有理数所组成的集合是可数无限集合. 为此我们将有理数排列成下表:

(1)	(2)	(3)	(4)	(5)	(6)	
1	2	3	4	5	6	…
0	-1	-2	-3	-4	-5	…
$\frac{1}{2}$	$\frac{3}{2}$	$\frac{5}{2}$	$\frac{7}{2}$	$\frac{9}{2}$	$\frac{11}{2}$	…
$-\frac{1}{2}$	$-\frac{3}{2}$	$-\frac{5}{2}$	$-\frac{7}{2}$	$-\frac{9}{2}$	$-\frac{11}{2}$	…
$\frac{1}{3}$	$\frac{2}{3}$	$\frac{4}{3}$	$\frac{5}{3}$	$\frac{7}{3}$	$\frac{8}{3}$	…
$-\frac{1}{3}$	$-\frac{2}{3}$	$-\frac{4}{3}$	$-\frac{5}{3}$	$-\frac{7}{3}$	$-\frac{8}{3}$	…
· · ·	· · ·	· · ·	· · ·	· · ·	· · ·	

此处第一列按照大小递升的次序安排了所有的自然数, 第二列遵循递降的顺序安置着零及负整数, 第三列又依照递升的次序安放着分母为 2 的所有正的既约分数, 第四列则又遵循着递降的顺序排列着分母为 2 的所有负的既约分数, 如此等等. 显然, 每一有理数在这张表上都能够而且只能被找到一次, 现在我们将这张表上所有的数都按箭头指示的方向, 依次标以号码. 于是, 所有的有理数都依次被安排成一个序列如下:

有理数对应的指标数	1	2	3	4	5	6	7	8	9	…
有 理 数	1	2	0	3	-1	$\frac{1}{2}$	4	-2	$\frac{3}{2}$	…

这样一来, 在全体有理数与所有的自然数之间建立了一一对应, 于是, 全体有理数的集合是可数无限的.

连续统势的集合 假如可以在集合 M 的元素与间隔 $0 \leqslant x \leqslant 1$

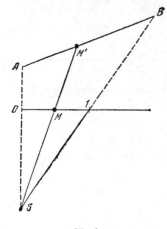

的全体点之间建立一一对应的关系,那么就称集合 M 具有连续统势. 例如按照这个定义可知, 间隔 $0 \leqslant x \leqslant 1$ 的点的集合本身, 就具有连续统势.

由图1可以看出, 任何间隔 AB 的点的全体具有连续统势. 由几何投影的方法, 建立了它的点与间隔 $0 \leqslant x \leqslant 1$ 的点之间的一一对应关系.

不难证明, 任何区间 $a < x < b$ 与直线 $-\infty < x < +\infty$ 上所有点所组成的集合, 都具有连续统势.

图 1

更为有趣的事情是正方形 $0 \leqslant x \leqslant 1$, $0 \leqslant y \leqslant 1$ 的点的集合有连续统势. 因此, 粗略地说, 正方形中的点与间隔上的点"一样多".

§3. 实　　数[1]

数的概念的发展已经在第一章(第一卷)中详细介绍过了, 现在我们将粗略地介绍实数的理论. 这个理论是由于要建立分析的基本概念, 在十九世纪产生的.

有理数　我们假定读者已经熟悉有理数的基本性质. 这里我们只回忆一下这些性质, 而不去详细叙述它们. 有理数集合是由形如 m/n 的数所做成的数集, 此处 m, n 为整数, 而 $n \neq 0$. 有理数有两个由一些规律(公理)所确定的运算(加法与乘法). 以下用 a, b, c, ⋯ 来表示有理数.

I. 加法公理

1) $a + b = b + a$　(交换律).

2) $a + (b + c) = (a + b) + c$　(结合律).

---

[1] 写这段时, 作者与阔尔莫果洛夫(А. Н. Колмогоров)作了有益的讨论.

3) 方程 $$a+x=b$$

有唯一的解(存在逆运算).

由这些公理立刻可以看出，表达式 $a+b+c$ 有确定的意义. 存在有理数零(零元素)，使 $a+0=a$. 又存在加法的逆运算——减法，因而表达式 $b-a$ 是有意义的.

从代数的观点来看，对于加法的运算关系，全体有理数做成交换群.

II．乘法公理

1) $ab=ba$ (交换律).

2) $a(bc)=(ab)c$ (结合律).

3) 方程 $$ay=b$$

当 $a\neq0$ 时有唯一的解(存在逆运算).

由这些公理立即得知，表达式 abc 是有意义的，存在有理数 1 使 $a\cdot1=a$. 又对于异于零的有理数，存在逆运算——除法．因此对于乘法运算来说，除零外的所有有理数做成交换群.

III．分配律

1) $(a+b)c=ac+bc$.

有理数满足所有的公理 I—III. 对于加法及乘法的运算关系来说，全体有理数组成一个所谓代数域.

IV．良序公理

1) 对于任意两个有理数 a 与 b，在下面三个关系中，有一个而且仅有一个成立：$a<b$, $a>b$ 或 $a=b$.

2) 若 $a<b$, $b<c$, 则 $a<c$.

3) 若 $a<b$, 则 $a+c<b+c$ (加法的不变性).

4) 若 $a<b$ 与 $c>0$, 则 $ac<bc$ (乘以 $c>0$ 的不变性).

由于所有这些公理都满足，所以我们称有理数集合为良序域.

除有理数外，还有其他事物的集合也满足这些公理，因而也是良序域.

我们还应该注意下面所讲的有理数的两个重要性质：

稠密性 对于任何有理数 a 与 b，而 $a<b$，总可以找到有理

数 c, 使得 $a<c<b$.

可数性 全体有理数的集合是可数无限集合(见 §2).

量的度量 仅仅考虑量的度量这样一个重要的问题, 就可以看出, 对于数学的发展来说, 仅仅有有理数是不足的. 我们观察一个最简单的例子, 即间隔长度的度量问题.

考虑一条直线. 在直线上确定了方向、原点(点 O)及单位度量. 这样一来, 就确定了端点在 $\frac{1}{2}$, $\frac{1}{3}$, $\frac{2}{3}$, $-\frac{2}{3}$ 等等的间隔 OA. 一般说来, 每一个有理数 a 都在直线上对应一个点 A, 即点 A 的坐标 $x=a$. 因此 a 就表示方向为 OA 的间隔的长度. 然而用这个方法所定义的长度, 并不是每一个间隔都是可以用某个(有理)数来度量的. 例如, 在古希腊时就已经熟知的, 边长为单位的正方形的对角线的长度, 就不能用任何有理数来度量. 换言之, 直线上的点多于有理点. 这就很自然地引起了这样的问题——建立数与直线上的点的一一对应关系, 也就是进一步扩充数的概念.

实数 我们已经说过, 仅用有理数去度量量是不够的, 因而数的概念应当进一步扩充, 使数与直线上的点一一对应起来. 为了这个目的, 我们希望弄清楚, 仅仅借助于有理点是否可能确定直线上任意点的位置, 从而类似于有理数的构造, 使我们得到实数的概念.

命 α 为直线上的任意点, 于是所有的有理点 a 可以分成两类: 一类是位于 α 左方的全体有理点 a, 另一类则是位于 α 右方的全体有理点 a. 如果这两类有一交点 α(假如 α 正好是有理数), 那么 α 可以属于任何一类. 有理点的这种分类就称为分割. 如果两个分割的左方与右方的有理点都是相同的(至多除掉一点), 那么就称这两个分割恒等. 现在不难看出, 不同的点 α 与 β, 所确定的分割也是不同的. 事实上, 由于有理数是处处稠密的, 所以总可以找出两个有理数 r_1 与 r_2, 都位于 α 与 β 之间且它们都不等于 α 或 β, 那么对于一个分割, 它们位于其右方, 对于另一个, 就位于其左方.

因此直线上每一点都确定了有理数范围内的一个分割. 不同的点对应不同的分割. 值得重视的是分割也可以用与此多少有些不同的方法来定义, 也就是让 α 本身不出现在定义内. 把有理数的全体分成两个非空非交的集合 A 与 B, 对任意 $a \in A$, $b \in B$ 都有 $a < b$, 我们就称这是有理数的一个分割. 这样定义的分割, 唯一地确定了一个点(界点). 换言之, 借助于有理数范围内的分割可以确定直线上的任何点. 这种构造方法是德国数学家戴德金首创的, 因此后人称之为戴德金分割.

分割并不是借助于有理点来确定直线上任意点的位置的唯一可能的方法. 普通度量所常用的是下面要讲的康托尔的方法. 重新命 α 为直线上任何一点, 那么总可以找到两个有理数 a 与 b, 其距离小于任意给定的常数, 使 α 位于 a 与 b 之间. 这样一来, a 与 b 就确定了 α 的近似位置. 我们介绍的这种近似确定点 α 的位置的过程可以不断延续下去, 使每作一次, 精确度就增加一次. 因此得到了端点为有理数的一系列的间隔 $[a_n, b_n]$, 满足 $[a_{n+1}, b_{n+1}] \subseteq [a_n, b_n]$ 及 $b_n - a_n \to 0 (n \to \infty)$. 满足这些条件的诸间隔, 称为间隔套. 这样的间隔套唯一地确定了点 α 的位置.

借助于有理数类似的构造, 也可以定义实数. 进一步, 我们将定义实数上的运算关系, 使之满足与有理数上的运算关系同样的公理. 现在由于直线上的每一点都对应一个实数, 且其逆也真, 所以常常称实数的全体为数轴.

连续性准则 有理数全体所成的集合与全体实数所成的集合之间存在着本质的差别, 那就是实数的全体具有一系列的性质, 它们刻划出这个集合的连续特性. 但有理数的全体所成的集合却不具有这些性质. 这些性质就称为连续性准则. 现在我们列举其中重要的几条.

戴德金准则 若将所有的实数分成两个无公共元素的非空集合 X 与 Y, 对于任意的 $x \in X$, $y \in Y$, 皆满足 $x < y$, 那么存在唯一的数(界) ξ, 对于任何 $x \in X, y \in Y$ 皆有 $x \leqslant \xi \leqslant y$. 适合 $a \leqslant x \leqslant b$ 的实数 x 的全体, 称为直线上的间隔, 我们记之为 $[a, b]$. 若

$[a_{n+1}, b_{n+1}] \subseteq [a_n, b_n]$ 及 $b_n - a_n \to 0 (n \to \infty)$,则称间隔系 $[a_n, b_n]$ 为间隔套.

康托尔准则 对于任何间隔套 $[a_n, b_n]$,皆存在一个而且只存在一个点 ξ,它属于每一个间隔 $[a_n, b_n]$.

魏尔斯特拉斯准则 每一递增有上界的实数序列都收敛.

若对于任何 $\varepsilon > 0$,都可以找到自然数 N,对于所有的 $n > N$ 及所有的自然数 p 皆有

$$|x_{n+p} - x_n| < \varepsilon,$$

则称实数序列 $\{x_n\}$ 为基本序列.

柯西准则 实数的每一基本序列都是收敛的.

由于我们并未严整地建立起实数来,因而,我们在此还不能证明这些准则对于实数是正确的. 我们的中心目的在于研究这些准则彼此之间的关系是怎样的. 假定对于实数,连续性准则中有一个是正确的,我们来研究如何由此推出其余的准则.

我们来讨论所有的连续性准则都是等价的这样一个一般的命题.

假如: 1) 对于所有的 $x \in E$,皆有 $x \leqslant b$, 2) 不存在 $b' < b$ 也具有性质1),那么就称 b 为集合 E 的上确界. 记之为

$$b = \sup E.$$

我们将证明由戴德金准则可以推出下面的定理: 每一非空有上界的集合 E 都有上确界. 实际上,我们将所有的实数按照下面的方法分成两类 X 与 Y. 若有 $a \in E$ 及 $a \geqslant x$,则 $x \in X$; 若对于任何 $a \in E$ 皆有 $a < y$, 则 $y \in Y$. 不难看出,这是一个分割. 由戴德金准则,它有界 ξ,这个界就是集合 E 的上确界.

现在来证明由戴德金准则可以推出魏尔斯特拉斯准则. 命 $\{x_n\}$ 为递增有上界的实数序列,按刚才所证明的,它有上确界 ξ. 由上确界的定义可知, $x_n \leqslant \xi (n = 1, 2, \cdots)$,且对于任何 $\varepsilon > 0$,皆可以找到 n_0,使 $x_{n_0} > \xi - \varepsilon$. 由于序列 $\{x_n\}$ 的单调性,立刻得知对于所有的 $n > n_0$ 皆有 $\xi - \varepsilon < x_n \leqslant \xi$. 这就证明了 $\{x_n\}$ 以 ξ 为极限.

为了证明戴德金准则与魏尔斯特拉斯准则之间相反的关系，我们先注意，由魏尔斯特拉斯准则可以推出下面著名的准则．

阿基米德准则 对于任意实数 $a>0$ 与 b，皆有自然数 n，使 $na>b$．

这一准则说明了对于任何实数 b，序列 $\left\{\dfrac{b}{n}\right\}$ $(n=1,\ 2,\ \cdots)$ 收敛于零．

如果魏尔斯特拉斯准则成立，而阿基米德准则不成立，那么就有这样的 $a>0$，使序列 $x_n=na$ 有界．因为它是递增的，由魏尔斯特拉斯准则，知它有极限 ξ．因此区间 $\left[\xi-\dfrac{a}{2},\ \xi\right]$ 包含有序列的某个点 $x_n=na$．但是 $x_{n+1}=(n+1)a>\xi$，这与 ξ 是 $\{x_n\}$ 的上确界相矛盾．

由魏尔斯特拉斯准则可推出戴德金准则．将所有的实数分成两个无公共元素的集合 X 与 Y，对于任何 $x\in X$，$y\in Y$ 都有 $x<y$．我们来证明分割具有唯一的界 ξ．命 m 为整数，n 为自然数．记 x_n 是形状为 $\dfrac{m}{2^n}\in X$ 的数中最大的一个，此处 $x_n+\dfrac{1}{2^n}\in Y$．因为形状为 $\dfrac{m}{2^n}$ 的数包含在形状为 $\dfrac{m}{2^{n+1}}$ 的数的集合之中，所以 $x_n\leqslant x_{n+1}$．除此而外，序列 $\{x_n\}$ 是有界的 $\left(\text{例如不超过数 } x_1+\dfrac{1}{2}\right)$．所以由魏尔斯特拉斯准则，它有某个极限 ξ．我们来证明 ξ 就是我们的分割的界．事实上，假若 $x<\xi$，那么 $x\in X$．若 $y>\xi$，由阿基米德准则，可知存在 n，使 $\dfrac{1}{2^n}<y-\xi=a$，但 $x_n<\xi$，$x_n+\dfrac{1}{2^n}\in Y$，而 $y=\xi+a>x_n+\dfrac{1}{2^n}$，因此 $y\in Y$．

同样可以建立康托尔准则与柯西准则的等价性．然而，有时例如由柯西准则的成立，并不能推出戴德金准则的成立．正确地说，这句话应该了解为下面的意义：存在一个良序域，对于它，柯西准则成立而戴德金准则不成立．但假若事先就已假定了阿基米德准则成立，那么所有这四个准则都是等价的．

连续统非可数无限 我们现在来证明，间隔 $0 \leqslant x \leqslant 1$ 中全体点所成的集合不是可数无限的. 假定间隔 $0 \leqslant x \leqslant 1$ 中全体点所成的集合是可数无限的，那么可以借助于自然数，将这个间隔中所有的点 x 标记成为

$$x_1, \ x_2, \ \cdots, \ x_n, \ \cdots \tag{1}$$

在间隔 $[0, 1]$ 中，选取长度小于 1 的间隔 σ_1，它不包含 x_1. 这样的间隔确实能找到. 然后在 σ_1 里找出长度不超过 $\dfrac{1}{2}$ 的间隔 σ_2，而 σ_2 不包含 x_1 与 x_2. 一般说来，当我们已经选好了 σ_{n-1} 之后，我们再在里面截取长度不超过 $\dfrac{1}{n}$ 的间隔 σ_n，而 σ_n 不包含点 x_1, $x_2, \ \cdots, \ x_n$. 用这样的方法建立了间隔的无限序列

$$\sigma_1, \ \sigma_2, \ \cdots, \ \sigma_n, \ \cdots,$$

序列中每个间隔都包含在它前面的那个间隔之中，而这些间隔的长度，当 n 趋近于无限时趋于零. 由康托尔准则（见第 14 页）可知，间隔 $[0, 1]$ 中有唯一的点 x，属于所有的间隔 σ_n. 因为按照我们的假定，$[0, 1]$ 中所有的点都已经写入序列(1)，所以所有的 σ_n 的公共点 x，必定与这个序列中的某个点 x_m 相一致. 但是按照 σ_m 的构造，它不包含 x_m，因此 $x \neq x_m$. 这样一来，我们得到一个矛盾的结果. 所以假定 $[0, 1]$ 中所有的点所成的集合是可数无限集合是不正确的. 因此间隔 $[0, 1]$ 中所有的点不是可数无限的. 命题证完.

这一定理说明了存在不同的无限势，因此也就给第 8 页中第一个问题以正面的回答.

§4. 点　集

在前一节里，我们已经遇到过以点为元素的集合，特别，我们考察了某个间隔全部点做成的集合，正方形 $0 \leqslant x \leqslant 1$, $0 \leqslant y \leqslant 1$ 内所有的点 (x, y) 做成的集合. 现在我们将要更加仔细地来研究这些集合的性质.

元素为点的集合称为点集,因此有直线上的点集,平面上的点集,任意空间中的点集. 为了简单起见,我们仅仅考虑直线上的点集.

直线上的点与实数之间存在着紧密的联系. 每一个实数都可以在直线上找到它所对应的点,且其逆也真. 所以谈到点集,总是把它看作是由实数作成的集合——数轴上的集合. 反之,我们也常常由集合内所有点的坐标来给出直线上的点集.

点集(正确地说是直线上的点集)具有一系列特殊的性质,使之与一般的集合有所区别, 从而点集本身的理论也是数学的一个分支. 首先两点之间的距离是有意义的,其次,在直线上的点之间可以建立次序的关系(左或右),也就是说直线上的点是良序集合. 最后,我们已指出,对于直线来说,康托尔准则是正确的. 这一性质直接刻划了直线的稠密性.

我们来引进直线上最简单的集合的记号.

间隔 $[a, b]$ 表示坐标满足不等式 $a \leqslant x \leqslant b$ 的点的集合.

区间 (a, b) 表示坐标满足条件 $a < x < b$ 的点的集合.

半区间 $[a, b)$ 与 $(a, b]$,分别表示适合条件 $a \leqslant x < b$ 与 $a < x \leqslant b$ 的点的集合.

区间或半区间可能是非正规的. 例如 $(-\infty, \infty)$ 表示直线上点的全体. 又例如 $(-\infty, b]$ 表示满足 $x \leqslant b$ 的点的全体做成的集合.

我们首先来研究集合在直线上的位置的种种可能性.

有界的与无界的集合 直线上的点集 E,或者是由与原点相距不超过某一正常数的点所做成的, 或者它具有与原点相距超过任意给定的大的常数的点. 在前一种情况,我们称 E 为有界的集合;在后一种情况,则称 E 为无界的集合. 例如间隔 $[0, 1]$ 中全体点所成的集合为有界集合,而全体整数所成的集合则为无界集合.

不难看出,如果 a 是直线上的一个固定的点,那么 E 有界的充分且必要的条件为, 对于任何 $x \in E$,x 与 a 的距离都不超过某一正常数.

有上界与有下界的集合 命 E 为直线上的点集, 若在直线上存在一个点 A, 使 E 的任何点 x 都位于 A 的左方, 则称集合 E 有上界. 类似地, 如果直线上有一点 a, 使 E 的任何点 x 都位于 a 的右方, 则称集合 E 有下界. 这样一来, 直线上有正坐标的全体点所成的集合有下界, 而有负坐标的全体点所成的集合, 则有上界.

若直线上的集合 E 有上界与下界, 则称 E 是有界的. 那么显然, 上面引入的关于有界集合的定义是与此等价的. 虽然这两种定义是如此相似, 但在它们之间还是存在着本质的差别, 第一个定义基于点之间有一个确定的距离, 第二个定义则基于点集是良序集.

如果集合位于某间隔 $[a, b]$ 之中, 则称此集合为有界集合, 这也是定义有界集合的一种方法.

集合的上确界与下确界 命 E 是有上界的集合, 那么在直线上存在点 A, 在其右方没有集合 E 的任何点. 由康托尔准则, 可知在诸 A 之中, 有一个位于最右端. 这点称为集合 E 的上确界. 同样可以定义点集的下确界.

如果集合 E 本身有一点位于所有点的右方, 那么这一点就是 E 的上确界. 但是我们不妨假定集合 E 本身没有位于最右端的点, 例如坐标为

$$\frac{0}{1}, \frac{1}{2}, \frac{2}{3}, \frac{3}{4}, \frac{4}{5}, \cdots$$

的点集有上确界, 但没有位于最右方的点. 在这种情形之下, 集合 E 的上确界 a 不属于 E, 但与 a 相距任意近的地方, 都有 E 的点. 在上例中, $a=1$.

直线上任意点对于点集的位置 命 E 为点集而 x 是直线上的任意点. 我们来研究集合 E 与点 x 的各种可能的位置. 有下列各种可能情形:

1. 点 x 及与 x 充分接近的点都不属于集合 E.

2. 点 x 不属于 E, 但不管与 x 距离多近, 都有集合 E 的另外的点.

3. 点 x 属于 E, 但所有与 x 足够接近的点, 都不属于 E.

4. 点 x 属于 E, 而不论距 x 多近, 都有集合 E 的以外的点.

在情形 1, 称 x 是集合 E 以外的点; 在情形 3, 称 x 为集合 E 的孤立点; 在情形 2 与 4, 则称 x 为集合 E 的极限点.

因此, 如果 $x \bar{\in} E$, 则点 x 或者是集合 E 以外的点, 或者是它的极限点. 但如果 $x \in E$, 则它或者是 E 的孤立点, 或者是 E 的极限点.

极限点可以属于集合 E, 也可以不属于集合 E. 极限点的特征是无论距它多么近, 都有集合 E 的点, 也就是说, 如果任意包含 x 的区间 δ 都包含无限多个属于集合 E 的点, 那么 x 就是点集 E 的极限点. 极限点的概念是点集理论最重要的概念之一.

如果点 x 及与 x 足够接近的点都属于集合 E, 那么称 x 为集合 E 的内点. 若点 x 既非 E 以外的点, 又非 E 的内点, 则称为点集 E 的界点.

我们试举若干个例子来说明所有这些概念.

例 1 命集合 E_1 是由坐标为

$$1, \frac{1}{2}, \frac{1}{3}, \cdots, \frac{1}{n}, \cdots$$

的点组成的. 那么这个集合的每一个点都是它的孤立点. 0 是集合 E_1 的极限点(不属于此集合), 而直线上其余的点都是 E_1 以外的点.

例 2 命 E_2 是由 $[0, 1]$ 中所有有理数所成的集合. 这个集合没有孤立点. 间隔 $[0, 1]$ 中所有的点都是 E_2 的极限点, 而直线上剩下来的点则都是 E_2 以外的点. 显然任 E_2 的极限点之中, 有些属于 E_2, 有些则不属于 E_2.

例 3 命 E_3 为间隔 $[0, 1]$ 中所有的点所成的集合. 正如前例一样, 集合 E_3 没有孤立点. $[0, 1]$ 中所有的点都是 E_3 的极限点. 但和前例不同的是, E_3 所有的极限点都属于 E_3.

例 4 命 E_4 是由直线上以整数为坐标的点所成的集合. E_4 的每一个点都是孤立点. E_4 没有极限点.

我们注意, 对于例 3, 区间 (0, 1) 中每一点都是 E_3 的内点. 而对于例 2, 则间隔 [0, 1] 中的每一点都是 E_2 的界点.

由以上所举的例子可以看出, 直线上的无限点集可以有孤立点(例如 E_1, E_4), 也可以没有(例如 E_2, E_3)孤立点. 同样, 它可以有内点(例如 E_3), 也可以没有内点(例如 E_1, E_2, E_4). 除例 4 中的集合 E_4 没有一个极限点以外, 其余诸例中的集合都有极限点. 下面即将证明的非常重要的定理指出, 这个现象和集合 E_4 的无界性有着密切的关系.

波尔察诺-魏尔斯特拉斯定理 任何直线上的有界无限点集至少有一个极限点.

证 命 E 表示直线上的有界无限点集. 因为 E 有界, 所以它一定位于某个间隔 $[a, b]$ 之中. 把这个间隔平分一下. 因为集合 E 是无限点集, 所以这两个间隔中至少有一个包含无限多个 E 的点. 我们记这个间隔为 σ_1(如果 $[a, b]$ 的两个小间隔都含有无限多个点集 E 的点, 那么 σ_1 就取作例如左边的那个间隔). 然后, 我们再把 σ_1 分成长度相等的两个间隔, 在这两个间隔之中, 至少有一个包含无限多个点集 E 的点. 我们记这个间隔为 σ_2. 我们不断地继续这个手续, 即把间隔平分为两个等长的小间隔, 而取那个包含无限多个点集 E 的点的那个小间隔. 这样一来, 我们获得了间隔的序列 σ_1, σ_2, $\cdots$, σ_n, $\cdots$. 这个序列具有这样的性质: 每一间隔 σ_{n+1} 包含在它前面的那个间隔 σ_n 之中; 每一间隔都包含无限多个点集 E 的点; 间隔 σ_n 的长度趋于零. 前两个性质, 由序列的构造立刻得知. 我们注意, 若 $[a, b]$ 的长度为 l, 则间隔 σ_n 的长度为 $l/2^n$. 由此得出最后一个性质的证明. 由康托尔准则可知存在唯一的点 x, 属于所有的间隔 σ_n. 我们现在来证明 x 是点集 E 的极限点. 为此只要证明, 若 δ 是任一含有点 x 的区间, 则 δ 含有无限多个点集 E 的点. 因为每一 σ_n 包有点 x, 而 σ_n 的长度趋于 0, 所以当 n 充分大时, 间隔 σ_n 就整个包含在 δ 之中. 由于 σ_n 包有无限多个点集 E 的点, 因此点 x 是点集 E 的极限点. 定理证完.

习题 证明：如果集合 E 有上界，但没有位于最右端的点，那么它的上确界必为 E 的极限点（但不属于 E）．

闭集与开集 点集理论的基本问题之一是研究各种类型的点集的性质．我们将向读者介绍这个理论的两个例子．在此我们要研究所谓闭集与开集．

若一个集合含有它所有的极限点，就称这个集合为闭集．没有一个极限点的集合，也被称为闭集．除了自己的极限点之外，闭集也可以包含孤立点．如果集合的每一个点都是它的内点，则称此集合为开集．

我们来介绍一些闭集与开集的例子．每一个间隔 $[a, b]$ 都是闭集．每一个区间 (a, b) 都是开集．非正则的半区间 $(-\infty, b]$ 与 $[a, \infty)$ 都是闭集．而非正则的区间 $(-\infty, b)$ 与 (a, ∞) 都是开集．直线上所有点的集合既是闭集又是开集．常常把空集也看作是既闭又开的集合．直线上任一有限多个点的集合都没有极限点，所以是闭集．由下面的点

$$0, 1, \frac{1}{2}, \frac{1}{3}, \frac{1}{4}, \cdots, \frac{1}{n}, \cdots$$

做成的集合是闭的；这一集合有唯一的属于自己的极限点 $x=0$．

我们的问题在于弄清楚任意闭集与开集的构造是怎样的．为此我们引进一系列有用的事实，但都不加以证明了．

1. 任意多个闭集的交集仍是闭集．

2. 任意多个开集的和集仍为开集．

3. 若闭集有上界，则它以自己的点为上确界．同样，若闭集有下界，则它以自己的点为下确界．

命 E 为直线上任意点的集合．直线上不属于集合 E 的点的全体，称为集合 E 的补集，示之以 CE．显然，若 x 为集合 E 以外的点，则 x 是集合 CE 的内点．其逆也真．

4. 若集合 F 是闭的，则其补集 CF 是开集．其逆也真．

命题 4 说明了在闭集与开集之间有着非常紧密的联系：一个是另一个的补集．正因为如此，我们只要研究闭集或开集两者之一

即可. 一种类型的集合的性质熟悉后, 另一种类型的集合的性质跟着也就清楚了. 例如, 每一开集都可以由直线上去掉若干个闭集而得到.

我们开始研究闭集的性质. 先引进一个定义. 命 F 为闭集. 若区间 (a, b) 中任意点都不属于集合 F, 但 a 与 b 属于集合 F, 那么就称具有这样性质的区间 (a, b) 为集合 F 的邻接区间. 如果 a (或 b) 属于集合 F, 而 F 与非正规的区间 (a, ∞) (或 $(-\infty, b)$) 无公共交点. 我们也称这种非正规的区间为集合 F 的邻接区间. 我们来证明. 若 x 不属于闭集 F, 则它一定属于集合 F 的某一邻接区间.

我们以 F_x 表示集合 F 位于 x 右方的部分. 因为点 x 本身不属于集合 F, 所以 F_x 可以表示为交集的形状

$$F_x = F \cdot [x, \infty).$$

因为集合 F 与 $[x, \infty)$ 都是闭集, 因此由命题 1 得知集合 F_x 也是闭的. 若集合 F_x 为空集, 那么整个半区间 $[x, \infty)$ 中都没有集合 F 的点. 现在我们假定集合 F_x 是非空的. 因为 F_x 整个位于半区间 $[x, \infty)$ 中, 所以, 它有下界, 我们以 b 表示它的下确界. 由命题 3 可知, $b \in F_x$, 所以 $b \in F$. 进而言之, 因为 b 是集合 F_x 的下确界, 所以半区间 $[x, b)$ 位于 b 之左方, 且不含集合 F_x 的点, 所以不含有集合 F 的点. 因此我们建立了半区间 $[x, b)$, 它不包含集合 F 的点, 而 b 属于集合 F 或 $b = \infty$. 类似地可以建立 $(a, x]$, 它也不包含集合 F 的点, 且 $a = -\infty$ 或 $a \in F$. 现在已经证明了区间 (a, b) 包含点 x, 并且是集合 F 的邻接区间. 不难看出, 假若 (a_1, b_1) 与 (a_2, b_2) 是集合 F 的两个邻接区间, 那么这两个区间或者重叠, 或者无交点.

由上述立刻推知, 直线上每一个闭集 F, 都可以由直线上去掉若干个区间而得到, 即去掉集合 F 的邻接区间而得到. 因为每一个区间中至少包含一个有理点, 而直线上所有的有理点是可数无限集合, 由此可知, 所有的邻接区间的个数不多于可数无限多个. 故得最后的结论: 每一直线上的闭集, 可以由直线上去掉不超过可

数无限多个不相交的区间而得到.

由命题 4 立即推知, 每一直线上的开集都可以表为不超过可数无限多个不相交的区间之和. 由命题 1 与 2 同样也得知, 如上法构成的集合, 的确是闭 (开) 的.

由下面的例子可以看出, 闭集可以有非常复杂的结构.

康托尔完全集合 我们建立一个特殊的闭集, 它有许多奇妙的性质. 首先在直线上移去非正规的区间 $(-\infty, 0)$ 与 $(1, \infty)$, 于是我们得到间隔 $[0, 1]$. 我们再移去这个间隔中间的三分之一的那个区间 $\left(\dfrac{1}{3}, \dfrac{2}{3}\right)$. 然后, 在每个留下来的间隔 $\left[0, \dfrac{1}{3}\right]$ 与 $\left[\dfrac{2}{3}, 1\right]$ 中, 移去其中间的三分之一的那个区间. 这种移去剩下来的间隔的中间的三分之一那个区间的手续, 可以不断地进行下去. 把所有这些区间移去后, 在直线上剩下来的点的集合, 称为康托尔完全集合. 我们以字母 P 示之.

我们来研究这个集合的某些性质. 因为集合 P 是由直线上不断移去若干不相交的区间而得到的, 所以集合 P 为闭集. 又因为在每次被移去的区间的端点都属于 P, 所以集合 P 是非空的.

如果闭集不包含孤立点, 也就是说这个集合所有的点都是极限点, 那么就称闭集 F 为完全集. 现在我们来证明, 集合 P 是完全集. 实际上, 如果某个点 x 是集合 P 的孤立点, 那么它就是这个集合的某两个邻接区间的公共端点. 但是由集合 P 的构造可以看出, 它的邻接区间并无公共端点.

集合 P 中不包含任何区间. 事实上, 假若有某个区间 δ 整个都属于集合 P, 那么, 它一定属于构造 P 的过程的第 n 步所获得的间隔之一. 但这是不可能的. 此乃因为当 $n \to \infty$ 时每个间隔的长度都趋于零.

可以证明, P 具有连续统势. 特别由此推出康托尔完全集除了包含邻接区间的端点外, 还包含一些其他的点. 此乃由于邻接区间仅仅构成可数无限集.

各种不同类型的点集常常出现在各个数学分支之中, 对于研究许多数学问题, 熟悉这些性质是完全必要的. 点集的理论对于数学分析及拓扑学有着根本性的重要意义.

我们试举若干古典分析分支内的点集的例子. 命 $f(x)$ 是间隔 $[a, b]$ 上的连续函数. 固定数 α, 考虑适合 $f(x) \geqslant \alpha$ 的点 x 的集合. 不难证明, 这个集合是间隔 $[a, b]$ 上的闭集. 同样可知适合 $f(x) > \alpha$ 的点 x 的集合, 是区间 (a, b) 上的开集 G. 若 $f_1(x)$, $f_2(x)$, $\cdots$, $f_n(x)$, $\cdots$ 是间隔 $[a, b]$ 上的连续函数序列, 则使这个函数序列收敛的点 x 的集合, 不会是任意的, 而是属于一个完全确定的类型的点集.

研究点集构造的数学分支称为描述集合论. 苏联数学家——鲁金及其学生亚历历克山大洛夫、苏斯林、阔尔莫果洛夫、拉夫抢捷夫、诺维科夫、凯尔迪什、李雅普诺夫等等, 在描述集合论的发展上, 树立了巨大的功勋.

鲁金和他的学生的研究, 阐明了在描述集合论与数理逻辑之间有着深刻的联系. 描述集合论所引起的困难(特别是关于各种集合的势的定义问题)是属于逻辑性的困难. 反之, 数理逻辑的方法能更深刻地去洞察描述集合论方面的某些问题.

§5. 集 合 的 测 度

集合的测度概念是间隔长度的概念的进一步推广. 在最简单的情形(也就是现在所仅仅考虑的情况)下, 问题在于如何给出不仅是对于间隔而且是对于直线上更为复杂的点集的长度概念.

我们给间隔 $[0, 1]$ 以长度 1. 那么显然, 任意间隔 $[a, b]$ 的长度就等于 $b-a$. 同样, 如果有两个不相交的间隔 $[a_1, b_1]$ 与 $[a_2, b_2]$, 那么由这两个间隔的点所构成的集合 E 的长度显然就是 $(b_1-a_1)+(b_2-a_2)$. 然而如何得出直线上更为复杂的集合的长度, 仍然是不清楚的. 例如本章 §4 所讨论的康托尔集合 P 的长度等于什么? 因此, 直线上集合的长度概念需要有严格的数学意义.

集合的长度的定义问题,或者说是集合的测度问题,是非常重要的. 因为它对于区间概念的推广有着本质的意义. 集合的测度的概念在函数论的一些问题上常用到,同样在概率论、拓扑学、泛函分析等方面也用到.

以下我们来阐述集合的测度的定义. 这是法国数学家勒贝格提出的. 这一定义是他定义积分的基础.

开集与闭集的测度 首先我们来定义任意开集与任意闭集的测度. 在§4已经阐明, 直线上的每一个开集都是有限多个或可数无限多个两两不相交的区间的和.

构成开集的区间的长度之和称为开集的**测度**.

因此,如果
$$G = \sum (a_i, \ b_i)$$
而区间$(a_i, \ b_i)$是两两不相交的,那么 G 的测度就等于 $\sum (b_i - a_i)$. 我们一般用 μE 来记集合 E 的测度. 因此
$$\mu G = \sum (b_i - a_i).$$
特别可知,一个区间的测度等于它的长度
$$\mu (a, \ b) = b - a.$$

每一个包含在间隔 $[a, \ b]$ 中的闭集 F,只要间隔 $[a, \ b]$ 的端点属于 F,都可以由 $[a, \ b]$ 中去掉某个开集 G 而得到. 因此, 间隔 $[a, \ b]$ 的长度与 F 的补集(关于 $[a, \ b]$),即开集 G 的测度之差就称为闭集 $F \sqsubseteq [a, \ b]$ 的测度,此处 $a \in F, \ b \in F$.

因此
$$\mu F = (b - a) - \mu G. \tag{2}$$
不难看出,依照这个定义,任意间隔的测度等于它的长度
$$\mu [a, \ b] = b - a.$$
而由有限多个点做成的集合的测度等于零.

测度的一般定义 为了给出比闭集与开集更为一般的集合的测度的定义,我们需要一个辅助概念. 命 E 是某个间隔 $[a, \ b]$ 上的集合. 我们考虑集合 E 所有的可能的遮盖,即所有的包含集合 E 的可能的开集 $V(E)$. 每一个集合 $V(E)$ 的测度都已经确定好

了. 所有的集合 $V(E)$ 的测度的全体是某些正数的集合. 这个数集有下界(例如数零), 因此有下确界. 我们记之为 $\mu_e E$. 数 $\mu_e E$ 称为集合 E 的外测度.

命 $\mu_e E$ 表示集合 E 的外测度, 而 $\mu_e CE$ 表示它对于间隔 $[a, b]$ 的补集的外测度.

如果关系式

$$\mu_e E + \mu_e CE = b - a \qquad (3)$$

成立, 就称集合 E 是可测度的. 而数 $\mu_e E$ 就称为它的测度: $\mu E = \mu_e E$; 如果关系式(3)不满足, 就称集合 E 是不可测度的. 不可测的集合不具有测度.

我们注意

$$\mu_e E + \mu_e CE \geqslant b - a \qquad (4)$$

总是成立的.

我们作些说明. 简单的集合(例如区间与间隔)的长度具有许多值得注意的性质. 现在列举其中重要的一些.

1. 假若集合 E_1 与 E 都是可测的, 而且 $E_1 \subseteq E$, 那么

$$\mu E_1 \leqslant \mu E.$$

即集合 E 的一部分的测度不超过整个集合 E 的测度.

2. 假若集合 E_1 与 E_2 都可测, 那么集合 $E = E_1 + E_2$ 也可测, 而且

$$\mu(E_1 + E_2) \leqslant \mu E_1 + \mu E_2.$$

即集合的和的测度不超过集合的测度之和.

3. 假若集合 $E_i(i=1, 2, \cdots)$ 都可测, 而且两两不相交: $E_i E_j = \theta(i \neq j)$, 则其和 $E = \sum E_i$ 也可测, 且

$$\mu(\sum E_i) = \sum \mu E_i.$$

即有限多个或可数无限多个两两不相交的集合之和的测度等于这些集合的测度之和.

称测度的这一性质为它的完全可加性.

4. 如果集合经过刚体运动, 它的测度是不改变的.

可否期望, 长度的基本性质对于更一般的测度来说, 仍然保

存. 假如我们给直线上任意点集以测度的话, 可以完全严格地证明这是不可能的. 所以根据上面所给出的定义, 有可测的, 即有测度的集合, 也有不可测的, 即没有测度的集合. 由于可测集合是如此之多, 以致于我们并不感到有任何本质的不方便. 甚至连造出一个不可测的集合的例子, 也还不是很容易的.

我们试举某些可测集合的例子.

例 1 康托尔完全集合 P 的测度(见§4). P 是这样构造的: 先从间隔 $[0, 1]$ 中去掉一个长度为 $\frac{1}{3}$ 的邻接区间, 再去掉两个长度为 $\frac{1}{9}$ 的邻接区间, 然后是四个长度为 $\frac{1}{27}$ 的邻接区间, 如此等等. 一般说来, 在第 n 步时, 去掉 2^{n-1} 个长度都是 $\frac{1}{3^n}$ 的邻接区间. 于是, 所有去掉的区间的长度之和等于

$$S = \frac{1}{3} + \frac{2}{9} + \frac{4}{27} + \cdots + \frac{2^{n-1}}{3^n} + \cdots.$$

这一级数是几何级数, 首项等于 $\frac{1}{3}$ 而公比为 $\frac{2}{3}$. 于是级数 S 的和等于

$$\frac{\frac{1}{3}}{1 - \frac{2}{3}} = 1.$$

因此, 康托尔完全集合所有的邻接区间的长度之和等于 1. 换言之, P 的补集, 即开集 G 的测度为 1. 因此集合 P 本身的测度为

$$\mu P = 1 - \mu G = 1 - 1 = 0.$$

这个例子说明了集合可以具有连续统势, 但是它的测度却是零.

例 2 间隔 $[0, 1]$ 中所有有理数 R 的集合的测度. 首先我们证明 $\mu_e R = 0$. 在§2中已经介绍过 R 是可数无限的. 将 R 中的点排成序列

$$r_1, \ r_2, \ \cdots, \ r_n, \ \cdots.$$

给出 $\varepsilon > 0$, 作包含 r_n 的区间 δ_n, 其长度为 $\dfrac{\varepsilon}{2^n}$. 和 $\delta = \sum \delta_n$ 是开集, 它遮住了 R. 因为区间 δ_n 可以彼此相交, 所以

$$\mu(\delta) = \mu(\sum \delta_n) \leqslant \sum \mu \delta_n = \sum \frac{\varepsilon}{2^n} = \varepsilon.$$

因为 ε 可以选取得任意小, 所以 $\mu_e R = 0$.

进而言之, 由(3)得

$$\mu_e R + \mu_e C R \geqslant 1,$$

即 $\mu_e C R \geqslant 1$. 因为 CR 包含在间隔 $[0, 1]$ 之中, 所以 $\mu_e C R \leqslant 1$. 因此

$$\mu_e R + \mu_e C R = 1.$$

故得

$$\mu R = 0, \quad \mu C R = 1^{1)} \tag{5}$$

这一例子说明了集合可以在某一区间上处处稠密, 但其测度却是零.

测度为零的集合在函数论的许多问题中都不起主要作用, 而往往是可以忽略不计的. 例如, 函数 $f(x)$ 在黎曼意义下可以求积分的充要条件为它是有界的, 且其不连续点的测度为零. 像这样的例子还可以举出很多来.

可测函数 我们现在考虑集合的测度概念的最主要的应用之一, 那就是用它来描绘函数论与数学分析中常常处理的一类函数. 问题正确的提法是, 在某个集合 E 上给出函数序列 $\{f_n(x)\}$, 除了集合 E 上一个测度为零的集合 N 之外, 在集合 E 的其他点都收敛, 那么我们就称函数序列 $\{f_n(x)\}$ 几乎处处收敛.

怎样的函数可以由反复地运用几乎处处收敛的连续函数序列的趋限运算及代数运算得到呢?

为了回答这个问题, 我们需要某些新的概念.

命函数 $f(x)$ 在集合 E 上定义, 而 α 是任意实数. 我们以

$$E[f(x) > \alpha]$$

表示 E 中适合 $f(x) > \alpha$ 的那些点. 例如, 假若函数 $f(x)$ 在间隔

---

1) 这一推理的本身就说明了, 直线上的任一可数无限点集的测度皆为零.

[0,1] 上定义, 而且在这个间隔上 $f(x) = x$, 那么当 $\alpha < 0$ 时, $E[f(x) > \alpha]$ 为 [0, 1]; 当 $0 \leqslant \alpha < 1$ 时为 $(\alpha, 1]$; 而当 $\alpha \geqslant 1$ 时, 则为空集.

函数 $f(x)$ 在某个集合 E 上定义. 如果 E 本身可测, 且对于任何实数 α, 集合 $E[f(x) > \alpha]$ 也可测, 就称函数 $f(x)$ 是可测函数.

可以证明, 在间隔上给出的任意连续函数是可测的. 但是, 有许多不连续的函数, 同样也是可测函数. 例如狄利克雷函数, 即在间隔 [0, 1] 的无理点上等于 1 而在其余的点上等于零的那个函数, 即不连续而可测.

可测函数具有以下诸性质. 在此我们不给出它们的证明了.

1. 假若 $f(x)$ 与 $\varphi(x)$ 是在同样的集合 E 上定义的可测函数, 那么函数

$$f + \varphi, \; f - \varphi, \; f \cdot \varphi \; 与 \; \frac{f}{\varphi}$$

都是可测的 (在最后一个关系中, 须假定 $\varphi \neq 0$).

这一性质说明了在可测函数上进行代数运算, 重新得到可测函数.

2. 如果 $\{f_n(x)\}$ 是在集合 E 上定义的可测函数序列, 几乎处处收敛于函数 $f(x)$, 那么这个函数同样是可测的.

因此, 几乎处处收敛的可测函数序列, 经过趋限运算后, 重新得到可测函数.

可测函数的这些性质是勒贝格确定的. 可测函数更深刻的研究是苏联数学家鲁金及叶果洛夫完成的. 特别是鲁金证明了间隔上的每一可测函数, 只要改变测度任意小的集合上的数值, 就变为连续函数.

鲁金的这一经典结果及以上所列举的可测函数的性质证明了可测函数就是本段开端所要问的那类函数. 可测函数对于积分论也有着巨大的意义, 那就是积分的概念可以推广, 使每一有界可测函数都是可以求积分的. 关于这一点, 在下一节将给出详细的阐述.

§6. 勒贝格积分

我们来讨论本章的中心问题, 即勒贝格积分的定义及其性质.

为了了解这个积分的构造原理, 我们来观察下面的例子. 设有大量不同价值的钱币, 要求计算这些钱币的总值. 可以有两种不同的计算方法. 固然可以用任意依次累加钱的价值的方法, 然而也可以用另外的方法来计算, 就是用将钱分堆加的办法. 将同

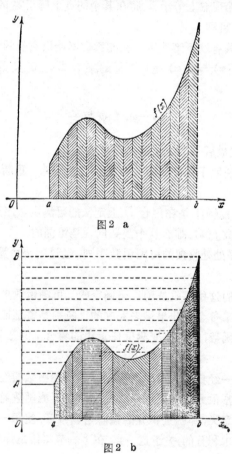

图 2 a

图 2 b

样价值的钱币放在一堆, 再将每一堆钱币的个数乘上这堆钱币的单价, 然后将所得到的这些数值都加起来即可. 第一种计算钱币的方法, 对应于黎曼的积分过程, 而第二种则对应于勒贝格积分过程.

现在我们由钱币转而讨论函数. 我们可以说, 黎曼积分的运算是将给定函数的定义区域(坐标横轴, 见图 2a)分小而产生的, 而勒贝格积分的计算则是划分函数值的区域(坐标纵轴, 见图 2b)而产生的. 后一种远在勒贝格之前, 当人们计算带有振动性质的函数的积分时, 已经用到过. 但是勒贝格首先一般地发展了它, 并且借助于测度论, 给它以严格的论证.

我们来观察集合的测度与勒贝格积分之间的联系是怎样的. 命 E 是某个间隔 $[a, b]$ 上的任意的可测集合. 我们造出函数 $\varphi(x)$, 当 x 属于 E 时, 其值为 1; 当 x 不属于 E 时, 其值为零, 也就是说

$$\varphi(x) = \begin{cases} 1, & x \in E; \\ 0, & x \overline{\in} E. \end{cases}$$

函数 $\varphi(x)$ 常常称为集合 E 的特征函数. 现在来考虑积分

$$I = \int_a^b \varphi(x) dx.$$

我们已经习惯于认为这个积分等于图形 D 的面积, 此处 D 是由横坐标、直线 $x = a$、$x = b$ 及曲线 $y = \varphi(x)$ 所范围起来的(见第一卷第二章). 因为图形 D 的"高"当且仅当 $x \in E$ 时异于零, 而其值为 1, 所以(按照公式, 面积等于长度乘上宽度), 它的面积应该算作是集合 E 的长度(测度). 因此, I 应该等于集合 E 的测度

$$I = \mu E. \tag{6}$$

这也就是关于函数 $\varphi(x)$ 的勒贝格积分的定义.

读者应该确切理解, 等式(6)只是将 $\int_a^b \varphi(x) dx$ 看成勒贝格积分的积分定义. 有时会发生这样的情况, I 在第二章(第一卷)所考虑的意义之下是不存在的, 即积分和的极限是不存在的. 但是如果后者存在, 那么把 I 看作勒贝格积分时也存在, 且等于 μE.

我们来计算狄利克雷函数 $\Phi(x)$ 的积分作为一个例子. $\Phi(x)$

在间隔 $[0, 1]$ 的无理点上取值 1, 而在有理点上取值 0. 因为按照 (5), 间隔 $[0, 1]$ 上的无理点的集合的测度为 1, 故勒贝格积分

$$\int_0^1 \varPhi(x)dx$$

等于 1. 不难证明, 这一函数的黎曼积分是不存在的.

一个辅助命题 现在命 $f(x)$ 是间隔 $[a, b]$ 上的任意的有界可测函数. 我们来证明每一个这样的函数都可以无限接近地表示为集合的特征函数的线性组合的形式. 为了证明这一点, 在函数值的下确界 A 与上确界 B 之间, 添入分点 $y_0=A, y_1, \cdots, y_n=B$, 使每一小间隔的长度都不超过 ε, 此处 ε 为任意固定的小正数. 进而言之, 如果 $x\in[a, b]$,

$$y_i \leqslant f(x) < y_{i+1} \quad (i=0,1,\cdots,n-1),$$

则在这些点上, 置

$$\varphi(x)=y_i,$$

而在满足

$$f(x)=y_n=B$$

的点 x 上置

$$\varphi(x)=y_n.$$

函数 $\varphi(x)$ 的结构见图 3.

由于函数 $\varphi(x)$ 的构造, 在间隔 $[a, b]$ 的任意点上皆满足

$$|f(x)-\varphi(x)|<\varepsilon.$$

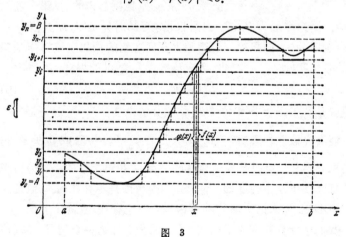

图　3

除此而外，因为函数 $\varphi(x)$ 仅取有限多个数值 y_0, y_1, $\cdots$, y_n, 所以，它可以写为形状

$$\varphi(x) = y_0 \cdot \varphi_0(x) + y_1 \cdot \varphi_1(x) + \cdots + y_n \cdot \varphi_n(x), \qquad (7)$$

此处 $\varphi_i(x)$ 是满足 $\varphi(x) = y_i$, 即 $y_i \leqslant f(x) < y_{i+1}$ 的点的集合的特征函数（对于每一个点 $x \in [a, b]$, (7) 式右端仅有一个被加数不是零！）。这样一来，我们的命题就证完了．

勒贝格积分的定义　我们来谈谈任意有界可测函数的勒贝格积分的定义．因为函数 $\varphi(x)$ 与 $f(x)$ 的相差非常小，所以 $\varphi(x)$ 的积分可以当作 $f(x)$ 的积分的近似值．由于函数 $\varphi_i(x)$ 是集合的特征函数及一些普通的积分运算的法则，我们得到

$$\int_a^b \varphi(x)\,dx = \int_a^b \{y_0\varphi_0(x) + y_1\varphi_1(x) + \cdots + y_n\varphi_n(x)\}\,dx$$

$$= y_0\int_a^b \varphi_0(x)\,dx + y_1\int_a^b \varphi_1(x)\,dx + \cdots + y_n\int_a^b \varphi_n(x)\,dx$$

$$= y_0\mu e_0 + y_1\mu e_1 + \cdots + y_n\mu e_n,$$

此处 μe_i 是满足

$$y_i \leqslant f(x) < y_{i+1}$$

的那些点 x 的集合 e_i 的测度．所以，"勒贝格积分和"

$$S = y_0\mu e_0 + y_1\mu e_1 + \cdots + y_n\mu e_n$$

是函数 $f(x)$ 的勒贝格积分的近似值．因此当

$$\max |y_{i+1} - y_i| \to 0$$

时，函数 $\varphi(x)$ 一致收敛于其对应的 $f(x)$, 勒贝格积分和 S 的极限就定义作勒贝格积分．

可以证明，对于任意的有界可测函数，勒贝格积分和是有极限的，即任意有界可测函数是勒贝格可积函数．勒贝格积分的定义还可以推广到某些非有界的可测函数类上去．但是，我们不准备在此讨论了．

勒贝格积分的性质　勒贝格积分具有与通常积分一样良好的性质．例如，函数和的积分等于函数的积分的和，常数因子可以移出积分记号等等．但是，勒贝格积分还有一个通常积分不具备的

非常重要的性质：如果对于所有的 n 及 $[a, b]$ 中的 x，有常数 K 使所有的可测函数 $f_n(x)$ 皆满足

$$|f_n(x)| < K,$$

且函数序列 $\{f_n(x)\}$ 又几乎处处收敛于 $f(x)$，那么

$$\int_a^b f_n(x)\, dx \to \int_a^b f(x)\, dx.$$

换言之，勒贝格积分允许在限制不强的条件下进行积分号内趋限. 正由于勒贝格积分有这一性质，所以在许多研究中，它常常成为不可避免的与很方便的工具. 特别在三角级数论、函数空间论及其他许多数学分支中，勒贝格积分都是完全必需的.

我们举一个例子. 命 $f(x)$ 是周期为 2π 的周期函数，而

$$\frac{a_0}{2} + \sum_{n=1}^{\infty} (a_n \cos nx + b_n \sin nx)$$

为它的富里埃级数. 例如，假定 $f(x)$ 是连续的，那么，不难证明

$$\frac{1}{\pi} \int_0^{2\pi} f^2(x)\, dx = \frac{a_0^2}{2} + \sum_{n=1}^{\infty} (a_n^2 + b_n^2). \tag{8}$$

这个恒等式通常称为巴斯娃等式. 我们考虑这样的问题：怎样的周期函数，才能使巴斯娃等式 (8) 成立？这一问题的回答是：巴斯娃等式 (8) 当且仅当函数 $f(x)$ 为间隔 $[0, 2\pi]$ 上的可测函数，而函数 $f^2(x)$ 为这一间隔上的勒贝格可积函数时才成立.

文 献

А. Лебег, Об измерении величин. ГОНТИ, 1938.

А. И. Маркушевич, Действительные числа и основные принципы теории пределов. Учпедгиз, 1948.

П. С. 亚历山大洛夫，集与函数的泛论初阶，商务印书馆, 1954 (共上、下两册).

П. С. Александров и А. Н. Колмогоров, Введение в теорию функций действительного переменного. Изд. 3-е, ГОНТИ, 1938.

И. П. 那汤松，实变函数论，高等教育出版社, 1955 (共上、下两册).

А. Лебег, Интегрирование и отыскание примитивных. ГТТИ, 1934.

Ф. Хаусдорф, Теория множеств. ГОНТИ, 1937.

王 元 译

越民义 校

第十六章　线　性　代　数

§1. 线性代数的对象和它的工具

线性函数和矩阵　在一个变数的函数中，线性函数 $l(x) = ax + b$ 是最简单的函数. 大家都知道,它的图象是最简单的线——直线.

同时, 线性函数还是最重要的函数之一. 这是因为任意一条"光滑"曲线的一小段都很像直线,而且曲线的这一小段愈短,它就愈接近于直线. 用函数论的语言来说, 这意思就是, 任意"光滑"(连续可微分的)函数, 当独立变数改变很小时, 接近于线性函数. 线性函数可以刻划作它的增量与独立变数的增量成比例的函数. 实际上, $\Delta l(x) = l(x_0 + \Delta x) - l(x_0) = a(x_0 + \Delta x) + b - (ax_0 + b) = a\Delta x$. 反之, 如果 $\Delta l(x) = a\Delta x$, 则 $l(x) - l(x_0) = a(x - x_0)$ 及 $l(x) = ax + l(x_0) - ax_0 = ax + b$, 而 $b = l(x_0) - ax_0$. 从微分学我们知道, 在任意可微函数的增量中很自然地分出来一主要部分, 即所谓的函数的微分, 它与独立变数的增量成比例, 而且函数的增量与其微分相差只是独立变数的增量的高阶无穷小. 这样一来, 可微函数在独立变数改变很小时, 实际上接近于线性函数. 所差的只是一个高阶无穷小.

对于多元函数也有类似的情形.

形状如 $a_1x_1 + a_2x_2 + \cdots + a_nx_n + b$ 的函数称为多元线性函数. 如果 $b = 0$, 这个线性函数就称为齐次函数. 以下两个性质是多元线性函数的特征:

1. 假定只让一个独立变数获得某个增量而让其余的变数不改变,这样算得的线性函数的增量与这个独立变数的增量成比例.

2. 假定所有独立变数都得到某些增量,这样算得的线性函数的增量等于单独改变每一个变数所得到的增量的代数和.

多元线性函数在多元函数中起着单元线性函数在单元函数中同样的作用. 这就是说, 任意"光滑"函数(即对于每一个变数都有连续偏微商的函数)当独立变数改变很小时, 接近于某个线性函数. 实际上, 这样一个函数 $w=f(x_1, x_2, \cdots, x_n)$ 的增量, 除了差一个高阶无穷小之外, 等于全微分 $\dfrac{\partial f}{\partial x_1} dx_1 + \dfrac{\partial f}{\partial x_2} dx_2 + \cdots + \dfrac{\partial f}{\partial x_n} dx_n$. 它是独立变数的增量 $dx_1, dx_2, \cdots, dx_n$ 的线性齐次函数. 由此推出, 函数 w 本身等于它的开始值与增量的和, 它在独立变数改变很小时, 除了差一个高阶无穷小之外, 可以表作独立变数的增量的线性非齐次函数.

由于研究关联着多个因素的量所引起的问题, 解决起来需要考察多元函数. 如果所研究的关联性是线性的, 那么这个问题就称为线性问题. 基于以上所指出的线性函数的性质, 以下诸特性可以说明线性问题.

1. 比例性 每一个独立因素作用的结果都与它的大小成比例.

2. 无关性 作用的总结果等于个别因素的作用的结果之和.

任意"光滑"函数, 当独立变数改变很小时, 在它的第一级逼近的范围内可以用线性函数来代替这件事实是一个一般性原则的反映. 这个原则是, 在研究依赖于某些因素的作用的量时, 在作用很小的情况下, 关于该量变动的任何问题, 在它第一级逼近的范围内可以看作是线性问题, 即具有无关性与比例性的问题. 时常发现, 这样的看法得到满足实用要求的结果(古典弹性力学、微小振动的理论等等).

所研究的物理量本身常常可用一些数量来描写(利用它在坐标轴上的三个分量来描写, 弹性体在已知点的应变状态用所谓应变张量的六个分量来描写等等). 因此有必要同时研究一些多元函数, 而在第一级逼近范围内有必要同时研究一些线性函数.

一元线性函数在性质上相当简单, 以致不需要任何特别研究.

对于多元线性函数,事情却是另外一个样子,这时多个变数的存在引起了一些特殊的性质. 如果从一些变数 x_1, x_2, $\cdots$, x_n 的一个函数进而讨论这些变数的多个函数 y_1, y_2, $\cdots$, y_m 的集合,事情就更为复杂. 这时作为"第一级逼近"就出现了下面线性函数的集合:

$$y_1 = a_{11}x_1 + \cdots + a_{1n}x_n + b_1,$$
$$y_2 = a_{21}x_1 + \cdots + a_{2n}x_n + b_2,$$
$$\cdots\cdots\cdots\cdots\cdots\cdots\cdots\cdots\cdots\cdots$$
$$y_m = a_{m1}x_1 + \cdots + a_{mn}x_n + b_m.$$

线性函数的集合也是相当复杂的数学对象, 它的研究是富有兴趣与不显然的内容.

关于线性函数和它们的集合的理论, 首先是代数里所谓线性代数这一分支的对象.

历史上线性代数的第一个问题是关于解线性方程组

$$a_{11}x_1 + \cdots + a_{1n}x_n = b_1,$$
$$a_{21}x_1 + \cdots + a_{2n}x_n = b_2,$$
$$\cdots\cdots\cdots\cdots\cdots\cdots\cdots\cdots\cdots\cdots$$
$$a_{m1}x_1 + \cdots + a_{mn}x_n = b_m$$

的问题.

在中学初等代数课程里讨论过这个问题的最简单情形. 对于较大的 n, 寻求方程组尽可能最简单的而且计算最不复杂的数值解的方法,直到现在还受到很多学者的注意,因为方程组的数值解法是很多计算与研究中的重要组成部分.

线性齐次函数也称为线性型. 一组已知的线性型

$$y_1 = a_{11}x_1 + \cdots + a_{1n}x_n,$$
$$\cdots\cdots\cdots\cdots\cdots\cdots\cdots\cdots\cdots\cdots$$
$$y_m = a_{m1}x_1 + \cdots + a_{mn}x_n$$

由它的系数所决定, 因为这样一组线性型的性质只依赖于系数的数值,而变数的名字没有实质意义.

例如,线性型组

$$3x_1+x_2-x_3, \qquad 3t_1+t_2-t_3,$$
$$2x_1+x_2+3x_3, \quad \text{和} \quad 2t_1+t_2+t_3,$$
$$x_1-x_2-x_3 \qquad t_1-t_2-t_3$$

当然有同样的性质，因而可以看作没有本质的区别。

自然可以把线性型组的系数的全体排成一个长方形的表：

$$\begin{pmatrix} a_{11} & \cdots & a_{1n} \\ \cdots\cdots\cdots\cdots \\ a_{m1} & \cdots & a_{mn} \end{pmatrix}.$$

这种表称为矩阵。数 a_{ij} 称为矩阵的元素。从线性代数的对象本身必然产生研究矩阵的必要性。

矩阵的重要而特殊的情形有：由一列组成的矩阵，简称为列；由一行组成的矩阵，简称为行；以及方阵，即行数等于列数的矩阵。方阵的行数（或列数）称为它的阶数。由一个数 a 所组成的"矩阵" (a) 就看作是这个数。

由于线性型组之间的简单运算，自然地定义了矩阵之间的简单运算。

设给了两组线性型

$$y_1=a_{11}x_1+\cdots+a_{1n}x_n,$$
$$\cdots\cdots\cdots\cdots\cdots\cdots\cdots\cdots\cdots$$
$$y_m=a_{m1}x_1+\cdots+a_{mn}x_n$$

和
$$z_1=b_{11}x_1+\cdots+b_{1n}x_n,$$
$$\cdots\cdots\cdots\cdots\cdots\cdots\cdots\cdots\cdots$$
$$z_m=b_{m1}x_1+\cdots+b_{mn}x_n.$$

把这两组线性型分别加起来得到

$$y_1+z_1=(a_{11}+b_{11})x_1+\cdots+(a_{1n}+b_{1n})x_n,$$
$$\cdots\cdots\cdots\cdots\cdots\cdots\cdots\cdots\cdots\cdots\cdots\cdots\cdots\cdots$$
$$y_m+z_m=(a_{m1}+b_{m1})x_1+\cdots+(a_{mn}+b_{mn})x_n.$$

由这组型所得到的矩阵

$$\begin{pmatrix} a_{11}+b_{11} & \cdots & a_{1n}+b_{1n} \\ \cdots\cdots\cdots\cdots\cdots\cdots\cdots \\ a_{m1}+b_{m1} & \cdots & a_{mn}+b_{mn} \end{pmatrix}$$

自然看作是矩阵

$$\begin{pmatrix} a_{11} & \cdots & a_{1n} \\ \cdots\cdots\cdots\cdots \\ a_{m1} & \cdots & a_{mn} \end{pmatrix} \text{和} \begin{pmatrix} b_{11} & \cdots & b_{1n} \\ \cdots\cdots\cdots\cdots \\ b_{m1} & \cdots & b_{mn} \end{pmatrix}$$

的和.

类似地, 矩阵 $\begin{pmatrix} a_{11} & \cdots & a_{1n} \\ \cdots\cdots\cdots\cdots \\ a_{m1} & \cdots & a_{mn} \end{pmatrix}$ 乘以数 c 定义为线性型组 $cy_1,$

$cy_2, \cdots, cy_m$ 的系数所组成的矩阵, 其中 $y_1, y_2, \cdots, y_m$ 是线性型,

它们的系数组成矩阵 $\begin{pmatrix} a_{11} & \cdots & a_{1n} \\ \cdots\cdots\cdots\cdots \\ a_{m1} & \cdots & a_{mn} \end{pmatrix}$.

从这个定义显然有

$$c\begin{pmatrix} a_{11} & \cdots & a_{1n} \\ \cdots\cdots\cdots\cdots \\ a_{m1} & \cdots & a_{mn} \end{pmatrix} = \begin{pmatrix} ca_{11} & \cdots & ca_{1n} \\ \cdots\cdots\cdots\cdots \\ ca_{m1} & \cdots & ca_{mn} \end{pmatrix}.$$

最后, 矩阵与矩阵的乘法运算如下定义. 设

$$\left.\begin{aligned} z_1 &= a_{11}y_1 + \cdots + a_{1m}y_m, \\ &\cdots\cdots\cdots\cdots\cdots\cdots\cdots\cdots \\ z_k &= a_{k1}y_1 + \cdots + a_{km}y_m \end{aligned}\right\} \tag{1}$$

而
$$y_1 = b_{11}x_1 + \cdots + b_{1n}x_n,$$
$$\cdots\cdots\cdots\cdots\cdots\cdots\cdots\cdots$$
$$y_m = b_{m1}x_1 + \cdots + b_{mn}x_n.$$

将 $y_1, y_2, \cdots, y_m$ 通过 $x_1, x_2, \cdots, x_n$ 的表达式代入 (1) 中得到 $z_1,$ $z_2, \cdots, z_k$ 通过 $x_1, x_2, \cdots, x_n$ 表成的线性型

$$z_1 = c_{11}x_1 + \cdots + c_{1n}x_n,$$
$$\cdots\cdots\cdots\cdots\cdots\cdots\cdots\cdots$$

$$z_k = c_{k1}x_1 + \cdots + c_{kn}x_n.$$

这组线性型的系数矩阵

$$\begin{pmatrix} c_{11} & \cdots & c_{1n} \\ \cdots\cdots\cdots\cdots \\ c_{k1} & \cdots & c_{kn} \end{pmatrix}$$

称为矩阵 $\begin{pmatrix} a_{11} & \cdots & a_{1m} \\ \cdots\cdots\cdots\cdots \\ a_{k1} & \cdots & a_{km} \end{pmatrix}$ 和 $\begin{pmatrix} b_{11} & \cdots & b_{1n} \\ \cdots\cdots\cdots\cdots \\ b_{m1} & \cdots & b_{mn} \end{pmatrix}$

的乘积, 记作 $\begin{pmatrix} a_{11} & \cdots & a_{1m} \\ \cdots\cdots\cdots\cdots \\ a_{k1} & \cdots & a_{km} \end{pmatrix}\begin{pmatrix} b_{11} & \cdots & b_{1n} \\ \cdots\cdots\cdots\cdots \\ b_{m1} & \cdots & b_{mn} \end{pmatrix}.$

利用两个矩阵的元素不难算出两个矩阵的乘积的元素. 设 c_{ij} 是用 $x_1, \cdots, x_n$ 表 z_i 时 x_j 的系数. 因为 $z_i = a_{i1}y_1 + \cdots + a_{im}y_m$, 而

$$y_1 = \cdots + b_{1j}x_j + \cdots,$$
$$\cdots\cdots\cdots\cdots\cdots\cdots$$
$$y_m = \cdots + b_{mj}x_j + \cdots,$$

所以 $\qquad z_i = \cdots + (a_{i1}b_{1j} + \cdots + a_{im}b_{mj})x_j + \cdots.$

由此推出 $\qquad c_{ij} = a_{i1}b_{1j} + \cdots + a_{im}b_{mj}.$

因此, 两个矩阵的乘积中第 i 行第 j 列的元素等于第一个因子的第 i 行诸元素与第二个因子的第 j 列诸相应元素的乘积之和. 例如,

$$\begin{pmatrix} 2 & 1 & 3 \\ 3 & 1 & 1 \end{pmatrix}\begin{pmatrix} 3 & 1 \\ 1 & 2 \\ 2 & 4 \end{pmatrix} = \begin{pmatrix} 2\cdot3+1\cdot1+3\cdot2 & 2\cdot1+1\cdot2+3\cdot4 \\ 3\cdot3+1\cdot1+1\cdot2 & 3\cdot1+1\cdot2+1\cdot4 \end{pmatrix}$$

$$= \begin{pmatrix} 13 & 16 \\ 12 & 9 \end{pmatrix}.$$

矩阵可以说是一个"复合"的对象, 在它里面有很多元素出现, 但是用一个字母来表示它而且用通常的符号来表示它的加法和乘法运算是有好处的, 也是方便的. 我们将用大写拉丁字母来表示矩阵. 采用这种简写给矩阵论带来了简单性与概括性, 即出现在

式子中的矩阵的元素所成的集合能在一些简短的与普通代数式子相似的式子里包含了某一数集所含数间的复杂关系式. 例如, 线性型组

$$a_{11}x_1 + \cdots + a_{1n}x_n,$$
$$\cdots\cdots\cdots\cdots\cdots\cdots$$
$$a_{m1}x_1 + \cdots + a_{mn}x_n$$

用矩阵记号可写作 AX, 其中 A 是系数矩阵而 X 是由变数 $x_1, \cdots, x_n$ 组成的一"列". 线性方程组

$$a_{11}x_1 + \cdots + a_{1n}x_n = b_1,$$
$$\cdots\cdots\cdots\cdots\cdots\cdots\cdots$$
$$a_{m1}x_1 + \cdots + a_{mn}x_n = b_m$$

可以写作 $$AX = B,$$

其中 A 是系数矩阵, X 是变数列, B 是由自由项所组成的列.

基本运算——加法运算和乘法运算——并不是对于一切矩阵都可以定义. 加法运算只对于同样类型的矩阵, 即有同样行数和列数的矩阵, 才有意义. 而相加的结果也得到同样类型的一个矩阵. 乘法运算只在第一个矩阵的列数等于第二个矩阵的行数时才有意义. 相乘得到的矩阵的行数等于第一个因子的行数, 而列数等于第二个因子的列数.

方阵的运算大部分服从数的运算规律, 可是有些规律被破坏了.

我们列举矩阵运算的基本性质如下:

1. $A + B = B + A$ (加法交换律).

2. $(A + B) + C = A + (B + C)$ (加法结合律).

3. $c(A + B) = cA + cB$ ⎱ (以数乘矩阵的分配律. 这里,
3′. $(c_1 + c_2)A = c_1A + c_2A$ ⎰ c, c_1, c_2 是数而不是矩阵.).

4. $(c_1c_2)A = c_1(c_2A)$ (以数乘矩阵的结合律).

5. 存在着"零"矩阵 $O = \begin{pmatrix} 0 & \cdots & 0 \\ \cdots\cdots\cdots \\ 0 & \cdots & 0 \end{pmatrix}$, 使得 $A + O = A$ 对任意

矩阵 A 成立.

6. $c \cdot O = O \cdot A = O$; 反之, 如果 $cA = O$, 则 $c = 0$ 或 $A = O$(这里 c 是数).

7. 对于任意矩阵 A, 存在着一个反矩阵 $-A$, 使得 $A + (-A) = O$.

8. $(A + B)C = AC + BC$
8′. $C(A + B) = CA + CB$ } (矩阵加法与乘法的分配律).

9. $(AB)C = A(BC)$ (乘法结合律).

10. $(cA)B = A(cB) = c(AB)$.

这些性质不仅对于方阵成立, 而且在上述公式中的每一个运算都有定义这个唯一条件下, 对于长方矩阵也成立. 对于同一阶的方阵, 这个条件自然满足.

上面所举的运算性质与数的运算性质相类似.

现在我们指出矩阵运算的两个特性.

第一, 对于矩阵的乘积, 即使是方阵的乘积, 交换律可能不成立, 即 AB 并不永远等于 BA. 例如:

$$\begin{pmatrix} 3 & -2 \\ -1 & 4 \end{pmatrix} \begin{pmatrix} 1 & 2 \\ 3 & 2 \end{pmatrix} = \begin{pmatrix} -3 & 2 \\ 11 & 6 \end{pmatrix},$$

$$\begin{pmatrix} 1 & 2 \\ 3 & 2 \end{pmatrix} \begin{pmatrix} 3 & -2 \\ -1 & 4 \end{pmatrix} = \begin{pmatrix} 1 & 6 \\ 7 & 2 \end{pmatrix}.$$

第二, 我们都知道, 两个数的乘积等于零当且仅当这两个数中至少有一个等于零. 我们也知道, 这个定理在代数方程论里是很基本的. 可是两个矩阵的乘积可以等于零矩阵, 而这两个矩阵中没有一个等于零矩阵. 例如:

$$\begin{pmatrix} 1 & 1 \\ 1 & 1 \end{pmatrix} \begin{pmatrix} 1 & 1 \\ -1 & -1 \end{pmatrix} = \begin{pmatrix} 0 & 0 \\ 0 & 0 \end{pmatrix}.$$

我们再指出矩阵乘法的一个性质. 矩阵 A' 叫做矩阵 A 的转置矩阵, 如果 A' 中每一行的元素都顺序地换为矩阵 A 里相应的列的元素. 例如, 矩阵

$$A = \begin{pmatrix} 1 & 2 \\ 3 & 4 \\ 5 & 6 \end{pmatrix}$$

的转置矩阵是

$$A' = \begin{pmatrix} 1 & 3 & 5 \\ 2 & 4 & 6 \end{pmatrix}.$$

矩阵的乘法运算与转置运算之间有关系式

$$(AB)' = B'A'.$$

根据矩阵乘法的规则很容易验证这个公式.

矩阵论是线性代数中重要的而且是不可缺少的部分，它在提出与解决线性代数的问题中起着工具的作用.

线性代数中的几何类比　除了上面提到的线性代数的概念和问题产生的源泉——数学分析的要求——之外，几何学，特别是解析几何学，也需要发展线性代数，而且用一些重要的概念和类比把线性代数充实起来. 大家都知道，平面解析几何以及在很大程度上空间解析几何在关于直线和平面的理论里，在最简单的形式下，利用着线性代数这个工具. 实际上，平面上的直线由一个含两个变数的线性方程所给出. 空间中的平面由一个含三个变数的线性方程给出，而空间中的直线由两个线性方程给出.

大家都知道，如果采用向量的概念，可以使解析几何特别简单和清楚，因此也使得最简单的线性方程组的理论特别的简单和清楚. 采用某种广义的向量的概念也使得线性代数同样的简单和清楚. 推广的途径如下(空间中的)：向量由三个数给出，这三个数是它在坐标轴上的射影. 三个实数所组成的数组也可以在几何上用(空间中的)向量表示.

可以定义两个向量的加法运算("按平面四边形规律")和乘以数的运算. 这些运算按照被表成向量的力、速度、加速度和其他的物理量的类似运算来定义.

如果向量由它的坐标(即它在坐标轴上的射影)给出，那么在向量上进行的加法运算和乘以数的运算就相应着由它的坐标所组成的行(或列)上同名的运算.

这样一来,由三个元素组成的行或列就宜于几何地解释作三维空间中的向量,同时在"行"(或"列")上所进行的运算就解释作在空间中向量上所进行的相应的运算,使得由三个元素所组成的行(或列)的代数在形式上与三维空间中的向量代数没有差别.这种情况使我们很自然地在线性代数中引进几何术语.

n 个数 $\begin{pmatrix} x_1 \\ x_2 \\ \vdots \\ x_n \end{pmatrix}$ 组成的列(或行)可以看作是"向量",即"n 维向量空间"的一个元素. 向量 $\begin{pmatrix} x_1+y_1 \\ x_2+y_2 \\ \vdots \\ x_n+y_n \end{pmatrix}$ 认为是向量 $\begin{pmatrix} x_1 \\ x_2 \\ \vdots \\ x_n \end{pmatrix}$ 和 $\begin{pmatrix} y_1 \\ y_2 \\ \vdots \\ y_n \end{pmatrix}$ 的和;向量 $\begin{pmatrix} cx_1 \\ cx_2 \\ \vdots \\ cx_n \end{pmatrix}$ 认为是向量 $\begin{pmatrix} x_1 \\ x_2 \\ \vdots \\ x_n \end{pmatrix}$ 乘以数 c 的乘积. 按定义,所有向量(列)的全体组成 n 维算术向量空间.

与此同时,还可以引进 n 维点空间的概念,它使 n 个实数组成的列对应于一个几何图像——点. 这时 n 维向量空间可以如下定义:对于每一对点 A 和 B,对应着一个从点 A 出发到点 B 为止的向量,把点 B 和点 A 的相应坐标之差按定义规定是这个向量的坐标(在坐标轴上的射影). 两个向量看作是相等的,如果它们的坐标相等. 这正像三维空间中我们把两个向量看作是相等的,如果其中之一可以从另一个经平行移动而得到.

很自然地可以建立 n 维向量空间与 n 维点空间之间的一个一一对应关系.

点 $\begin{pmatrix} 0 \\ 0 \\ \vdots \\ 0 \end{pmatrix}$ 被取作"坐标原点",每一个点都让一个向量和它相

应，这就是从坐标原点出发到这个点为止的向量．这时每一个向量也都与一个点，即这个向量的端点相应，其中假设这个向量的出发点是坐标原点．点空间的引进所建立的新的类比，使我们能更好地"观察"n维空间．

但是在更进一步推广时(§2)，点空间的严格定义变得相当复杂，因此我们不准备采用这个概念．愿意采用从考虑点空间而产生的类比的读者，需要把向量空间中的元素看作从坐标原点出发的向量．

几何术语的引进使我们有可能在线性代数中利用基于几何直观的类比，而这些几何直观是在研究三维空间的几何时形成的．

当然需要很小心地采用这种类比，要估计到能够严格地验证几何直观论证的可能性并只采用几何概念的确切定义以及严格证明了的定理．

n维向量空间中元素的特性是加法和乘以数的乘法运算的存在性，而这些运算的性质就像数所进行的运算那样，即正像在描述矩阵运算的性质时所指出的．对于加法运算，交换律和结合律成立，分配律（当乘以数时）也成立；加法运算是单值可逆的，向量乘以数的乘积当且仅当这个向量是零向量或这个数等于零时等于零向量．

不仅列（及行）具备上面所说的这些特性，就是同一类型的矩阵集合以及物理向量：力、速度、加速度等等也具备这些性质．完全是另外性质的数学对象，如一个变数的多项式的全体、已知区间$[a, b]$上的连续函数的全体、线性齐次微分方程的解的全体等等，也都具备这些性质．

上面举出的例子指出，进一步推广向量空间的概念，即引进一般的线性空间，是有益的．这种广义空间中的元素可以是任意数学对象或物理对象，但对于它们，可以用某种自然方式来定义加法和乘以数的乘法．我们将会看到，过渡到线性空间概念的这样一个一般而抽象的过程并不带来任何理论上的复杂性：任何线性空间（当然是指n维的，这个概念将在下一节里解释清楚）在结构上和性质上与算术线性空间没有什么两样，但是这样推广之后应用的范围却扩大了，运用线性代数的方法到很广阔的自然科学理论问题上的可能性也出现了.

§2. 线 性 空 间

线性空间的定义　我们现在来给出线性空间的严格定义.

一组任一种类对象的集合称为一个线性空间. 如果在其中和及乘以数的乘积有意义而且满足下列诸要求:

1. $(X+Y)+Z=X+(Y+Z)$.

2. 存在着"零元素" 0, 使得对任意 X, $X+0=X$.

3. 对于任意元素 X, 存在着一个逆元素 $-X$, 使得 $X+(-X)=0$.

4. $X+Y=Y+X$.

5. $1 \cdot X=X$.

6. $c_1(c_2 X)=c_1 c_2 X$.

7. $(c_1+c_2)X=c_1 X+c_2 X$.

8. $c(X+Y)=cX+cY$.

这里 X, Y, Z 是线性空间里的元素而 1, c_1, c_2, c 是数.

这些要求(也称为线性空间的公理)是很自然的而且是加法及乘以数的乘法运算的基本性质的形式叙述. 这些性质与在任意广义意义下所理解的这些运算的概念不可分地联系在一起. 有着某种物理意义的运算说成是加法和乘以数的乘法, 恰是当这些运算适合条件 1—8 时.

下面指出这些公理的某些推论:

1. 空间的零元素 0 是唯一的, 即只存在一个适合公理 2 的元素.

2. 对于已知元素 X, 存在着唯一的一个逆元素.

3. "减法"是有意义的, 即如果和及一个加项已知, 则可唯一确定第二个加项; 即, 如果 $X+Z=Y$, 则 $Z=Y+(-X)$.

4. $\boldsymbol{0} \cdot \boldsymbol{X} = c \cdot \boldsymbol{0} = \boldsymbol{0}$.

5. 如果 $c\boldsymbol{X} = \boldsymbol{0}$, 则 $c = 0$ 或 $\boldsymbol{X} = \boldsymbol{0}$.

6. $-\boldsymbol{X} = (-1)\boldsymbol{X}$.

这些推论的证明是很简单的, 我们不准备证明它们. 今后我们把线性空间的元素称为向量.

向量的线性相关与线性无关 现在我们转到向量的线性相关与线性无关这个重要概念上来.

向量 $c_1\boldsymbol{X}_1 + c_2\boldsymbol{X}_2 + \cdots + c_m\boldsymbol{X}_m$ 称为向量 $\boldsymbol{X}_1, \boldsymbol{X}_2, \cdots, \boldsymbol{X}_m$ 以数值 $c_1, c_2, \cdots, c_m$ 为系数的线性组合. 如果在向量 $\boldsymbol{X}_1, \boldsymbol{X}_2, \cdots, \boldsymbol{X}_m$ 中能找出一个向量是其余向量的线性组合, 则向量 $\boldsymbol{X}_1, \boldsymbol{X}_2, \cdots, \boldsymbol{X}_m$ 称为线性相关. 如果向量 $\boldsymbol{X}_1, \boldsymbol{X}_2, \cdots \boldsymbol{X}_m$ 中没有一个是其余向量的线性组合, 则向量 $\boldsymbol{X}_1, \boldsymbol{X}_2, \cdots, \boldsymbol{X}_m$ 称为线性无关.

不难看出, 向量 $\boldsymbol{X}_1, \boldsymbol{X}_2, \cdots, \boldsymbol{X}_m$ 线性无关的充分必要条件是关系式 $c_1\boldsymbol{X}_1 + c_2\boldsymbol{X}_2 + \cdots + c_m\boldsymbol{X}_m = \boldsymbol{0}$, 仅当 $c_1 = c_2 = \cdots = c_m = 0$ 时.

对于通常三维空间里的向量, 线性相关和线性无关的概念有着简单的几何意义.

设有两个向量 $\boldsymbol{X}_1$ 和 $\boldsymbol{X}_2$. 它们线性相关是说其中的一个向量是另一个向量的"线性组合", 即只与这个向量差一个常数因子. 这就是说, 这两个向量落在同一条直线上, 即它们的方向相同或相反.

反之, 如果两个向量落在同一条直线上, 那么它们线性相关. 因之, 两个向量 $\boldsymbol{X}_1$ 和 $\boldsymbol{X}_2$ 线性无关是说这两个向量不能落在一条直线上; 它们的方向根本不同.

现在来考察三个向量的线性相关与线性无关. 设向量 $\boldsymbol{X}_1, \boldsymbol{X}_2$ 和 $\boldsymbol{X}_3$ 线性相关, 为了确定起见, 假设向量 $\boldsymbol{X}_3$ 是向量 $\boldsymbol{X}_1$ 和 $\boldsymbol{X}_2$ 的线性组合. 显然这时 $\boldsymbol{X}_3$ 落在含向量 $\boldsymbol{X}_1$ 和 $\boldsymbol{X}_2$ 的平面里, 即 $\boldsymbol{X}_1, \boldsymbol{X}_2, \boldsymbol{X}_3$ 这三个向量落在同一张平面里. 容易看到, 如果向量 $\boldsymbol{X}_1, \boldsymbol{X}_2, \boldsymbol{X}_3$ 落在同一张平面里, 它们就线性相关. 实际上, 如果向量 $\boldsymbol{X}_1$ 和 $\boldsymbol{X}_2$ 不落在同一条直线上, 那么 $\boldsymbol{X}_3$ 可以按 $\boldsymbol{X}_1$ 和 $\boldsymbol{X}_2$ 来分解, 即将 $\boldsymbol{X}_3$ 表作 $\boldsymbol{X}_1$ 和 $\boldsymbol{X}_2$ 的线性组合的形状. 如果 $\boldsymbol{X}_1$ 和 $\boldsymbol{X}_2$ 落

在同一条直线上,那么 X_1 和 X_2 已经线性相关.

这样一来, 三个向量 X_1, X_2, X_3 线性相关与它们落在同一张平面上等价. 因此, X_1, X_2, X_3 线性无关当且仅当它们不落在同一张平面上.

三维空间中的四个向量永远线性相关. 实际上, 如果向量 X_1, X_2, X_3 线性相关, 那么对于任意 X_4, 向量 X_1, X_2, X_3, X_4 都线性相关. 如果 X_1, X_2, X_3 线性无关, 那么它们不落在同一张平面上而且任何向量 X_4 都可以按 X_1, X_2, X_3 分解, 即表成它们线性组合的形状.

上述讨论可以作如下的概括:

三维空间中的向量 X_1, X_2, $\cdots$, $X_k(k \geqslant 3)$ 线性相关当且仅当它们落在维数小于 k 的空间(直线或平面)之中.

将来严格地定义了子空间和维数之后, 在一般情形, 向量 X_1, X_2, $\cdots$, X_k 线性相关等价于它们落在维数小于 k 的一个子空间中, 即线性相关的"几何意义"与三维空间的情形仍然相同.

在线性空间的理论中, 下面这个定理起着重要的作用. 如果向量 X_1, X_2, $\cdots$, X_m 中每一个都是向量 Y_1, Y_2, $\cdots$, Y_k 的线性组合, 而且 $m > k$, 则向量 X_1, X_2, $\cdots$, X_m 线性相关(关于线性组合线性相关性的定理).

当 $k = 1$ 时, 定理显然成立. 对于 $k > 1$, 定理可对 k 用数学归纳法来证明.

空间的基与维数 在三维空间中, 任意三个不落在同一张平面里的向量 X_1, X_2, X_3(即线性无关的三个向量)组成这个空间的一组基, 这就是说, 任意向量皆可按向量 X_1, X_2, X_3 来分解, 即可表作它们的线性组合.

一般的线性向量空间显然可以分成两类.

可能在空间中存在着任意大数目的线性无关向量. 这种空间称为无限维空间, 对于它的研究超出了线性代数的范围, 而是特殊的数学分支——泛函分析(见第十九章)——的对象.

线性空间称为有限维的, 如果在它里面存在着线性无关向量的个数的一个有限上界, 即这样的一个数 n, 使得在空间中存在着 n 个线性无关的向量, 而**任意个数大于 n 的向量组都线性相关**. n 这个数称为空间的维数.

例如, 通常三维几何空间里的向量所组成的空间按照上面的定义来说是三维的. 实际上, 在三维几何空间中存在着三个线性无关的向量组, 而任意四个向量都线性相关.

n 数列所组成的空间在上面的定义下是 n 维的. 实际上, 在这个空间里存在着 n 个线性无关的向量, 例如,

$$e_1 = \begin{pmatrix} 1 \\ 0 \\ \vdots \\ 0 \end{pmatrix}, \; e_2 = \begin{pmatrix} 0 \\ 1 \\ \vdots \\ 0 \end{pmatrix}, \; \cdots, \; e_n = \begin{pmatrix} 0 \\ 0 \\ \vdots \\ 1 \end{pmatrix}, \tag{2}$$

而且这个空间里任何一个向量 $\begin{pmatrix} x_1 \\ x_2 \\ \vdots \\ x_n \end{pmatrix}$ 都是它们的线性组合, 即

$x_1 e_1 + x_2 e_2 + \cdots + x_n e_n$. 因此, 根据关于线性组合线性相关性的定理, 任意一组个数大于 n 的向量都线性相关.

一个变数的多项式的全体组成一个线性空间. 实际上, 对于多项式可以按照通常的方法来定义加法和乘以数的乘法, 它们适合公理1—8. 然而, 这个空间是无限维的, 因为对于任意 N, 向量 $1, x, \cdots, x^N$ 都线性无关. 次数不超过已知数 N 的多项式的集合组成一个有限维向量空间, 其维数是 $N+1$. 每一个次数不超过 N 的多项式都是 $1, x, \cdots, x^N$ 的线性组合, 而根据关于线性相关性的那个定理, 任意一组个数大于 $N+1$ 的次数 $\leqslant N$ 的多项式都线性相关.

现在我们对于 n 维空间来引进基这个重要概念. 基就是空间中这样一组线性无关向量的集合, 使得空间中任意一个向量都是这个集合中向量的线性组合. 例如, 在数列空间中, 向量集合 (2) 就是一组基. 在次数 $\leqslant N$ 的多项式组成的空间中, 可以取"向量"

$1, x, \cdots, x^N$ 作为一组基. 在三维几何空间中, 任意三个线性无关的向量组起着基的作用.

在 n 维线性空间中, 任意 n 个线性无关向量的集合(根据 n 维空间的定义, 这样一组向量是存在的)组成这个空间的一组基. 实际上, 设 $e_1, e_2, \cdots, e_n$ 是 n 维线性空间中线性无关的向量而 X 是这个空间里的任意一个向量, 那么向量 $X, e_1, \cdots, e_n$ 线性相关(因为它们的个数大于 n), 即可以找到一组不全等于 0 的数 $c, c_1,$ $c_2, \cdots, c_n$ 使得 $cX + c_1 e_1 + \cdots + c_n e_n = 0$. 这时, $c \neq 0$, 因为如果 $c = 0$, 那么向量 $e_1, e_2, \cdots, e_n$ 就会线性相关. 因此 $X = -\dfrac{c_1}{c} e_1 - \cdots$ $- \dfrac{c_n}{c} e_n$, 即空间中的任意向量都是 $e_1, e_2, \cdots, e_n$ 这 n 个向量的线性组合.

n 维线性空间中任意一组基全都由 n 个向量组成. 实际上, 基里的向量是线性无关的, 因而它的个数不能大于 n. 另一方面, 设 $e_1, e_2, \cdots, e_k$ 是 n 维空间中的任意一组基, 我们已经证明了 $k \leqslant n$. 又根据基的定义, 空间中任何向量都是向量 $e_1, e_2, \cdots, e_k$ 的线性组合; 再根据关于线性相关性的定理, 任意一组个数大于 k 的向量都线性相关, 因此空间的维数 n 不能大于基里向量的个数 k. 于是 $k = n$, 这就是所要证明的.

现在来引进向量对于已知的一组基 $e_1, e_2, \cdots, e_n$ 的坐标. 上面已经说过, 任意向量 X 都是基里向量的线性组合. 这种表示法是唯一的. 实际上, 设向量 X 以两种方式用基 $e_1, e_2, \cdots, e_n$ 表出:

$$X = x_1 e_1 + x_2 e_2 + \cdots + x_n e_n,$$
$$X = x_1' e_1 + x_2' e_2 + \cdots + x_n' e_n.$$

那么 $(x_1 - x_1') e_1 + (x_2 - x_2') e_2 + \cdots + (x_n - x_n') e_n = 0$, 因此, 根据 $e_1,$ $e_2, \cdots, e_n$ 的线性无关性就推出 $x_1 = x_1', \cdots, x_n = x_n'$.

任意向量 X 表成基中向量的线性组合时的系数 $x_1, x_2, \cdots,$ x_n 称为向量 X 对于这组基的坐标. 于是, 只要选定了空间的基之后, 任意向量都与它的坐标所组成的行(或列)相应, 反之, 任意 n 个数所组成的行(或列)都可以看作某个向量的坐标.

向量的加法运算与乘以数的运算也分别对应着坐标组成的行（或列）的同名的运算.

因此,任意 n 维线性空间,如不论它元素的性质(它们可能是函数,可能是矩阵,也可能是某种物理量等等),对于这些运算说来与行(或列)空间并没有什么差别. 因此,正像上面所说,一般的、公理化的线性空间的概念与行空间的概念相比并没有带来什么复杂性,可是却大大地扩展了这个概念的应用范围.

两个元素组对于给定的一组运算(或元素间的其他关系)来说,性质的一致性在数学上称为同构. 代数系统同构的确切定义将在第二十章给出. 利用这个名词我们可以说,一切 n 维线性空间,不论其元素的性质如何,是彼此同构的,而且同构于唯一的一个模型——行空间.

子空间 n 维线性空间 R_n 中的一个向量集合称为这个空间的一个子空间,如果这个集合中的任意个向量的任何线性组合都仍然属于这个集合之中. 显然,空间 R_n 的子空间本身也是线性空间,因而有基与维数. 同样也显然,子空间的维数不能超过整个空间的维数,而它们当且仅当子空间与整个空间相重时可能相等.

三维向量空间中落在一张平面或一条直线上的向量的集合就是子空间的例子.

最常见的是由一组向量"张成"的子空间. 这种子空间定义如下：设给了空间 R_n 中一组线性无关或线性相关的向量 X_1, X_2, $\cdots$, X_m. 那么这些向量的线性组合的全体 $\{c_1X_1+c_2X_2+\cdots+c_mX_m\}$ 组成 R_n 的一个子空间,它称为由向量 X_1, X_2, $\cdots$, X_m 张成的子空间.

这种子空间的维数称为向量组 X_1, X_2, $\cdots$, X_m 的秩. 容易看出,一组向量的秩等于这组向量里所含的线性无关向量的最大数.

仅由零向量所组成的"集合",形式地满足子空间所要求的条件. 这个子空间的维数被认为是零.

如果给了空间 R_n 的两个子空间,那么从它们自然还可以造出两个子空间——它们的向量和与它们的交.

两个子空间 P 和 Q 的向量和是属于空间 P 的向量与属于空间 Q 的向量的一切和的集合. 向量和可以看作是子空间 P 的基和 Q 的基的并集所张成的子空间.

两个子空间的交是同时属于这两个子空间的一切向量的集合. 例如,通常三维空间中,两个平面(即两个二维向量子空间)的向量和是整个空间(如果这两个平面不相重),而它们的交是一条直线(也当它们不相重时).

两个已知子空间的维数 p 和 q, 与它们的向量和的维数 t 以及交的维数 s, 适合下面这个有趣的关系式:

$$p+q=t+s.$$

这个断言的证明从略.

从这个关系式我们可以作出一些在特殊情况下子空间的交的推论来. 例如, 在四维空间中两张不相重的平面(即二维子空间)一般说来只交于一点(它们的交的维数等于零), 而两张平面只在它们的向量和是三维时, 即如果这两张平面落在某个三维子空间中时, 交于一条直线. 实际上, 这时 $t+s=2+2=4$, 由此推出仅当 $t=3$ 时 $s=1$.

复线性空间　在叙述行空间及一般线性空间的时候, 我们并没有确定在定义向量乘以数的运算时谈的是什么数. 因为我们是从推广通常的向量, 即三维几何空间中的方向线段出发的, 所以我们心目中的数是任意实数. 这样构成的线性空间称为实线性空间, 是通常三维向量空间的最自然的推广. 然而复线性空间的研究对于近代数学中的很多问题是有用的. 所谓复线性空间是指一组元素的集合,在其中定义了加法和乘以复数的乘法,而且这些运算适合所有公理 1—8. 行的元素是复数的行空间是复线性空间的例子.

复空间的理论在形式上与实空间的理论并没有什么基本不同.

然而即使是二维复空间也没有直观的几何解释. 问题在于 n

维复空间也可以看作是实空间，因为既然对于它的元素定义了乘以复数的乘法，自然也就定义了乘以实数的乘法．但将 n 维复空间看作实空间时，它的维数是 $2n$，即大了一倍．实际上，如果 e_1，e_2，$\cdots$，e_n 是复空间的一组基，那么将它看作实空间时可以取向量

$$e_1,\ ie_1,\ e_2,\ ie_2,\ \cdots,\ e_n,\ ie_n,\ \text{这里}\ i=\sqrt{-1},$$

作为这个空间的一组基．

因此，二维复空间可以解释作实的、但是是四维的空间．

更进一步，如果选取任意一个数集，它异于一切实数的集合及一切复数的集合，把它作为空间中"向量"乘以数的乘法所容许的数的集合，只要在这个数集中进行基本算术运算——加、减、乘、除——的结果仍然属于这个集合，那么线性空间的理论形式上也没有什么改变．适合上面所说的条件的数集称为数域（这个概念将会在第二十章中更详细地予以研究）．譬如，有理数集就是数域的一个例子．

在一些接近数论的代数分支中，有效地运用了任意域上线性空间的理论．

n 维欧氏空间　在前面的讨论里，我们还没有推广通常向量空间中的一些重要的概念，特别是向量长度和向量夹角的概念．我们知道在解析几何中，在关于直线与圆的交点，平行性以及很多别的问题里，并没有用到这些概念．空间的性质，在描述它们的时候并不需要向量长度和夹角这些概念的，可以刻划为在任意仿射变换（见第一卷第三章 §11）之下不变的性质．根据这个原则，线性空间中没有定义向量长度这个概念的称为仿射空间．

然而在很多数学问题里需要将向量长度及夹角的概念推广到 n 维空间中来．这可以用类似于平面上或空间中向量理论的方法来进行推广．

先来研究实的行向量空间．向量 $\boldsymbol{X}=(x_1,\ x_2,\ \cdots,\ x_n)$ 的长度定义为 $|\boldsymbol{X}|=\sqrt{x_1^2+x_2^2+\cdots+x_n^2}$ 这个数．这是很自然的，因为当 $n=2$ 和 $n=3$ 时，正是按照这个公式从向量对于笛卡儿坐标轴的坐标来计算它的长度的．

向量的夹角这个概念, 也可以很自然地从下面的考察引进来. 在平面上或空间中, 向量 X 和 Y 的夹角就是以 $AB=|X|$, $AC=|Y|$ 和 $BC=|X-Y|$ 为边的三角形中 A 的顶角.

在 n 维空间中自然地采用它作为向量的夹角, 即可以这样想象: 从 n 维空间中把这一对向量"抽出"来再把它们"安置"在平面中而不改变它们的长度和夹角. 然而在这样一个定义中却有不严格之处, 即以向量长度 $|X|$, $|Y|$ 和 $|X-Y|$ 为边的三角形的存在性还需要证明.

为了免除这个不确切之处, 我们引进计算角的公式. 从三角中的著名公式

$$BC^2 = AB^2 + AC^2 - 2AB \cdot AC \cos \varphi$$

可以推出

$$\cos \varphi = \frac{|X|^2 + |Y|^2 - |X-Y|^2}{2|X| \cdot |Y|}$$

$$= \frac{x_1^2 + \cdots + x_n^2 + y_1^2 + \cdots + y_n^2 + (x_1 - y_1)^2 + \cdots + (x_n - y_n)^2}{2|X| \cdot |Y|}$$

$$= \frac{x_1 y_1 + \cdots + x_n y_n}{|X| \cdot |Y|}.$$

如果像在三维空间中一样, 我们保留两个向量的"数量积"这个名词为它们夹角的余弦乘以它们长度的乘积, 那么向量的数量积可以按照公式

$$X \cdot Y = x_1 y_1 + \cdots + x_n y_n$$

来计算, 这个公式当 $n=2$ 和 $n=3$ 时与通常向量的数量积的著名公式一致.

严格地说, 必须把式子 $x_1 y_1 + \cdots + x_n y_n$ 取作向量积的定义(因为利用角来定义向量积是有不严格之处的), 然后再用公式

$$\cos \varphi = \frac{X \cdot Y}{|X| \cdot |Y|} \tag{3}$$

来定义向量的夹角.

我们就这样来做.

为了证明角的这个定义的合理性, 我们必须证明(3)式右方的

绝对值不超过 1, 即 $(X \cdot Y)^2 \leqslant |X|^2 \cdot |Y|^2$.

将此不等式展开, 即得

$$(x_1 y_1 + \cdots + x_n y_n)^2 \leqslant (x_1^2 + \cdots + x_n^2)(y_1^2 + \cdots + y_n^2).$$

这个不等式称为柯西-布涅考夫斯基不等式, 而且是可以直接证明的, 只是计算相当复杂. 我们用下面这个间接的方法来证明.

首先我们指出数量积有下面这些性质:

1′. 当 $X \neq 0$ 时, $X \cdot X = |X|^2 > 0$.

2′. $X \cdot Y = Y \cdot X$.

3′. $(cX) \cdot Y = c(X \cdot Y)$.

4′. $(X_1 + X_2) \cdot Y = X_1 \cdot Y + X_2 \cdot Y$.

这些性质的成立可以从用坐标表出数量积的式子推出.

现在引进向量 $Y + tX$ 来研究它, 其中 t 是任意实数. 我们是 $|Y + tX|^2 \geqslant 0$, 因为向量长度的平方不能是负的. 但根据数量积的定义, $|Y + tX|^2 = |Y|^2 + 2tX \cdot Y + t^2 |X|^2$. 再者我们知道, 二次三项式对于实变数 t 的一切值当且仅当它的根是虚数 或 相 等, 即它的判别式是负数或等于零时永远取非负值. 但二次三项式 $|Y|^2 + 2tX \cdot Y + t^2 |X|^2$ 的判别式等于 $4(X \cdot Y)^2 - 4|X|^2 |Y|^2$, 因此 $(X \cdot Y)^2 - |X|^2 |Y|^2 \leqslant 0$, 此式等价于柯西-布涅考夫斯基不等式.

从所证明的不等式推出 $\dfrac{|X \cdot Y|}{|X| |Y|} \leqslant 1$, 因此按照 (3) 式来定义夹角是合理的.

更进一步, 不难导出不等式

$$|X| - |Y| \leqslant |X \pm Y| \leqslant |X| + |Y|,$$

由此更不难推出以 $|X|$, $|Y|$ 和 $|X - Y|$ 为边的三角形的存在性. 因此, 前面所给出不严格的、但几何上却很直观的角的定义也获得了合理的基础.

n 维欧氏空间的公理定义 在前面, 我们在行空间中引进了向量的长度、夹角及数量积的概念. 在一般的用公理定义的 n 维实线性空间中, 这些概念也可以用公理来定义, 而基础是数量积这个概念.

线性实空间中向量的数量乘法是对于任意一对向量 X 和 Y 相应一个实数的对应，这个相应的实数称为它们的数量积 $X \cdot Y$，而且这个对应应当适合下面这些要求(公理)：

1′. 当 $X \neq 0$ 时，$X \cdot X > 0$；$0 \cdot 0 = 0$.

2′. $X \cdot Y = Y \cdot X$.

3′. $(cX) \cdot Y = c(X \cdot Y)$.

4′. $(X_1 + X_2) \cdot Y = X_1 \cdot Y + X_2 \cdot Y$.

然后把数 $\sqrt{X \cdot X}$ 取作向量 X 的长度，而数 $\dfrac{X \cdot Y}{|X| \cdot |Y|}$ 就取作向量 X 和 Y 的夹角. 为了证明后面这个定义的合法性，需要证明柯西-布涅考夫斯基不等式 $(X \cdot Y)^2 \leq |X|^2 |Y|^2$ 成立. 但这可以完全像前面一样来证明. 在刚才的证明里，只用到数量积的性质 1′, 2′, 3′, 4′, 而行空间的特殊性在证明中并不起作用. 在实线性空间中引进了适合公理 1′—4′ 的数量积的就称为欧氏空间.

在数学中研究了很多具体的线性空间，它们的数量积可以用种种不同的方法引进，它们的选取决定于问题的实质. 例如，$X(t)$ 是定义在已知区间 $a \leq t \leq b$ 上的单变数函数. 在以 $X(t)$ 为元素的空间中，两个元素 $X(t)$ 和 $Y(t)$ 的数量积常取作数 $\int_a^b X(t) Y(t) dt$ 或数 $\int_a^b X(t) Y(t) p(t) dt$，其中 $p(t)$ 是某个正函数. 容易看出，无论那一个定义都满足公理 1′—4′.

正交性 标准正交基 欧氏空间中两个向量称为正交(或垂直)，如果它们的数量积等于零. 容易看出，两两正交的一组非零向量永远线性无关. 实际上，设 $X_1, X_2, \cdots, X_m$ 是一组两两正交的非零向量，并设 $c_1 X_1 + c_2 X_2 + \cdots + c_m X_m = 0$，那么根据数量积的性质就有 $X_1(c_1 X_1 + c_2 X_2 + \cdots + c_m X_m) = c_1 |X_1|^2 = 0$，由此推出 $c_1 = 0$. 用同样的方法可以证明 $c_2 = \cdots = c_m = 0$. 因此，$X_1, X_2, \cdots, X_m$ 线性无关.

从上面证明的事实推出，n 维空间中顶多存在 n 个两两正交的非零向量，而任一由 n 个两两正交非零向量所组成的集合都是空间的一组基．此外，如果 n 个两两正交的向量的长度都等于 1，那么它们所组成的基就称为标准正交基．

不难证明，在欧氏空间中存在着标准正交基，而它们的个数还可以无限多．但我们不准备证明这个事实．此外，如果在空间 R 中选出了某个子空间，那么这个子空间的标准正交基可以添加上一些向量补充成整个空间的一组标准正交基．

欧氏空间中的向量最好用它在某个标准正交基中的坐标给出，因为这时数量积的式子特别简单．实际上，如果向量 X 在标准正交基 $e_1, e_2, \cdots, e_n$ 中的坐标是 $(x_1, x_2, \cdots, x_n)$，而向量 Y 的坐标是 $(y_1, y_2, \cdots, y_n)$，即

$$X = x_1e_1 + x_2e_2 + \cdots + x_ne_n \text{ 及 } Y = y_1e_1 + y_2e_2 + \cdots + y_ne_n,$$

那么根据数量积的性质就有

$$
\begin{aligned}
X \cdot Y = {} & x_1y_1e_1 \cdot e_1 + x_1y_2e_1 \cdot e_2 + \cdots + x_1y_ne_1 \cdot e_n \\
& + x_2y_1e_2 \cdot e_1 + x_2y_2e_2 \cdot e_2 + \cdots + x_2y_ne_2 \cdot e_n + \\
& \cdots\cdots\cdots\cdots\cdots\cdots\cdots\cdots\cdots\cdots\cdots \\
& + x_ny_1e_n \cdot e_1 + x_ny_2e_n \cdot e_2 + \cdots + x_ny_ne_n \cdot e_n \\
= {} & x_1y_1 + x_2y_2 + \cdots + x_ny_n,
\end{aligned}
$$

因为当 $i \neq k$ 时，$e_i \cdot e_k = 0$，而当 $i = 1, 2, \cdots, n$ 时，$e_i \cdot e_i = |e_i|^2 = 1$．特别有 $X \cdot X = x_1^2 + x_2^2 + \cdots + x_n^2$．

因此，向量的长度和数量积可以按行空间中同样的公式用它在标准正交基中的坐标表出．

从欧氏空间的一个模型——行空间——到一般的、用公理定义的欧氏空间的过程并没有引起任何复杂化，而只是扩大了理论的应用范围．

现在还要研究关于向量在子空间上的正交投影问题．设 R_n 是一个 n 维欧氏空间，P_m 是它的一个 m 维子空间；再设 e_1，$e_2, \cdots, e_m, f_1, \cdots, f_{n-m}$ 是 R_n 的一组标准正交基，并包有子空间 P_m 的一组标准正交基 $e_1, e_2, \cdots, e_m$．由向量 $f_1, f_2, \cdots, f_{n-m}$ 所

张成的子空间 Q_{n-m} 称为 P_m 的正交补空间，它的维数等于 $n-m$. 正交补空间 Q_{n-m} 可以刻划为与子空间 P_m 中一切向量都正交的全体向量所组成的集合.

R_n 中的任意向量 Z 可以唯一地表作 P_m 中一个向量 X 和 Q_{n-m} 中一个向量 Y 的和. 从向量 Z 可以唯一表成

$$Z = x_1 e_1 + \cdots + x_m e_m + y_1 f_1 + \cdots + y_{n-m} f_{n-m}$$

的形状就知道这是很显然的，因为令 $X = x_1 e_1 + \cdots + x_m e_m$，$Y = y_1 f_1 + \cdots + y_{n-m} f_{n-m}$ 就行了.

向量 X 称为向量 Z 在 P_m 上的正交投影.

酉空间* 向量的长度和数量积的概念，在复空间中也可以定义. 我们仍然以数量积的概念作为基础，它可以如下地定义：让复空间中每一对向量 X 和 Y 都相应一个复数(不必要是实数)，称为它们的数量积 $X \cdot Y$. 数量乘法这个运算应该适合下列公理：

1″. 若 $X \neq 0$，$X \cdot X$ 是正实数，而 $0 \cdot 0 = 0$.

2″. $Y \cdot X = (X \cdot Y)'$，这里撇表示复共轭数.

3″. $(cX) \cdot Y = c(X \cdot Y)$ 对任意复数 c.

4″. $(X_1 + X_2) \cdot Y = X_1 \cdot Y + X_2 \cdot Y$ (分配律).

在以复数为元素的行所组成的行空间中，向量 $(x_1, x_2, \cdots, x_n)$ 和 $(y_1, y_2, \cdots, y_n)$ 的数量积可以取为 $x_1 y_1' + x_2 y_2' + \cdots + x_n y_n'$ 这个数. 容易证明，这时公理 1″—4″ 都成立.

取 $\sqrt{X \cdot X}$ 这个数作为向量的长度. 向量间夹角的概念不去定义.

复线性空间如具有适合公理 1″—4″ 的数量积，则称为**酉空间**.

§3. 线性方程组

两个含两个未知数的方程组及三个含三个未知数的方程组 两个含两个未知数的方程组的一般形状是

---

* 也可译作单式正交空间. ——译者注

$$a_1x + b_1y = c_1,$$
$$a_2x + b_2y = c_2.$$

要解这组方程，先将第一个方程乘以 b_2，再将第二个方程乘以 $-b_1$，然后相加，我们就得到

$$(a_1b_2 - a_2b_1)x = c_1b_2 - c_2b_1.$$

同理，将第一个方程乘以 $-a_2$，将第二个方程乘以 a_1，然后再相加，就得到

$$(a_1b_2 - a_2b_1)y = a_1c_2 - a_2c_1.$$

只要这两个等式里 x 和 y 的系数 $a_1b_2 - a_2b_1$ 不等于零，就容易从这两个等式里定出 x 和 y 来. $a_1b_2 - a_2b_1$ 这个式子称为方程组的系数所组成的矩阵 $\begin{pmatrix} a_1 & b_1 \\ a_2 & b_2 \end{pmatrix}$ 的行列式，行列式记作 $\begin{vmatrix} a_1 & b_1 \\ a_2 & b_2 \end{vmatrix}$.

从上面给出的定义推知，行列式可以按照下图进行计算：

这个图的含义自明，不再需要解释.

现在讨论方程组的解. 根据行列式的定义，$c_1b_2 - c_2b_1$ 和 $a_1c_2 - a_2c_1$ 这两个式子也可以表作行列式，即 $\begin{vmatrix} c_1 & b_1 \\ c_2 & b_2 \end{vmatrix}$ 和 $\begin{vmatrix} a_1 & c_1 \\ a_2 & c_2 \end{vmatrix}$.

这样一来，如果行列式 $\begin{vmatrix} a_1 & b_1 \\ a_2 & b_2 \end{vmatrix}$ 不等于零，我们就得到方程组的解的公式：

$$x = \frac{\begin{vmatrix} c_1 & b_1 \\ c_2 & b_2 \end{vmatrix}}{\begin{vmatrix} a_1 & b_1 \\ a_2 & b_2 \end{vmatrix}}; \quad y = \frac{\begin{vmatrix} a_1 & c_1 \\ a_2 & c_2 \end{vmatrix}}{\begin{vmatrix} a_1 & b_1 \\ a_2 & b_2 \end{vmatrix}}. \tag{4}$$

严格地说，上面进行的讨论是不完备的. 我们在导出方程组的解的公式时，对于方程所作的运算只在假定了 x 和 y 是组成方程组的解的两个数时才可理解. 上面所进行的讨论的逻辑实质是，如果方程组的系数组成的行列式不等于零而方程组的解存在

的话，那么它的解可以按照公式(4)来计算．因此，还需要证明所求得的未知数的值的确适合方程组里的两个方程．这做起来并没有困难．

这样一来，如果方程组的系数组成的行列式不等于零，那么方程组就有唯一的一组解，而这组解由公式(4)给出．

对于三个未知数的三个方程组

$$a_1 x + b_1 y + c_1 z = d_1,$$
$$a_2 x + b_2 y + c_2 z = d_2,$$
$$a_3 x + b_3 y + c_3 z = d_3$$

不难进行类似的讨论与计算——这需要将三个方程各乘以适当的数之后相加，使得相加以后消去两个未知数．为了消去未知数 y 和 z，应该取 $b_2 c_3 - b_3 c_2$，$b_3 c_1 - b_1 c_3$，$b_1 c_2 - b_2 c_1$ 作为乘数，这是容易验算的．

结果我们得到：如果式子

$$\Delta = a_1 b_2 c_3 - a_1 b_3 c_2 + a_2 b_3 c_1 - a_2 b_1 c_3 + a_3 b_1 c_2 - a_3 b_2 c_1$$

异于零，那么方程组有唯一解，它可以按公式

$$x = \frac{\Delta_1}{\Delta}, \quad y = \frac{\Delta_2}{\Delta}, \quad z = \frac{\Delta_3}{\Delta}$$

求得，其中 Δ_1，Δ_2，Δ_3 是在 Δ 中将相当的未知数的系数用自由项来代替所得的式子．

式子 Δ 称为矩阵

$$\begin{pmatrix} a_1 & b_1 & c_1 \\ a_2 & b_2 & c_2 \\ a_3 & b_3 & c_3 \end{pmatrix}$$

的行列式，记作

$$\begin{vmatrix} a_1 & b_1 & c_1 \\ a_2 & b_2 & c_2 \\ a_3 & b_3 & c_3 \end{vmatrix}.$$

为了计算行列式，可参考下面的图：

在第一图里，用线(一个对角线和两个三角形)所联结起来的位置上的元素之积附以正号是行列式的展开式中的项，而在第二个图里，用线所联结起来的位置上的元素之积附以负号是行列式的展开式中的项.

我们对于两个含两个未知数的方程组及三个含三个未知数的方程组得到了完全类似的结果. 在这两种情形，如果系数矩阵的行列式不等于零，方程组就有唯一解. 解的公式也是类似的，每一个未知数的分母都是系数矩阵的行列式，而分子是将系数矩阵中把要求的未知数的系数用自由项来代替所得到的矩阵的行列式.

把这些结果直接推广到含 n 个未知数的 n 个方程组是困难的，用间接的方法来做比较容易做到，即先推广行列式的概念到任意阶的方阵上去，并研究行列式的性质，然后再把它的理论应用到方程组的研究上去.

n 阶行列式 研究行列式的展开式：

$$\begin{vmatrix} a_1 & b_1 \\ a_2 & b_2 \end{vmatrix} = a_1 b_2 - a_2 b_1$$

及

$$\begin{vmatrix} a_1 & b_1 & c_1 \\ a_2 & b_2 & c_2 \\ a_3 & b_3 & c_3 \end{vmatrix} = a_1 b_2 c_3 - a_1 b_3 c_2 + a_2 b_3 c_1 - a_2 b_1 c_3 + a_3 b_1 c_2 - a_3 b_2 c_1$$

时，我们发现，在每一项里都有每行的一个元素和每列的一个元素出现作为因子，而且所有这种可能的乘积都在行列式的展开式中出现，只是前面附以加号或减号. 这个性质可以作为将行列式的概念推广到任意阶方阵上去的基础. 即，n 阶方阵的行列式，或简单地说，n 阶行列式是方阵中从每一行取一个元素从每一列取一个元素作成的所有乘积按一定的规律冠以正号或负号后的代数和. 引进这个一定的规律相当复杂, 我们不准备叙述它. 重要的是指出, 它是由下面这些行列式的重要基本性质能成立而确定的:

1. 将行列式的两行交换, 行列式的符号改变.

对于2阶及3阶行列式, 这个性质容易用直接计算来验证. 在一般情形, 它的证明基于我们所没有叙述的符号规律.

行列式有一系列其他的重要性质, 这些性质使我们能够有成效地在各种各样的理论及数值计算中采用行列式, 不管行列式多么复杂, 要知道, 不难看出 n 阶行列式含有 $n!$ 项, 而每一项又由 n 个因子组成, 且这些项前面还按照一个复杂的规律冠以符号.

现在把行列式的基本性质列举出来, 但不详细证明.

这些性质中的第一个已经叙述在上面了.

2. 将行列式的矩阵转置一下, 即用列来代替行而不变其顺序, 行列式不变值.

这个性质的证明基于对行列式各项前的符号安排的规律的分析.

3. 行列式是它任意一行(或列)的元素的线性函数. 详细地说,

$$\begin{vmatrix} a_{11} & \cdots & a_{1n} \\ \cdots\cdots\cdots\cdots \\ a_{i1} & \cdots & a_{in} \\ \cdots\cdots\cdots\cdots \\ a_{n1} & \cdots & a_{nn} \end{vmatrix} = a_{i1}A_{i1} + a_{i2}A_{i2} + \cdots + a_{in}A_{in}, \tag{5}$$

其中 A_{i1}, A_{i2}, $\cdots$, A_{in} 是不依赖于 i 行元素的式子.

显然这个性质由行列式的每一项都含某一行的, 例如第 i 行的, 一个元素而且只含它的一个元素得出.

等式(5)称为将行列式按 i 行元素展开, 而 A_{i1}, A_{i2}, $\cdots$, A_{in} 称为元素 a_{i1}, a_{i2}, $\cdots$, a_{in} 在行列式中的代数余子式.

4. 元素 A_{ij} 的代数余子式除去差一个符号外等于行列式的所谓子式 $\varDelta_{ij}$, 即从原矩阵划去第 i 行与第 j 列所得的 $(n-1)$ 阶矩阵的行列式. 为了从子式得到代数余子式需要在它前面放置符号 $(-1)^{i+j}$. 性质 3 和 4 将 n 阶行列式的计算归结为 $(n-1)$ 阶行列式的计算.

从所列举的这些基本性质推出行列式的许多有用的性质. 我们列举出它们中的一些来.

5. 具有两个同样的行的行列式等于零.

实际上, 如果行列式有两个同样的行, 那么将它们对换一下, 行列式之值并不改变, 因为这两行一样, 可是同时根据第一个性质又要改变符号, 因此它等于零.

6. 任意一行的元素与另外一行元素的代数余子式的乘积之和等于零.

实际上, 这样的和是将一个具有两个相同的行的行列式按其中一行展开的结果.

7. 任意一行的元素的公因子可以提到行列式符号的外面来.

这由性质 3 推出.

8. 含两个成比例的行的行列式之值等于零.

只要把比例因子提出来就得到一个含两个同样的行的行列式.

9. 如果将行列式中某一行的元素加上与另一行的元素成比例的数, 行列式之值不变.

实际上, 根据性质 3, 这样造的行列式等于原来的行列式与含两个成比例的行的行列式之和, 而后面这个行列式等于零.

最后这个性质给出计算行列式的一个好方法. 利用这个性质, 可以将行列式的矩阵变成一个某一行(或列)的元素除一个以外都为零的矩阵而不变行列式之值. 然后就可以将这个行列式按这一行(或列)展开, 我们就把 n 阶行列式的计算化为 $(n-1)$ 阶的一个行列式的计算, 即只需计算所选的这一行里唯一的那个不等于零的元素的代数余子式.

例如, 需要计算行列式

$$\Delta = \begin{vmatrix} 1 & 1 & -1 & 2 \\ 2 & -1 & 1 & 1 \\ -1 & 2 & 0 & 1 \\ 1 & 1 & -2 & 1 \end{vmatrix}.$$

将第一列乘以 -1 加到第二列, 将第一列加到第三列, 并将第一列乘以 -2 加到第四列, 就得到

$$\Delta = \begin{vmatrix} 1 & 0 & 0 & 0 \\ 2 & -3 & 3 & -3 \\ -1 & 3 & -1 & 3 \\ 1 & 0 & -1 & -1 \end{vmatrix}.$$

将 Δ 按第一行的元素展开就得到

$$\Delta = 1 \cdot (-1)^{1+1} \begin{vmatrix} -3 & 3 & -3 \\ 3 & -1 & 3 \\ 0 & -1 & -1 \end{vmatrix}.$$

最后, 将第二行加到第一行, 再按第一列展开就得到

$$\Delta = \begin{vmatrix} 0 & 2 & 0 \\ 3 & -1 & 3 \\ 0 & -1 & -1 \end{vmatrix} = 3 \cdot (-1)^{1+2} \begin{vmatrix} 2 & 0 \\ -1 & -1 \end{vmatrix} = -3 \cdot (-2) = 6.$$

方阵 A 的行列式记作 $|A|$.

最后我们再举出行列式的一个重要性质.

两个方阵的乘积的行列式等于这两个方阵的行列式的乘积, 即 $|AB| = |A| \cdot |B|$.

特别, 这个性质使我们能将同阶的行列式按矩阵乘法规律相乘.

含 n 个未知数的 n 个线性方程组 利用行列式很容易将前面得到的关于含两个未知数的两个方程组及含三个未知数的三个方程组的结果推广到含 n 个未知数的 n 个方程组来, 只要方程组的系数矩阵的行列式不等于零.

设 $\qquad a_{11}x_1 + \cdots + a_{1j}x_j + \cdots + a_{1n}x_n = b_1,$

$\cdots\cdots\cdots\cdots\cdots\cdots\cdots\cdots\cdots\cdots\cdots\cdots\cdots$

$$a_{n1}x_1 + \cdots + a_{nj}x_j + \cdots + a_{nn}x_n = b_n,$$

是这样一个方程组, 以 $\varDelta$ 表这个方程组的系数矩阵的行列式, 再以 A_{ij} 表元素 a_{ij} 的代数余子式. 将第一个方程乘以 A_{1j}, 第二个方程乘以 A_{2j}, $\cdots$, 第 n 个方程乘以 A_{nj}, 然后相加, 我们得到

$$\varDelta x_j = b_1 A_{1j} + \cdots + b_n A_{nj}.$$

实际上, 除了 x_j 的系数之外, 其余未知数的系数都等于零, 因为它们是 j 列元素的代数余子式与另一列元素的乘积的和 (性质 6, 运用到列上); 而 x_j 的系数等于 j 列元素与它的代数余子式的乘积的和, 因而等于 $\varDelta$.

这样一来,

$$x_j = \frac{b_1 A_{1j} + \cdots + b_n A_{nj}}{\varDelta} \quad \text{对一切 } j = 1, 2, \cdots, n. \tag{6}$$

像前面所说的一样, 上面所进行的论述只在假定了方程组解的存在性并将 x_1, x_2, $\cdots$, x_n 了解为方程组的解时才有意义.

因此, 上面论述的结论如下:

如果方程组的解存在, 那么它由公式 (6) 给出而且是唯一的.

为了论述的完整, 还需要证明方程组的解的存在, 为此需将所得值代替未知数代入原方程组的一切方程. 采用行列式的同一性质 (应用到行) 容易验证, 求得的值的确适合一切方程.

于是, 下面的定理成立: 如果含 n 个未知数的 n 个方程组的系数矩阵的行列式不等于零, 那么这个方程组有唯一解, 它的解由公式 (6) 给出.

这个公式还可以变形, 即和 $b_1 A_{1j} + \cdots + b_n A_{nj}$ 可以写作行列式的形状:

$$\varDelta_j = b_1 A_{1j} + \cdots + b_n A_{nj} = \begin{vmatrix} a_{11} & \cdots & b_1 & \cdots & a_{1n} \\ \cdots\cdots\cdots\cdots\cdots\cdots\cdots\cdots \\ a_{n1} & \cdots & b_n & \cdots & a_{nn} \end{vmatrix}$$

(自由项位于第 j 列).

这样一来, 前面对于含两个未知数的方程组及含三个未知数的方程组所述的结果完全推广到含 n 个未知数的方程组, 而所得

到的解的公式也是有同样形状的.

我们注意上面所证明的定理的一个推论.

如果已经知道方程组根本没有解或解不唯一，那么它的系数矩阵的行列式等于零.

这个推论特别可以应用到齐次方程组，即自由项 b_1, b_2, $\cdots$, b_n 都等于零的方程组. 齐次方程组总有所谓"显然"解 $x_1 = x_2 = \cdots = x_n = 0$.

如果齐次方程组除了显然解之外还有非显然解，那么它的行列式等于零.

这个断言打开了在其他数学部门及其应用中采用行列式论的可能性.

例如,考虑解析几何的一个问题.

求通过不在同一直线上的三个已知点 (x_1, y_1, z_1), (x_2, y_2, z_2) 和 (x_3, y_3, z_3) 的平面的方程.

从初等几何知道,所求的平面是存在的. 设它的方程是 $Ax + By + Cz + D = 0$, 那么

$$Ax_1 + By_1 + Cz_1 + D = 0,$$
$$Ax_2 + By_2 + Cz_2 + D = 0,$$
$$Ax_3 + By_3 + Cz_3 + D = 0.$$

设 x, y, z 是这个平面上任意点的坐标,那么还有

$$Ax + By + Cz + D = 0.$$

将这四个方程看作是对于欲求平面的系数 A, B, C, D 的齐次线性方程组. 这个方程组有非显然的解,因为欲求的平面存在. 因此,方程组的行列式等于零,即

$$\begin{vmatrix} x_1 & y_1 & z_1 & 1 \\ x_2 & y_2 & z_2 & 1 \\ x_3 & y_3 & z_3 & 1 \\ x & y & z & 1 \end{vmatrix} = 0. \tag{7}$$

这就是欲求平面的方程. 实际上, 它是 x, y, z 的一次方程, 这从行列式对于最后一行元素的线性性质即可推出.

采用已知的三个点不在同一直线上这一事实，不难验证这个方程的系数不可能都等于零. 因此, 等式(7)的确是一个平面的方程. 这个平面通过已知点, 因为它们的坐标显然适合方程.

含 n 个未知数的 n 个方程的矩阵写法　含 n 个未知数的 n 个线性方程组

$$a_{11}x_1 + \cdots + a_{1n}x_n = b_1,$$
$$\cdots\cdots\cdots\cdots\cdots\cdots\cdots\cdots\cdots\cdots$$
$$a_{n1}x_1 + \cdots + a_{nn}x_n = b_n$$

可以用矩阵符号写成一个等式的形状:

$$AX = B.$$

这里 A 表系数矩阵, X 表由未知数所组成的列, B 表自由项所组成的列.

方程组的解(如果矩阵 A 的行列式不等于零)可以详细地写作(参看公式(6)):

$$x_1 = \frac{A_{11}}{\Delta}b_1 + \frac{A_{21}}{\Delta}b_2 + \cdots + \frac{A_{n1}}{\Delta}b_n,$$
$$x_2 = \frac{A_{12}}{\Delta}b_1 + \frac{A_{22}}{\Delta}b_2 + \cdots + \frac{A_{n2}}{\Delta}b_n,$$
$$\cdots\cdots\cdots\cdots\cdots\cdots\cdots\cdots\cdots\cdots\cdots\cdots$$
$$x_n = \frac{A_{1n}}{\Delta}b_1 + \frac{A_{2n}}{\Delta}b_2 + \cdots + \frac{A_{nn}}{\Delta}b_n$$

或写成矩阵形式

$$X = \begin{pmatrix} \dfrac{A_{11}}{\Delta} & \dfrac{A_{21}}{\Delta} & \cdots & \dfrac{A_{n1}}{\Delta} \\ \dfrac{A_{12}}{\Delta} & \dfrac{A_{22}}{\Delta} & \cdots & \dfrac{A_{n2}}{\Delta} \\ \cdots\cdots & \cdots\cdots & \cdots & \cdots\cdots \\ \dfrac{A_{1n}}{\Delta} & \dfrac{A_{2n}}{\Delta} & \cdots & \dfrac{A_{nn}}{\Delta} \end{pmatrix} B.$$

作为等式右方第一个因子的矩阵称为 A 的逆矩阵, 记作 A^{-1}. 采用了这个记号, 我们就得到方程组 $AX = B$ 解的下面这个简单而自然的形状:

$$X = A^{-1}B,$$

它好像含一个未知数的一个方程的解的公式.

不难用矩阵代数的语言,给上面所获得的结果以另外的论据.

为了这个目的,首先应该指出起着特殊作用的矩阵

$$E = \begin{pmatrix} 1 & 0 & 0 & \cdots & 0 \\ 0 & 1 & 0 & \cdots & 0 \\ \cdots\cdots\cdots\cdots\cdots\cdots \\ 0 & 0 & 0 & \cdots & 1 \end{pmatrix}.$$

它称为单位矩阵.

单位矩阵在方阵中起着 1 这个数在全体数中所起的那样的作用,即,对于任何矩阵 A,等式 $AE = A$ 和 $EA = A$ 都成立. 根据矩阵乘法的规律很容易验证这一点.

上面所定义的矩阵 A 的逆矩阵 A^{-1} 所起的作用,类似于一个数的倒数所起的作用,即

$$AA^{-1} = A^{-1}A = E.$$

可以根据矩阵的乘法规律与行列式的性质 3 和 6 来验证这些等式的真实性.

知道了单位矩阵和逆矩阵的这些性质之后,可以按照下列方式求方程组 $AX = B$ 的解.

设 $AX = B$,则 $A^{-1}(AX) = A^{-1}B$. 可是

$$A^{-1}(AX) = (A^{-1}A)X = EX = X,$$

因此 $X = A^{-1}B$.

现在设 $X = A^{-1}B$,那么 $AX = AA^{-1}B = EB = B$.

所以,"方程" $AX = B$ 有唯一解 $X = A^{-1}B$,只要 A^{-1} 存在.

我们在矩阵 A 的行列式不等于零的假设下,证明了 A 的逆矩阵 A^{-1} 存在. 这个条件对于逆矩阵的存在不仅充分而且必要. 实际上,设对于矩阵 A 存在着逆矩阵 A^{-1},即使得 $AA^{-1} = E$. 那么根据两个矩阵乘积的行列式的性质,就有

$$|A| \cdot |A^{-1}| = |E| = 1.$$

由此推出,矩阵 A 的行列式不等于零.

其行列式不等于零的矩阵称为非退化的或非奇异的. 这样,
我们证明了对于非退化矩阵, 逆矩阵永远存在, 而且只对于它们逆
矩阵才存在.

逆矩阵概念的引进不仅对于线性方程组的理论有用, 对线性
代数的其他一些问题也有用.

最后我们指出, 上面引进的解线性方程组的公式是理论性的
研究中不可缺少的工具, 但在方程组的数值解法中却很少被采
用.

正象我们已经指出的, 方程组的数值解法有很多各式各样的
方法和计算方案已经求得. 由于这个问题对于实际的重要性, 使
得方程组(特别是大量未知数的情形)数值解法的简化方面的研究
工作, 目前正在紧张地进行着.

线性方程组的一般情形 现在我们转到最一般情形的线性方
程组的研究, 甚至不假定方程的个数等于未知数的个数. 在这个
一般情形, 自然不能期望方程组的解永远存在或当它存在时是唯
一的. 自然会预料到, 如果方程的个数少于未知数的个数, 方程组
会有无限多组解. 例如, 含三个未知数的两个一次方程被这两个
一次方程所定义的平面的交线上的一切点所适合. 当然也可能在
这个情形方程组根本没有解, 即当两张平面平行时就如此. 如果
方程的个数多于未知数的个数, 一般说来是无解的. 然而在这种
情形下, 方程组也可能有解, 甚至有无限多组解.

为了研究一般情形的方程组的解的存在, 以及由方程组的解
所成集合的性质, 我们现在讨论方程组的"几何"解释.

方程组

$$a_{11}x_1 + a_{12}x_2 + \cdots + a_{1n}x_n = b_1,$$
$$a_{21}x_1 + a_{22}x_2 + \cdots + a_{2n}x_n = b_2,$$
$$\cdots\cdots\cdots\cdots\cdots\cdots\cdots\cdots\cdots\cdots\cdots\cdots$$
$$a_{m1}x_1 + a_{m2}x_2 + \cdots + a_{mn}x_n = b_m \tag{8}$$

在 m 维列空间中可解释作

$$x_1 A_1 + x_2 A_2 + \cdots + x_n A_n = B.$$

这里 A_1, A_2, $\cdots$, A_n 表示由相当的未知数前的系数所组成的列,而 B 表示由自由项所组成的列.

在这个解释下,方程组解的存在问题就化为已知向量 B 是否可表作向量 A_1, A_2, $\cdots$, A_n 的线性组合这个问题.

关于这个问题的解答几乎是显然的. 向量 B 是向量 A_1, A_2, $\cdots$, A_n 的线性组合的充分必要条件是向量 B 属于向量 A_1, A_2, $\cdots$, A_n 所张成的向量子空间,换句话说,向量组 A_1, A_2, $\cdots$, A_n 所张成的子空间与向量组 A_1, A_2, $\cdots$, A_n, B 所张成的子空间相重.

因为第一个子空间包在第二个子空间之中,那么它们相重的充分必要条件是它们的维数相等. 我们已经讲过,已知向量组所张成的子空间的维数称为这组向量的秩. 这样一来,方程组 $x_1A_1 + x_2A_2 + \cdots + x_nA_n = B$ 解存在的充分必要条件就是向量组 A_1, A_2, $\cdots$, A_n 的秩与向量组 A_1, A_2, $\cdots$, A_n, B 的秩相等.

可以证明,向量组的秩等于由这些向量的坐标所组成的矩阵的秩. 我们不拟证明. 这里我们将矩阵的秩理解为从矩阵划去一部分行及列所能组成的不等于零的行列式的最大阶数.

因为方程组的系数是向量 A_1, A_2, $\cdots$, A_n 的坐标(对于列空间的自然基而言),而它的自由项是 B 的坐标,所以我们得到下面这个彻底解决了的关于方程组解存在条件的结论.

线性方程组

$$a_{11}x_1 + \cdots + a_{1n}x_n = b_1,$$
$$\cdots\cdots\cdots\cdots\cdots\cdots\cdots\cdots\cdots$$
$$a_{m1}x_1 + \cdots + a_{mn}x_n = b_m$$

至少存在一组解的充分必要条件是由方程组的系数所组成的矩阵的秩等于由方程组的系数及自由项所组成的矩阵的秩.

现在来研究方程组的解所成的集合的性质. 如果解存在,设方程组 (8) 的任意一组解是 x_1^0, x_2^0, $\cdots$, x_n^0. 令 $x_1 = x_1^0 + y_1$, $x_2 = x_2^0 + y_2, \cdots, x_n = x_n^0 + y_n$. 这时因为 x_1^0, x_2^0, $\cdots$, x_n^0 组成 (8) 的一组解,所以未知数 y_1, y_2, $\cdots$, y_n 需要适合齐次方程组

$$a_{11}y_1 + \cdots + a_{1n}y_n = 0,$$
$$\cdots\cdots\cdots\cdots\cdots\cdots\cdots\cdots \tag{9}$$
$$a_{m1}y_1 + \cdots + a_{mn}y_n = 0,$$

其系数矩阵与(8)的相同. 反之, 将(8)的一组解 x_1^0, x_2^0, $\cdots$, x_n^0 加上齐次方程组(9)的任意一组解, 仍然得到(8)的一组解.

因此, 为了获得方程组(8)的通解, 需要取它的任意一个特解, 然后再加上方程组(9)的通解.

这样一来, 关于方程组(8)的解的集合性质的问题就化为齐次方程组(9)的同一问题了. 这个问题在下面讨论.

齐次方程组 我们要在 n 维欧氏空间中来解释齐次线性方程组

$$a_{11}y_1 + a_{12}y_2 + \cdots + a_{1n}y_n = 0,$$
$$a_{21}y_1 + a_{22}y_2 + \cdots + a_{2n}y_n = 0,$$
$$\cdots\cdots\cdots\cdots\cdots\cdots\cdots\cdots\cdots\cdots\cdots\cdots$$
$$a_{m1}y_1 + a_{m2}y_2 + \cdots + a_{mn}y_n = 0.$$

(这样我们要假定方程组的系数是实数. 对于复系数的方程可以在酉空间中给出类似的解释, 因而得出类似的结果.)

设 $\boldsymbol{A}_1'$, $\boldsymbol{A}_2'$, $\cdots$, $\boldsymbol{A}_m'$, $\boldsymbol{Y}$ 是欧氏空间中的向量, 它们在某个标准正交基下的坐标分别是

$$(a_{11}, a_{12}, \cdots, a_{1n}), (a_{21}, a_{22}, \cdots, a_{2n}), \cdots,$$
$$(a_{m1}, a_{m2}, \cdots, a_{mn}), (y_1, y_2, \cdots, y_n).$$

这时方程组采取下列形状:

$$\boldsymbol{A}_1'\boldsymbol{Y} = 0, \ \boldsymbol{A}_2'\boldsymbol{Y} = 0, \ \cdots, \ \boldsymbol{A}_m'\boldsymbol{Y} = 0,$$

即方程组的每一个解都确定一个与诸方程的系数所组成的向量都正交的向量.

因此, 解的集合组成向量 $\boldsymbol{A}_1'$, $\boldsymbol{A}_2'$, $\cdots$, $\boldsymbol{A}_m'$ 所张成的子空间的正交补空间. 前面这个子空间的维数等于方程组的系数矩阵的秩 r. 于是它的正交补空间, 即"解空间"的维数等于 $n-r$.

在每一个子空间里都存在着一组基, 即一组线性无关的向量, 它的个数等于子空间的维数, 而子空间中任何一个向量都可表作

它们的线性组合. 因此,在齐次方程组的解里存在着 $n-r$ 个线性无关的解,使得方程组的一切解都是它们的线性组合. 这里 n 表示未知数的个数,r 表示系数矩阵的秩.

于是,齐次方程组解的构造,以及非齐次方程组解的构造,就完全阐述清楚了. 特别,齐次方程组当且仅当系数矩阵的秩等于未知数的个数时,以显然解 $x_1=x_2=\cdots=x_n=0$ 为它的唯一解. 基于上段最后所述的结果,这个条件(当相容性条件成立时)也是非齐次方程组解的唯一性的条件.

我们所进行的方程组的研究明显的示出了,推广的几何概念的引进如何给复杂的代数问题带来简单与清楚.

§4. 线 性 变 换

定义和例子 在很多数学研究中需要改换变数,即从一组变数 $x_1, x_2, \cdots, x_n$ 过渡到与它们有函数关系的另一组变数 $y_1, y_2, \cdots, y_n$:

$$y_1=\varphi_1(x_1, x_2, \cdots, x_n),$$
$$y_2=\varphi_2(x_1, x_2, \cdots, x_n),$$
$$\cdots\cdots\cdots\cdots\cdots\cdots\cdots\cdots\cdots$$
$$y_n=\varphi_n(x_1, x_2, \cdots, x_n).$$

例如,如果变数是平面上或空间中点的坐标,那么从一个坐标系过渡到另一个坐标系就引起坐标的一个变换,它将原来的坐标用新的坐标表出,或反之.

此外, 在研究一个物体从一个位置或状态变为另一个位置或状态时,如果它的位置或状态由变数的值所给出,变数的变换也会产生. 这种变换的典型例子就是某物体在变形之下它的点的坐标的改变.

抽象给出的一组 n 个变数的变换通常解释作 n 维空间的变换(变形),即将空间中(或它一部分里)具有坐标 $x_1, x_2, \cdots, x_n$ 的向量用具有坐标 $y_1, y_2, \cdots, y_n$ 的向量来代替.

上面已经说过，每一个多变数的"光滑"(有连续偏导数的)函数，在这些变数改动得很小的时候，与线性函数很接近．因此任何"光滑"变换(即，在它的解析表达式中的函数 φ_1, φ_2, $\cdots$, φ_n 有连续偏导数)，在小范围内，与线性变换

$$
\begin{aligned}
y_1 &= a_{11}x_1 + a_{12}x_2 + \cdots + a_{1n}x_n + b_1, \\
y_2 &= a_{21}x_1 + a_{22}x_2 + \cdots + a_{2n}x_n + b_2, \\
&\cdots\cdots\cdots\cdots\cdots\cdots\cdots\cdots\cdots\cdots\cdots \\
y_n &= a_{n1}x_1 + a_{n2}x_2 + \cdots + a_{nn}x_n + b_n
\end{aligned}
\tag{10}
$$

很接近.

这种情况说明线性变换的性质的研究是数学中的重要问题之一．例如，从含 n 个未知数的 n 个线性方程的理论中我们知道，对于 x_1, x_2, $\cdots$, x_n 的方程组(10)的解唯一存在，也即相应的线性变换可逆的充分必要条件是它的系数行列式不等于零．这个情况是分析中一个深刻定理的基础：在已知点光滑的变换

$$
\begin{aligned}
y_1 &= \varphi_1(x_1, x_2, \cdots, x_n), \\
y_2 &= \varphi_2(x_1, x_2, \cdots, x_n), \\
&\cdots\cdots\cdots\cdots\cdots\cdots\cdots\cdots\cdots \\
y_n &= \varphi_n(x_1, x_2, \cdots, x_n),
\end{aligned}
$$

有光滑的逆变换的条件是在这一点行列式

$$
\begin{vmatrix}
\dfrac{\partial \varphi_1}{\partial x_1} & \cdots & \dfrac{\partial \varphi_1}{\partial x_n} \\
\dfrac{\partial \varphi_2}{\partial x_1} & \cdots & \dfrac{\partial \varphi_2}{\partial x_n} \\
\cdots\cdots\cdots\cdots\cdots\cdots \\
\dfrac{\partial \varphi_n}{\partial x_1} & \cdots & \dfrac{\partial \varphi_n}{\partial x_n}
\end{vmatrix}
$$

不等于零.

一般的线性变换(10)的研究，基本上可以化为具有同样系数的齐次线性变换

$$
\begin{aligned}
y_1 &= a_{11}x_1 + \cdots + a_{1n}x_n, \\
y_2 &= a_{21}x_1 + \cdots + a_{2n}x_n, \\
&\cdots\cdots\cdots\cdots\cdots\cdots\cdots \\
y_n &= a_{n1}x_1 + \cdots + a_{nn}x_n
\end{aligned}
\tag{11}
$$

的研究；今后凡谈及线性变换，我们永远指齐次变换.

n 维空间中的线性变换也可以用它的内在性质来定义，而不用联系着对应点的坐标的公式(11)来定义. 这种不用坐标的线性变换的定义，好处在于它不依赖于基底的选取. 这个定义如下：

n 维线性空间中的线性变换是一个函数 $Y = A(X)$，其中变数 X 与函数值 Y 都是向量. 这个函数是线性的：

$$A(c_1 X_1 + c_2 X_2) = c_1 A(X_1) + c_2 A(X_2). \tag{12}$$

今后谈到空间的线性变换时，我们永远按照这个定义的意义来理解.

这个定义和上面利用坐标给出的定义等价. 实际上，如将坐标为 x_1, x_2, $\cdots$, x_n 的向量 X 代之以坐标为 y_1, y_2, $\cdots$, y_n 的向量 Y，使得坐标 y_1, y_2, $\cdots$, y_n 表成坐标 x_1, x_2, $\cdots$, x_n 的线性齐次函数，那么函数 $Y = A(X)$ 显然适合条件 (12). 反之，如果函数 $Y = A(X)$ 适合条件 (12)，而 e_1, e_2, $\cdots$, e_n 是空间的任意一组基，那么

$$A(x_1 e_1 + x_2 e_2 + \cdots + x_n e_n) = x_1 A(e_1) + x_2 A(e_2) + \cdots + x_n A(e_n).$$

将向量 $A(e_j)$ 的坐标(在同一组基之下)记作 $a_{1j}, \cdots, a_{nj}$; $j = 1$, $\cdots$, n，那么向量 $Y = A(X)$ 的坐标就是

$$y_1 = a_{11} x_1 + a_{12} x_2 + \cdots + a_{1n} x_n,$$
$$y_2 = a_{21} x_1 + a_{22} x_2 + \cdots + a_{2n} x_n,$$
$$\cdots\cdots\cdots\cdots\cdots\cdots\cdots\cdots\cdots\cdots\cdots$$
$$y_n = a_{n1} x_1 + a_{n2} x_2 + \cdots + a_{nn} x_n.$$

这样一来，线性空间中每一个线性变换都对应着一个方阵. 变换本身可以用矩阵语言写成形状 $Y = AX$，这里 X 是原向量的坐标组成的列，Y 是变换后的向量的坐标组成的列，A 是变换的系数矩阵. 矩阵 A 的列由基向量所变成的向量的坐标所组成. 与矩阵写法相应，今后我们常把线性变换本身写作形状 $Y = AX$，而略去括号.

由公式

$$A(x_1 e_1 + x_2 e_2 + \cdots x_n e_n) = x_1 A(e_1) + x_2 A(e_2) + \cdots + x_n A(e_n)$$

推出, 整个空间在线性变换之下变到了由向量 $A(e_1)$, $A(e_2)$, $\cdots$, $A(e_n)$ 所张成的子空间. 这个子空间的维数等于向量组 $A(e_1)$, $A(e_2)$, $\cdots$, $A(e_n)$ 的秩, 或者说等于它们的坐标所组成的矩阵的秩, 即与变换相应的矩阵 A 的秩. 这个子空间, 当且仅当矩阵 A 的秩等于 n, 即当矩阵 A 的行列式不等于零时, 与整个空间相重, 这时线性变换称为非奇异的或非退化的.

从线性方程组的理论我们知道, 非退化的矩阵有唯一的逆矩阵, 同时原来向量的坐标可以用变换后的向量的坐标以公式 $X = A^{-1}Y$ 表出.

矩阵的行列式之值等于零的变换称为奇异的或退化的. 退化变换是不可逆的. 这可以从线性方程的理论推出, 或较直观地从它将整个空间映到它的一部分这一事实推出.

将所有向量都映到它自身的单位变换是非退化变换中首先要提到的例子. 单位变换在任何一组基之中的矩阵都是单位矩阵 E.

将空间中所有向量都乘以同一组不等于零的数的相似变换也是非退化的. 相似变换的矩阵不依赖于基的选取, 它的形状是 aE, 这里 a 是相似系数.

正交变换是非退化变换的重要特殊情形. 正交变换的概念在应用于欧氏空间时才有意义, 它定义为将向量长度保持不变的线性变换. 正交变换是将空间中坐标原点不动的旋转或旋转与对通过原点的某一平面的反射的联合对 n 维空间的推广.

显而易见, 正交变换不仅保持向量的长度不变, 也保持内积不变. 因此, 正交变换将空间的正交基变到一组两两正交的单位向量. 它们当然也是一组正交基.

在正交基之下, 与正交变换相应的矩阵有着下面这些特殊性质.

首先, 任何一列元素的平方和等于 1, 因为这样的和是由选定的基中的向量所变换到的向量的长度的平方. 其次, 两个不同的列的相应元素之积的和等于零, 因为这样的和是两个基向量所变换到的两个向量的数量积.

采用矩阵记号, 这两个性质可以用一个公式写出:

$$\bar{P}P = E.$$

这里 P 是正交变换的矩阵 (对于正交基), $\bar{P}$ 是 P 的转置矩阵, 即它的行是矩阵 P 的列并保持原来顺序.

实际上, 根据矩阵乘法规律, 矩阵 $\bar{P}P$ 的对角元素等于矩阵 P 中相应列的元素的平行和, 而非对角元素等于取自矩阵 P 中不同列的相应元素之积的和.

退化变换的例子有欧氏空间中所有向量在某个子空间上的正交射影 (参看 §2). 实际上, 在这个变换下, 整个空间映为它自己的一部分.

坐标变换 现在来研究 n 维空间中坐标变换的问题, 即从一组基转变到另一组基时, 向量的坐标如何改变的问题.

设原来的基 $e_1, e_2, \cdots, e_n$ 已给定, 并设 $f_1, f_2, \cdots, f_n$ 是空间的任意另一组基. 再设 $C = \begin{pmatrix} c_{11}\cdots, & c_{1n} \\ \cdots\cdots\cdots \\ c_{n1}\cdots, & c_{nn} \end{pmatrix}$ 是一个矩阵, 它的列是新基中的向量 $f_1, f_2, \cdots, f_n$ 对于原来的基的坐标. 由于向量 $f_1, f_2, \cdots, f_n$ 的线性无关性, 显然矩阵 C 是非退化的. 它称为坐标变换矩阵.

以 $x_1, x_2, \cdots, x_n$ 表示向量 X 对于基 $e_1, e_2, \cdots, e_n$ 的坐标, 以 $x_1', x_2', \cdots, x_n'$ 表示它对于基 $f_1, f_2, \cdots, f_n$ 的坐标, 那么 $X = x_1'f_1 + x_2'f_2 + \cdots + x_n'f_n$. 因之向量 X 对于原来的基的坐标组成的列

$$\begin{pmatrix} x_1 \\ x_2 \\ \vdots \\ x_n \end{pmatrix} = \begin{pmatrix} c_{11}x_1' + c_{12}x_2' + \cdots + c_{1n}x_n' \\ c_{21}x_1' + c_{22}x_2' + \cdots + c_{2n}x_n' \\ \cdots\cdots\cdots\cdots\cdots\cdots\cdots \\ c_{n1}x_1' + c_{n2}x_2' + \cdots + c_{nn}x_n' \end{pmatrix} = \begin{pmatrix} c_{11} & \cdots & c_{1n} \\ c_{21} & \cdots & c_{2n} \\ \cdots\cdots\cdots \\ c_{n1} & \cdots & c_{nn} \end{pmatrix} \begin{pmatrix} x_1' \\ x_2' \\ \vdots \\ x_n' \end{pmatrix}.$$

于是, 原来的坐标可以用变换后的坐标以矩阵 C 齐次线性地表出.

表明对于原来基的坐标与对于变换后的基的坐标之间的依赖关系的公式，与向量在空间的非退化线性变换下坐标之间关系的公式形式上相同．这种情况使我们能够将抽象给出的变数的具有非退化矩阵的线性齐次变换，或者解释作坐标的变换，或者解释作空间的线性变换．在每一个具体场合，这两种解释的选择由考虑的问题的内容所决定．

现在来研究空间的线性变换的矩阵在坐标变换下改动的情况．

设对于基 $e_1, e_2, \cdots, e_n$ 而言，线性变换的矩阵是 A，即变换后的向量的坐标所组成的列 Y 与原来的向量的坐标所组成的列 X 由公式

$$Y = AX$$

相联系．

设现在做好了一个具有矩阵 C 的坐标变换；X'，Y' 分别表示原来的向量和变换后的向量对于新基的坐标．这时 $X = CX'$，$Y = CY'$．由此推出

$$Y' = C^{-1}Y = C^{-1}AX = C^{-1}ACX'.$$

这样，所考虑的变换对于新基的矩阵就是 $C^{-1}AC$．

矩阵 A 和 B 如果由公式 $B = C^{-1}AC$ 联系起来，其中 C 为某个非奇异矩阵，称为相似．在不同基之下对应于同一个线性变换的矩阵，组成两两相似的一组矩阵．

线性变换的特征向量和特征值　一类重要的线性变换由下面这种方法构成：

设 $e_1, e_2, \cdots, e_n$ 是空间中任意一组线性无关的向量．设在一个变换下它们分别乘以 $\lambda_1, \lambda_2, \cdots, \lambda_n$．如果向量 $e_1, e_2, \cdots, e_n$ 取作空间的基，那么所考虑的线性变换可用对角矩阵

$$\begin{pmatrix} \lambda_1 & 0 & \cdots & 0 \\ 0 & \lambda_2 & \cdots & 0 \\ \cdots\cdots\cdots\cdots\cdots\cdots \\ 0 & 0 & \cdots & \lambda_n \end{pmatrix}$$

来表出.

　　这类变换有着简单而直观的几何意义(当然是指对实空间且 $n=2$ 和 $n=3$ 时而言),即,如果 λ_i 这些数都是正数,那么这个变换就将空间按向量 e_1, e_2, $\cdots$, e_n 的方向各伸展 λ_1, λ_2, $\cdots$, λ_n 倍. 如果某些 λ_i 是负的,那么空间变形的同时,向量 e_1, e_2, $\cdots$, e_n 中某些方向将改为反方向. 最后,例如当 $\lambda_1=0$ 时,要先将空间沿着平行于 e_1 的方向投影到由 e_2, e_3, $\cdots$, e_n 所张成的子空间上,然后再按着这些方向作变形.

　　上面所考虑的这类变换的重要性在于, 尽管它是简单的, 但却是很一般的. 可以证明, 适合某种不太强的限制的线性变换都属于这类变换, 即可以选取一组基,使这个变换用对角矩阵表出.

　　如果研究复空间中线性变换的话,加在变换上的限制将变得特别弱.今后我们就在复空间上讨论.

　　现在引进下面的定义.

　　非零向量 X,如在线性变换 A 之下变为与它共线的向量 λX,就称为变换的特征向量. 换言之,非零向量 X 当且仅当 $AX=\lambda X$ 时是变换 A 的特征向量. λ 这个数称为变换 A 的特征值.

　　显然,如果变换在某个基之下的矩阵是对角矩阵,那么这个基由特征向量组成,而矩阵的对角元素就是特征值. 反之,如果空间中存在着由变换 A 的特征向量所组成的一组基,那么在这个基之下变换 A 的矩阵是对角矩阵,而且其对角线由对应这组基中向量的特征值组成.

　　现在来研究特征向量和特征值的性质. 为了这个目的,我们在特征向量的定义中给出坐标写法. 设 A 是变换 A 对应于某个基的矩阵, X 是由向量 X 在这个基里的坐标组成的列. 将等式 $AX=\lambda X$ 转化为坐标形式,就写成 $AX=\lambda X$ 或

$$(A-\lambda E)X=0.$$

　　展开之后,这个等式就化为方程组

$$(a_{11}-\lambda)x_1+a_{12}x_2+\cdots+a_{1n}x_n=0,$$

$$a_{21}x_1 + (a_{22}-\lambda)x_2 + \cdots + a_{2n}x_n = 0,$$
$$\cdots\cdots\cdots\cdots\cdots\cdots\cdots\cdots\cdots\cdots$$
$$a_{n1}x_1 + a_{n2}x_2 + \cdots + (a_{nn}-\lambda)x_n = 0.$$

这个方程组可以看作是关于 x_1, x_2, $\cdots$, x_n 的齐次线性方程组. 我们有兴趣的情形是这个方程组有非显然解, 因为特征向量的坐标不应该同时都等于零. 我们知道, 这个方程组存在着非显然解的充分必要条件是系数矩阵的秩小于未知数的个数, 而这等价于方程组的行列式等于零

$$\begin{vmatrix} a_{11}-\lambda & a_{12} & \cdots & a_{1n} \\ a_{21} & a_{22}-\lambda & \cdots & a_{2n} \\ \cdots\cdots\cdots\cdots\cdots\cdots\cdots\cdots \\ a_{n1} & a_{n2} & \cdots & a_{nn}-\lambda \end{vmatrix} = 0.$$

因此, 变换 A 的特征值是多项式 $|A-\lambda E|$ 的根, 反之, 这个多项式的每一个根都是变换的特征值, 因为每一个根都至少对应着一个特征向量. 多项式 $|A-\lambda E|$ 称为矩阵 A 的特征多项式. 方程 $|A-\lambda E|=0$ 称为矩阵 A 的特征方程或永年方程[1], 而它的根称为矩阵的特征值.

根据高等代数基本定理(第一卷, 第四章), 每一个多项式至少有一个根, 因此每一个线性变换至少有一个特征值, 因而至少有一个特征向量. 可是, 即使这个线性变换的矩阵是实矩阵, 当然可能它的特征值的全体或一部分是复数. 实际上, 在实空间中, 对于任意线性变换, (实)特征值及特征向量存在的定理并不成立. 例如, 平面上围绕坐标原点转动一个异于 $180°$ 的角这个变换改变了平面上所有向量的方向, 因此这个变换的特征值不存在.

矩阵 A 的特征多项式的根是变换 A 的特征值, 因此同一变换在不同基之下的矩阵的特征多项式的根的集合相重. 这个事实说明下面这个命题的真实性: 线性变换的特征多项式只依赖于变换而不依赖于基底的选择. 这个命题可以用基于矩阵及行列式运算的性质的计算来如下验证:

---

1) "永年方程"的名称源自天体力学, 它与行星运动中所谓的永年扰动问题有关.

我们知道，如果变换 A 在某个基之下的矩阵是 A，那么在另一个基之下的矩阵就是 $C^{-1}AC$，这里 C 是某个非奇异矩阵. 可是

$$|C^{-1}AC - \lambda E| = |C^{-1}AC - C^{-1}\lambda EC| = |C^{-1}(A-\lambda E)C|$$
$$= |C^{-1}||C||A-\lambda E| = |C^{-1}C||A-\lambda E| = |A-\lambda E|.$$

因此，线性变换 A 在不同基底下所对应的矩阵实际上有相同的特征多项式，因此，可以算之为线性变换的特征多项式.

现在假设线性变换 A 的所有特征值都不同，我们来证明：如果对于每一个特征值取一个特征向量，这些特征向量线性无关. 实际上，假定它们中的某几个，例如 e_1, $\cdots$, e_k，线性无关，而其余的，其中有 e_{k+1}，是它们的线性组合，那么

$$e_{k+1} = c_1 e_1 + c_2 e_2 + \cdots + c_k e_k. \tag{13}$$

将线性变换 A 作用到上式双方，就得到

$$Ae_{k+1} = c_1 Ae_1 + c_2 Ae_2 + \cdots + c_k Ae_k.$$

由此根据特征向量的定义推出

$$\lambda_{k+1} e_{k+1} = c_1 \lambda_1 e_1 + c_2 \lambda_2 e_2 + \cdots + c_k \lambda_k e_k.$$

将等式 (13) 乘以 λ_{k+1}，再从它减去上式，就有

$$c_1(\lambda_{k+1} - \lambda_1)e_1 + c_2(\lambda_{k+1} - \lambda_2)e_2 + \cdots + c_k(\lambda_{k+1} - \lambda_k)e_k = 0.$$

根据 e_1, e_2, $\cdots$, e_k 的线性无关性，由上式推出

$$c_1(\lambda_{k+1} - \lambda_1) = c_2(\lambda_{k+1} - \lambda_2) = \cdots = c_k(\lambda_{k+1} - \lambda_k) = 0.$$

但是我们假定所有的特征值都不同，而且对于每一个特征值选取一个特征向量. 因此 $\lambda_{k+1} - \lambda \neq 0$, $\lambda_{k+1} - \lambda_2 \neq 0$, $\cdots$, $\lambda_{k+1} - \lambda_k \neq 0$，所以等式 (13) 不可能成立，因为系数 c_1, c_2, $\cdots$, c_k 不能同时等于零.

现在清楚了，如果线性变换的所有特征值都不同，那么存在着一组基，在这组基之下变换的矩阵是对角形的. 实际上，对于每一个特征值选定一个特征向量，这些向量的全体就可以选取作为这样的基. 我们已经证明了它们是线性无关的，它们的个数又等于空间的维数，即它们的确组成一组基.

上面证明的定理可以用矩阵论的语言叙述如下.

如果一个矩阵的所有特征值彼此不相等，那么这个矩阵相似

于一个对角矩阵, 它的对角线元素就是这些特征值.

将线性变换的矩阵化为最简单的形状这个问题, 当特征多项式的根有相等的时候, 相当复杂. 我们只简单地叙述一下最后的结果.

m 阶的"标准块"是指形状

$$I_{m,\lambda_i} = \begin{pmatrix} \lambda_i & 1 & & & \\ & \lambda_i & 1 & & \\ & & \ddots & \ddots & \\ & & & & 1 \\ & & & & \lambda_i \end{pmatrix}$$

的矩阵, 其中所有没写出来的元素都等于零.

一个矩阵, 如果沿着它的主对角线排列着一些"标准块"而其余的元素都等于零

$$\begin{pmatrix} I_{m_1,\lambda_1} & & & \\ & I_{m_2,\lambda_2} & & \\ & & \ddots & \\ & & & I_{m_k,\lambda_k} \end{pmatrix},$$

则称为约当标准矩阵.

不同"块"里的 λ_i 这些数并不一定两两不同. 任意矩阵都可以化为与它相似的约当标准矩阵. 这个定理的证明相当复杂. 但必须指出, 这个定理在代数对其他数学问题的应用中, 特别在线性微分方程组的理论中, 起着很大的作用.

矩阵当且仅当所有块的阶 m_i 都等于 1 时可以化为对角形.

§5. 二 次 型

定义和简单性质 多变数的二次齐次多项式称为二次型.

n 个变数 $x_1, x_2, \cdots, x_n$ 的二次型由两种项组成: 变数的平方及它们两两的乘积再添上系数. 二次型可以写成下面的形状:

$$f(x_1,\ x_2,\ \cdots,\ x_n) = a_{11}x_1^2 + a_{12}x_1x_2 + \cdots + a_{1n}x_1x_n$$
$$+ a_{21}x_2x_1 + a_{22}x_2^2 + \cdots + a_{2n}x_2x_n$$
$$\cdots\cdots\cdots\cdots\cdots\cdots\cdots\cdots\cdots$$
$$+ a_{n1}x_nx_1 + a_{n2}x_nx_2 + \cdots + a_{nn}x_n^2.$$

一对相似的项，例如 $a_{12}x_1x_2$ 和 $a_{21}x_2x_1$，可以写成具有同一系数的，使得它们每一个都是相应的变数乘积的系数的一半. 这样一来，每一个二次型自然地对应着它的系数组成的矩阵，它是对称矩阵.

二次型宜于用下面的矩阵写法表出. 记 X 为变数 $x_1,\ x_2,\ \cdots,$ x_n 所组成的列，$\overline{X}$ 为行 $(x_1,\ x_2,\ \cdots,\ x_n)$，即 X 的转置矩阵. 那么

$$f(x_1,\ x_2,\ \cdots,\ x_n) = x_1(a_{11}x_1 + a_{12}x_2 + \cdots + a_{1n}x_n)$$
$$+ x_2(a_{21}x_1 + a_{22}x_2 + \cdots + a_{2n}x_n) + \cdots$$
$$+ x_n(a_{n1}x_1 + a_{n2}x_2 + \cdots + a_{nn}x_n)$$

$$= (x_1,\ x_2,\ \cdots,\ x_n)\begin{pmatrix} a_{11}x_1 + a_{12}x_2 + \cdots + a_{1n}x_n \\ a_{21}x_1 + a_{22}x_2 + \cdots + a_{2n}x_n \\ \cdots\cdots\cdots\cdots\cdots\cdots\cdots\cdots \\ a_{n1}x_1 + a_{n2}x_2 + \cdots + a_{nn}x_n \end{pmatrix}$$

$$= (x_1,\ x_2,\ \cdots,\ x_n)\begin{pmatrix} a_{11} & a_{12} & \cdots & a_{1n} \\ a_{21} & a_{22} & \cdots & a_{2n} \\ \cdots\cdots\cdots\cdots\cdots \\ a_{n1} & a_{n2} & \cdots & a_{nn} \end{pmatrix}\begin{pmatrix} x_1 \\ x_2 \\ \vdots \\ x_n \end{pmatrix} = \overline{X}AX.$$

在很多数学部门及其应用中都会遇到二次型.

在数论和结晶学中所讨论的二次型，假定了变数 $x_1,\ x_2,\ \cdots,$ x_n 只取整数值. 在解析几何中二次型出现在 2 阶曲线(或曲面)的方程中. 在力学和物理中二次型作为用广义速度的分量表示系统的动能的表达式等等而出现. 此外，二次型的研究在分析中多变数函数的研究里，对于解决搞清楚已知函数在已知点的邻域中与逼近它的线性函数相差多少这类问题时是必要的. 研究函数的极大值及极小值就是这类问题的一个例子.

例如，现在来研究二个变数的函数 $w = f(x,\ y)$ 的极大值及极

小值的问题. 假定函数 $w=f(x, y)$ 有直到 3 级的连续偏导数. (x_0, y_0) 点是函数 w 的极大值或极小值的必要条件是它的一级偏导数在 (x_0, y_0) 点等于零. 假定这个条件成立, 给了变数 x 和 y 的微小增量 h 和 k, 来研究函数 w 相应的增量 $\varDelta w=f(x_0+h, y_0+k)-f(x_0, y_0)$. 根据泰勒公式, 这个增量除了差一个高阶无穷小外, 等于二次型 $\frac{1}{2}(rh^2+2shk+tk^2)$, 其中 r, s, t 分别是二级偏导数 $\frac{\partial^2 w}{\partial x^2}, \frac{\partial^2 w}{\partial x \partial y}, \frac{\partial^2 w}{\partial y^2}$ 在点 (x_0, y_0) 的值. 如果这个二次型对于 h 和 k 的一切值都是正的 ($h=k=0$ 除外), 那么函数 w 在 (x_0, y_0) 点有极小值; 如果是负的, 那么应在 (x_0, y_0) 点有极大值. 最后, 如果这个二次型既取正值又取负值, 那么 w 在 (x_0, y_0) 点既无极大值也无极小值. 同样可以研究更多个变数的函数.

二次型的研究, 基本上在于研究在这一组或那一组线性变换下, 二次型的等价问题. 两个二次型称为是等价的, 如果其中之一可以用已给线性变换集合中的一个变换变到另外的一个. 与等价问题紧密相关联的是二次型的简化, 即将它化为可能最简单的形状的问题.

在与二次型有关的各种问题里, 也考虑各种不同的被容许线性变换的集合.

在分析问题里, 要研究变数的任意非奇异线性变换; 在解析几何中, 最有兴趣的是正交变换, 即对应着从一个笛卡儿坐标系到另一个笛卡儿坐标系的变换; 最后, 在数论和结晶学中, 要研究带整系数的、具有行列式等于 1 的线性变换.

我们来研究两个这类的问题: 将二次型用任意非奇异线性变换化为最简单形状的问题, 以及用正交变换将它化为最简单形状的问题. 首先我们要解释清楚, 二次型的矩阵在变数的线性变换下如何改变.

设 $f(x_1, x_2, \cdots, x_n)=\overline{X}AX$, 其中 A 是二次型的系数所组成的对称矩阵, X 是变数排成的列.

我们作一个变数的线性变换, 将它简写作 $X=CX'$, 这里 C

表示这个变换的系数矩阵, X' 表示新变数排成的列. 那么 $\bar{X} = \bar{X}'\bar{C}$, 因此 $\bar{X}AX = \bar{X}'(\bar{C}AC)X'$. 所以, 变换后的二次型的矩阵是 $\bar{C}AC$.

容易验证, 矩阵 $\bar{C}AC$ 自然是对称的. 因此, 将二次型化为最简单的形状这个问题与将对称矩阵左方及右方乘以互为转置的非奇异矩阵而化为最简单的形状这个问题等价.

将二次型用逐步配方法化为标准形 我们要证明: 任意(实的)二次型可用实的非奇异线性变换化为新变数的平方和而带有某些系数.

为了证明这个结果, 我们先证明, 如果这个二次型不恒等于零, 那么可以作一个变数的非奇异线性变换使得第一个变数的平方的系数不等于零.

实际上, 设

$$f(x_1, x_2, \cdots, x_n) = a_{11}x_1^2 + a_{12}x_1x_2 + \cdots + a_{1n}x_1x_n$$
$$+ a_{21}x_2x_1 + a_{22}x_2^2 + \cdots + a_{2n}x_2x_n$$
$$\cdots\cdots\cdots\cdots\cdots\cdots\cdots\cdots\cdots\cdots\cdots$$
$$+ a_{n1}x_nx_1 + a_{n2}x_nx_2 + \cdots + a_{nn}x_n^2.$$

如果 $a_{11} \neq 0$, 那么任何变换都不需要. 如果 $a_{11} = 0$ 而有一个对角线上的系数 $a_{kk} \neq 0$, 那么令 $x_1 = x_k'$, $x_k = x_1'$, 并让其余原来的变数与相应的新变数相等. 利用这个非奇异变换就能达到目的. 最后, 如果对角线的所有系数都等于零, 那么一定有一个非对角线上的系数, 例如 a_{12}, 不等于零.

作非奇异线性变换

$$x_1 = x_1'$$
$$x_2 = x_1' + x_2'$$

而令其余原来的变数与相应的新变数相等, 我们就达到目的.

因此, 不失去普遍性我们可以假定 $a_{11} \neq 0$.

现在在二次型中分出来一个线性函数的平方, 使得所有含 x_1 的项都出现在这个平方里.

这很容易做到. 实际上,

$$f(x_1, x_2, \cdots, x_n) = a_{11}x_1^2 + a_{12}x_1x_2 + \cdots + a_{1n}x_1x_n$$
$$+ a_{21}x_2x_1 + a_{22}x_2^2 + \cdots + a_{2n}x_2x_n +$$
$$\cdots\cdots\cdots\cdots\cdots\cdots\cdots\cdots\cdots\cdots$$
$$+ a_{n1}x_nx_1 + a_{n2}x_nx_2 + \cdots + a_{nn}x_n^2$$
$$= a_{11}\left(x_1 + \frac{a_{12}}{a_{11}}x_2 + \cdots + \frac{a_{1n}}{a_{11}}x_n\right)^2$$
$$- a_{11}\left(\frac{a_{12}}{a_{11}}x_2 + \cdots + \frac{a_{1n}}{a_{11}}x_n\right)^2 + a_{22}x_2^2 + \cdots + a_{2n}x_2x_n +$$
$$\cdots\cdots\cdots\cdots\cdots\cdots\cdots\cdots\cdots\cdots$$
$$+ a_{n2}x_nx_2 + \cdots + a_{nn}x_n^2.$$

将第二项的括号展开, 然后归纳类似项, 就得到

$$f(x_1, x_2, \cdots, x_n) = a_{11}\left(x_1 + \frac{a_{12}}{a_{11}}x_2 + \cdots + \frac{a_{1n}}{a_{11}}x_n\right)^2$$
$$+ f_1(x_2, \cdots, x_n),$$

其中 f_1 是 $n-1$ 个变数的二次型.

线性变换

$$x_1 + \frac{a_{12}}{a_{11}}x_2 + \cdots + \frac{a_{1n}}{a_{11}}x_n = x_1'$$
$$x_2 = x_2'$$
$$\cdots\cdots\cdots$$
$$x_n = x_n'$$

显然是非奇异的. 作了这个变换之后, 二次型就化为

$$a_{11}x_1'^2 + f_1(x_2', \cdots, x_n').$$

类似地把这个步骤进行下去, 我们就将二次型化为所要求的"标准形"

$$\alpha_1 z_1^2 + \alpha_2 z_2^2 + \cdots + \alpha_n z_n^2,$$

这里 $z_1, z_2, \cdots, z_n$ 是最后引进的新变数.

二次型的惰性律 将二次型化为标准形时, 在选取实现这个简化的变数变换时, 有着很大的自由性. 这个自由性至少可以从这一点看出来, 就是进行上面所叙述的逐步配方法之前, 还可能将变数作任意的非奇异变换.

然而, 纵然有这个自由性, 不管所进行的变换是什么, 最后几乎将二次型化为同一个标准二次型. 这就是说, 新变数的平方项中带正系数的个数、带负系数的个数以及以零为系数的个数, 是相同的. 这个定理称为二次型的惰性律. 我们不去证明它.

二次型的惰性律解决了实二次型对于一切非奇异变换的等价问题. 即, 两个二次型是等价的, 当且仅当将它们化为标准形后, 所得到的标准形中带正系数的平方项的个数、带负系数的平方项的个数和以零为系数的平方项的个数都相等.

化为标准形后变成全是带正系数的新变数的平方和的二次型, 在应用上特别有用. 这种二次型称为定正二次型.

定正二次型可以由下述性质来刻划, 即对于将变数用不全为零的实数值代入二次型后, 二次型的值永远是正的.

用正交变换将二次型化为标准形 将二次型化为标准形的所有可能的方法中, 正交变换, 即由变数的具正交矩阵的线性变换所实现的变换, 特别有用. 例如在解析几何里将一个一般二次曲线或曲面的方程化简的问题中, 正是这种变换有用处.

为了确信这种变换的可能性, 最好将变数 x_1, x_2, $\cdots$, x_n 看作是欧氏空间中一个变向量对于某组标准正交基的坐标, 而将二次型看作是欧氏空间中向量的函数. 这时变数的正交变换就可以解释作从一组标准正交基到另一组标准正交基的转化.

将二次型
$$f(x_1, x_2, \cdots, x_n) = a_{11}x_1^2 + \cdots + a_{1n}x_1x_n +$$
$$\cdots\cdots\cdots\cdots\cdots\cdots\cdots\cdots$$
$$+ a_{n1}x_nx_1 + \cdots + a_{nn}x_n^2$$

与线性变换 A 相联系, 其中 A 在选定的基底中的矩阵是 $A =$ $\begin{pmatrix} a_{11} & \cdots & a_{1n} \\ \cdots\cdots\cdots \\ a_{n1} & \cdots & a_{nn} \end{pmatrix}$, 这时二次型本身就可以看作是数量积 $AX \cdot X$ (其中 X 是坐标为 x_1, x_2, $\cdots$, x_n 的向量), 而系数 a_{ij} 就可以看作是数量积 $Ae_i \cdot e_j$, 这里 e_1, e_2, $\cdots$, e_n 是选定的那组标准正交基.

不难看出, 由矩阵 A 的对称性推出对于任意向量 X 和 Y, 等式

$$AX \cdot Y = X \cdot AY$$

成立.

首先证明, 变换 A 至少有一个实特征根和对应它的一个特征向量.

为了这个目的, 我们来研究二次型 $AX \cdot X$ 的值, 假定 X 跑遍单位球, 即跑遍全体单位向量的集合. 在这些条件下, 二次型 $AX \cdot X$ 有极大值. 我们来证明, 这个极大值 λ_1 就是变换 A 的特征值, 而使 $AX \cdot X$ 达到这个极大值的向量 X_0 就是相应的特征向量, 即 $AX_0 = \lambda_1 X_0$.

我们用间接方法来证明这个断言. 先来证明向量 AX_0 与一切与 X_0 正交的向量正交.

我们注意到, 对于任意向量 Z, 不等式 $AZ \cdot Z \leqslant \lambda_1 |Z|^2$ 成立. 这是显然的, 因为 $X = \dfrac{Z}{|Z|}$ 是单位向量, 而 λ_1 是 $AX \cdot X$ 在单位球上的极大值. 考察 $Z = X_0 + \varepsilon Y$, 这里 ε 是一个实数, Y 是任意一个与 X_0 正交的向量, 那么

$$
\begin{aligned}
AZ \cdot Z &= (AX_0 + \varepsilon AY) \cdot (X_0 + \varepsilon Y) \\
&= AX_0 \cdot X_0 + 2\varepsilon AX_0 \cdot Y + \varepsilon^2 AY \cdot Y \\
&= \lambda_1 + 2\varepsilon AX_0 \cdot Y + \varepsilon^2 AY \cdot Y.
\end{aligned}
$$

此外,
$$
\begin{aligned}
|Z|^2 &= (X_0 + \varepsilon Y) \cdot (X_0 + \varepsilon Y) \\
&= |X_0|^2 + \varepsilon^2 |Y|^2 = 1 + \varepsilon^2 |Y|^2,
\end{aligned}
$$

因为 $\qquad X_0 \cdot Y = 0, \quad |X_0|^2 = 1.$

因此 $\qquad \lambda_1 + 2\varepsilon AX_0 \cdot Y + \varepsilon^2 AY \cdot Y \leqslant \lambda_1 + \varepsilon^2 \lambda_1 |Y|^2,$

除以 ε^2 后就得到

$$\frac{2}{\varepsilon} AX_0 \cdot Y \leqslant \lambda_1 |Y|^2 - AY \cdot Y. \tag{14}$$

最后, 这个不等式对于任何实数 ε 都应该成立, 而不管 ε 的绝对值多么小.

如果 $AX_0 \cdot Y > 0$，不等式(14)对于相当小的正数 ε 就不能成立；如果 $AX_0 \cdot Y < 0$，那么它对于绝对值相当小的负数 ε 就不能成立。因此，不等式 (14) 只有在 $AX_0 \cdot Y = 0$ 时才成立。这样一来，$AX_0 \cdot Y = 0$，即 AX_0 的确与 X_0 正交的向量正交。因此 AX_0 和 X_0 共线，即 $AX_0 = \lambda' X_0$，其中 λ' 是一个实数。$\lambda' = \lambda_1$ 是容易验证的，即

$$\lambda_1 = AX_0 \cdot X_0 = \lambda' X_0 \cdot X_0 = \lambda'.$$

现在容易证明，每一个二次型的确都可以用正交变换化为标准形。

设 $e_1, e_2, \cdots, e_n$ 是空间原来的一组标准正交基，$f_1, f_2, \cdots, f_n$ 是一组新的标准正交基，而第一个向量 f_1 等于变换 A 的特征向量 X_0。设 $x_1, x_2, \cdots, x_n$ 是向量 X 在原来基中的坐标，而 $x'_1, x'_2, \cdots, x'_n$ 是它在新基中的坐标，那么

$$\begin{pmatrix} x_1 \\ x_2 \\ \vdots \\ x_n \end{pmatrix} = P \begin{pmatrix} x'_1 \\ x'_2 \\ \vdots \\ x'_n \end{pmatrix},$$

其中 P 是正交矩阵。

对二次型行使转变到新变数的变换。对于新变数而言，二次型的系数 $a'_{ij} = Af_i \cdot f_j$。因此

$$a'_{11} = Af_1 \cdot f_1 = \lambda_1 f_1 \cdot f_1 = \lambda_1,$$

$$a'_{1j} = a'_{j1} = Af_1 \cdot f_j = \lambda_1 f_1 \cdot f_j = 0, \text{ 当 } j \neq 1 \text{ 时},$$

即二次型的形状是

$$\lambda_1 x'^2_1 + \varphi(x'_2, \cdots, x'_n).$$

因此，用了一个正交变换，我们在二次型中分出了一个新变数的平方。

将同样步骤行使到新二次型 $\varphi(x'_2, \cdots, x'_n)$ 上，然后再继续下去，最后我们就达到用一串正交变换将二次型化成标准形。显然一串正交变换等价于一个正交变换。定理得证。

§6. 矩阵函数和它的一些应用

矩阵函数 线性代数对其他数学部门的应用是很多的，也是各式各样的．说近代数学及理论物理的一大部分在这种或那种形式上采用了线性代数中的一些想法或结果，特别是矩阵计算，是并不夸张的．

我们来考虑将矩阵应用于常微分方程论的一个途径，这里矩阵函数起着主要的作用．

首先定义方阵 A 的方幂．令 $A^0=E$, $A^1=A$, $A^2=AA$, $A^3=A^2A$, $A^4=A^3A$ 等等．利用结合律容易证明，对任意自然数 m 和 n, 有 $A^m \cdot A^n = A^{m+n}$．这使我们能够很自然地定义（一个变数的）矩阵多项式的值，即如果 $\varphi(x)=a_0x^n+a_1x^{n-1}+\cdots+a_n$, 那么定义 $\varphi(A)=a_0A^n+a_1A^{n+1}+\cdots+a_nE$．这样，最简单的矩阵变数的函数——多项式函数就定义了．

利用极限的过程，我们很容易推广矩阵函数的概念到比一个变数的多项式更广泛的函数类上．我们不准备涉及这个问题最一般的情形，而只来研究解析函数．

首先我们引进矩阵序列的极限这个概念．矩阵序列

$$A_1=\begin{pmatrix} a_{11}^{(1)} & \cdots & a_{1n}^{(1)} \\ \cdots\cdots\cdots\cdots \\ a_{n1}^{(1)} & \cdots & a_{nn}^{(1)} \end{pmatrix}, \quad A_2=\begin{pmatrix} a_{11}^{(2)} & \cdots & a_{1n}^{(2)} \\ \cdots\cdots\cdots\cdots \\ a_{n}^{(2)} & \cdots & a_{nn}^{(2)} \end{pmatrix}, \quad \cdots$$

称为收敛于矩阵 $A=\begin{pmatrix} a_{11} & \cdots & a_{1n} \\ \cdots\cdots\cdots\cdots \\ a_{n1} & \cdots & a_{nn} \end{pmatrix}$（或以 A 为极限），如果对一切 i, j 而言，有 $\lim\limits_{k\to\infty} a_{ij}^{(k)}=a_{ij}$．更进一步，级数 $A_1+A_2+\cdots+A_k+\cdots$ 的和定义为它的部分和的极限 $\lim\limits_{k\to\infty}(A_1+A_2+\cdots+A_k)$, 如果这个极限存在的话．

设 $f(z)$ 是在 $z=0$ 的一个邻域内正则的解析函数．那么我们知道, $f(z)$ 可以展成幂级数

$$f(z) = a_0 + a_1 z + a_2 z^2 + \cdots + a_k z^k + \cdots.$$

对于任意方阵 A, 自然可以令

$$f(A) = a_0 E + a_1 A + a_2 A^2 + \cdots + a_k A^k + \cdots.$$

有这样的结果, 即如果矩阵 A 的特征值都落在幂级数 $a_0 + a_1 z + a_2 z^2 + \cdots + a_k z^k + \cdots$ 的收敛圆内, 那么上面这个矩阵级数就收敛.

在应用中, 矩阵的初等函数特别有用.

例如, 几何级数 $E + A + A^2 + \cdots + A^k + \cdots$ 对于特征值的模小于 1 的矩阵是收敛的, 而这个级数的和是 $(E-A)^{-1}$, 这与公式

$$1 + x + x^2 + \cdots + x^k + \cdots = \frac{1}{1-x}$$

完全相当.

把 $(E-A)^{-1}$ 表成无限级数这个事实, 给出求系数矩阵接近于单位矩阵的线性方程组近似解的有效方法.

实际上, 将这样一个方程组写作

$$(E-A)X = B,$$

我们得出

$$X = (E-A)^{-1}B = B + AB + A^2 B + \cdots. \tag{15}$$

如果级数 (15) 收敛得很快的话, 这给出解方程组的一个很方便的公式.

研究二项式级数

$$(E+A)^m = E + \frac{m}{1} A + \frac{m(m-1)}{2!} A^2 + \cdots$$

是有用处的, 这个级数中的指数 m 不只是自然数, 而且也可以是分数或负数 (如果 A 的特征值的模小于 1).

对于应用特别重要的是矩阵的指数函数

$$e^A = E + A + \frac{A^2}{2!} + \frac{A^3}{3!} + \cdots.$$

用指数函数定义的级数, 对于任何矩阵 A 都收敛. 矩阵指数函数具有与通常指数函数相类似的性质. 例如, 如果 A 和 B 相乘是交换的, 即 $AB = BA$, 那么 $e^{A+B} = e^A \cdot e^B$. 然而当 A 和 B 不交换

时,这个公式就不再成立了.

对线性常微分方程组理论的应用　在常微分方程组的理论中,考虑元素是一个独立变数的函数的矩阵

$$U(t)=\begin{pmatrix} a_{11}(t) & \cdots & a_{1n}(t) \\ \cdots\cdots\cdots\cdots\cdots\cdots \\ a_{m1}(t) & \cdots & a_{mn}(t) \end{pmatrix}$$

是有益处的.

对于这种矩阵可以自然地定义对于变数 t 的导数,即

$$\frac{dU(t)}{dt}=\begin{pmatrix} a'_{11}(t) & \cdots & a'_{1n}(t) \\ \cdots\cdots\cdots\cdots\cdots\cdots \\ a'_{m1}(t) & \cdots & a'_{mn}(t) \end{pmatrix}.$$

不难验证,有些基本微分公式对于矩阵成立. 例如

$$\frac{d(U+V)}{dt}=\frac{dU}{dt}+\frac{dV}{dt},$$

$$\frac{d(cU)}{dt}=c\frac{dU}{dt},$$

$$\frac{d(UV)}{dt}=\frac{dU}{dt}V+U\frac{dV}{dt}.$$

(乘法必须严格地按照公式中给出的次序进行!)

齐次线性常微分方程组

$$\frac{dy_1}{dt}=a_{11}(t)y_1+a_{12}(t)y_2+\cdots+a_{1n}(t)y_n,$$

$$\frac{dy_2}{dt}=a_{21}(t)y_1+a_{22}(t)y_2+\cdots+a_{2n}(t)y_n,$$

$$\cdots\cdots\cdots\cdots\cdots\cdots\cdots\cdots\cdots\cdots\cdots$$

$$\frac{dy_n}{dt}=a_{n1}(t)y_1+a_{n2}(t)y_2+\cdots+a_{nn}(t)y_n$$

用矩阵记法可以写成形状:

$$\frac{dY}{dt}=A(t)Y,$$

即写成类似于一个线性齐次微分方程的形状,其中

$$Y = \begin{pmatrix} y_1 \\ \vdots \\ y_n \end{pmatrix}, \quad A(t) = \begin{pmatrix} a_{11}(t) & \cdots & a_{1n}(t) \\ \cdots\cdots\cdots\cdots\cdots\cdots \\ a_{n1}(t) & \cdots & a_{nn}(t) \end{pmatrix}.$$

如果方程组的系数是常数, 即矩阵 A 是常数矩阵, 那么上面方程组的解可以像方程 $y' = ay$ 的解那样得到. 即, 这时 $Y = e^{At}C$, 其中 C 是由常数组成的列.

这种形状的解研究起来很方便. 这是因为对于任何解析函数 $f(z)$, 等式

$$f(B^{-1}LB) = B^{-1}f(L)B$$

都成立.

因为任何矩阵都可以化为约当标准形 (见 §4), 所以任意矩阵的函数的计算都可以化为标准矩阵的函数的计算, 而这是容易办到的. 因此, 如果 $A = B^{-1}LB$, 其中 L 是标准矩阵, 那么

$$Y = e^{At}C = B^{-1}e^{Lt}BC = B^{-1}e^{Lt}C',$$

其中 $C' = BC$ 是任意常数组成的列.

由这个公式不难获得未知列 Y 的所有元素的明确表达式.

苏联学者拉波-达尼列夫斯基成功地发展了矩阵函数的理论, 第一个将它应用于带变系数的方程组的研究. 他的成果属于近五十年来数学的卓越成就之列.

文　献

Ф. Р. 甘特马赫尔, 矩阵论 (上、下卷), 高等教育出版社, 1955. 本书包含线性代数应用方面的大量材料.

И. М. 盖尔冯德, 一次代数学, 商务印书馆, 1953.

包括线性代数的几何叙述, 从而进入泛函分析.

А. Г. 库罗什, 高等代数教程, 商务印书馆, 1954.

А. И. 马力茨夫, 线代数基础, 商务印书馆, 1954.

Л. Я. 奥库涅夫, 高等代数 (上、下册), 商务印书馆, 1955.

В. И. 斯米尔诺夫, 高等数学教程 (第三卷), 高等教育出版社, 1954.

В. Н. 法捷也娃, 线性代数计算法, 科学出版社, 1958.

阐述了线性代数基本问题的数值解法.

万哲先 译　刘绍学 校

第十七章　抽象空间

自从罗巴切夫斯基最先证明了非欧几里得几何的可能性和提出了几何学对于物质现实的关系的新的看法以来,几何学的对象、方法和应用大大地扩大了.现在数学家们在研究着各种的"空间",不但研究欧几里得空间,同时还研究罗巴切夫斯基空间、射影空间、各种 n 维空间以至无穷维空间、黎曼空间、拓扑空间以及其它的空间.这种空间的数目无穷,而且其中每一种空间都有自己的性质、自己的"几何".在物理学中使用着所谓相"空间"和位形"空间";相对论要用到空间的曲率观念和抽象的几何理论的其它结论.

这些数学的抽象究竟是如何产生又从何而产生的呢?它们又有什么现实基础、现实意义和应用呢?它们与现实的关系是怎样的呢?在数学中是如何定义它们和讨论它们的呢?现代几何学的普遍观点在数学中有什么意义呢?

这些问题就是本章所要回答的.但是在本章中不预备叙述抽象的数学空间的理论本身,因为这样做需要非常多的篇幅和在专门的数学工具上化极大的功夫.我们的任务是阐明几何学的新观念的本质,即回答上面所提的问题.这都可以不用复杂的证明和公式而做到.

问题的历史回溯到欧几里得的"几何原本",回溯到关于平行线的公理(或说公设).

§1. 欧几里得公设的历史

欧几里得在他的"几何原本"中以所谓公设和公理的形式写出了几何学的一些基本的前提.其中包含着第五条公设(在"几何原

本"的另一些版本中是第十一条公理），这公设在现在普通是这样叙述的:"通过不在已知直线上的一个点,不能引多于一条的直线,平行于已知直线."我们回想一下,所谓一条直线平行于一条已知直线,是指这两条直线在一个平面上而且不相交,这时说的是无限的直线而不是它们的有限线段.

容易证明:通过不在已知直线 a 上的点 A，至少总可以引一条直线平行于已知直线.

实际上,我们从点 A 引垂直线 b 到直线 a 上,而且通过 A 引直线 c 垂直于 b(图 1). 得到的图形正好对称于直线 b,因为直线 b 在其两侧与直线 a 和 c 组成的角相等. 因此,当沿着直线 b 把平面翻转过来时,我们就把直线 a 和 c 的两半交换了位置. 由此可知,假如 a 和 c 在 AB 的某一侧相交,那末它们也应该在另一侧相交. 在这种情况下,直线 a 和 c 将有两个公共点,然而这是不可能的,因为按照直线的基本性质,通过两个点只可以引一条直线(有两个公共点的直线必然重合).

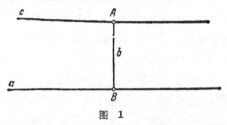

图 1

总之,从直线的基本性质和图形的移动(由于沿着直线 AB 翻转平面就是绕着这条直线来旋转半平面)推出,通过已知点至少总能引一条直线平行于已知直线. 这个结论在补充了欧几里得公设以后,就可以断言这种平行线只有一条,而不能有别的平行线.

在几何学的其他公设(公理)中，这个公设占有某种独特的地位. 欧几里得自己把这个公设写得非常复杂,即使在上面所引的普通的形式中,这公设也包含着一定的困难之处.这个困难就包括在平行线概念本身之中. 这里谈到了整条直线. 但是如何断定两条已知直线平行呢?为此必须把它们向两侧引到"无穷",而且要断定它们在无限延长的整个范围内没有一处是相交的. 显然, 这种想法有其困难之处. 欧几里得自己就已经让平行线公设占有某种独特的地位, 看来完全是有理由的了. 在欧几里得的"几何原本"里, 这个公设从第29个命题才开始应用, 同时欧几里得是不用这个公设而得出前28个命题的. 由于这公设的复杂性, 很自然地产生能否不用它的愿望, 因此早在古代就已经出现了修改平行线的定义、修改公设的表述的企图, 甚至更进一步把它作为定理而从几何学的其他公理和基本概念导出的企图.

这样, 基于第五条公设的平行线理论从古代开始就成为许多数学家工作中的注释和研究的对象. 在这一连串的研究中, 首要的任务是完全摆脱第五条公设, 把它作为定理而从几何学的其他基本命题导出.

从事这个工作的有很多几何学家: 为欧几里得作注解的希腊的普洛克尔(公元五世纪), 伊朗的纳西艾丁·屠西(十三世纪), 英国的瓦里斯(1616—1703), 意大利的萨克利(1667—1733), 德国的哲学家兼数学家兰贝尔特 (1728—1777), 法国的勒让德 (1752—1833) 和其他许多人. 在欧几里得的"几何原本"问世以后的两千多年长时期中, 他们全都具有细心和几何的机智而企图证明第五条公设.

然而这些努力肯定地都得到相反的结果. 每一次都显示出, 这个或那个证明的作者实际上却运用了某个命题, 这个命题可能是显然的, 但是却完全不能以逻辑的必然性从几何学的其他前提推得. 换句话说, 每一次的情况都是把第五条公设换成别一个命题, 从这个命题确实能推得这个公设, 但是这个命题本身却有待于证明[1].

---

1) 这种等价于第五条公设的命题可以提出很多. 下面就是一些例子: 1) 平行于已知直线的直线, 与已知直线有定常的距离(普洛克尔); 2) 存在着相似(而不相等)的三角形, 即角相等而边不相等的三角形(瓦里斯); 3) 至少存在一个长方形, 即四个角都是直角的四边形(萨克利); 4) 垂直于锐角的一条边的直线, 也与这锐角的另一条边相交(勒让德); 5) 三角形各角之和等于两直角(勒让德); 6) 存在着面积任意大的三角形(高斯). 这样的例子我们现在可以无限制地列举下去.

从另一方面深入到问题之中的是萨克利和兰贝尔特. 萨克利第一个企图用反证法来证明第五条公设, 即他在起初采用相反的断言, 然后从它展开推论, 期望引向矛盾. 在这些推导中达到了一些完全无法思议的结果, 他就以为问题解决了. 但是错了, 因为与直观表象的矛盾并不同时表明逻辑的矛盾. 要知道问题在于根据几何学的其他命题来确立欧几里得公设的逻辑证明, 而不是为了重新肯定它的直观的正确性. 这个公设就其本身说在直观上是十分令人相信的. 但是, 让我们再说一遍, 直观的信服和**逻辑的必然性**是两回事.

兰贝尔特是比萨克利和他的先驱者更为深入的思想家. 他沿着同样的道路前进, 但是既未引出逻辑的矛盾, 也未做出其他的错误; 他并没有声明他似乎证明了第五条公设. 但是在他以后, 到了十九世纪的开端, 勒让德又"证明"了第五条公设. 他犯的是老错误, 他仍然是用其他有待于证明的断言代替了这个公设.

总之, 直到十九世纪开始时, 第五条公设的证明问题还是没有解决, 就象在欧几里得时代一样. 白费了许多人的精力, 问题未见改善. 这真是几何学的一个深奥的谜, 一个看来毫无疑问能被优秀的几何学家解决的问题, 却在两千年的长时期内未能得到解决.

平行线理论在十九世纪成为几何学的中心问题之一. 研究它的有很多几何学家: 高斯, 拉格朗日, 达朗贝尔, 勒让德, 瓦赫特, 史威卡特, 塔乌里努斯, 法尔卡什·伯依阿依和其他人.

然而公设的证明并未得到. 这是怎么回事呢? 是没有办法解决问题呢, 还是问题的提法就不对呢? 这问题已经开始出现在以思考深入而胜过他人的某些数学家面前. 著名的德国数学家高斯从1792年起就致力于这个问题, 而且问题的正确提法逐渐显现在他的眼前. 最后, 他决定丢弃第五条公设, 而且从1813年起发展了从相反的断言推导出来的一系列定理. 不久以后, 德国数学家史威卡特当他在哈尔科夫担任法学教授时也走上了同一条道路, 后来塔乌里努斯也是如此. 但是在他们中谁都没有最终地找到问题的答案. 高斯细心地隐藏了自己的研究, 史威卡特只是给高斯一封私人信，只有塔乌里努斯刊行了以第五条公设的否定为基础的新几何学的初步。然而他自己也排斥了这种几何学的可能性。因此，他们之中谁都没有解决问题，而且关于这问题的整个提法的正确性的问题还是没有答案。在1826年2月23日喀山大学的青年教授罗巴切夫斯基才最先给出答案。他在物理数学系的会议上宣读了关于平行线的报告，这篇报告的内容在1829年刊登在喀山大学学报上。

§2. 罗巴切夫斯基的解答

1. 罗巴切夫斯基在他的著作"新几何原本"(1835)里，以下列文句描述了他所给出的第五条公设的解答要点：

"大家知道，直到今天为止，几何学中的平行线理论还是不完全的。从欧几里得时代以来，两千年来的徒劳无益的努力，促使我怀疑在概念本身之中并未包括那样的真情实况，它是大家想要证明的，也是可以像别的物理规律一样单用实验(譬如天文观测)来检验的。最后，我肯定了我的推测的真实性，而且认为困难的问题完全解决了。我在1826年写出了关于这个问题的论证."

我们来分析一下，罗巴切夫斯基在这一段话里谈的是些什么。这段话像焦点一样地集中了罗巴切夫斯基的新观点，在其中不仅给出了关于第五条公设的问题的解答，而且使几何学的全部注意力转移到新的方面，甚至还不单几何学是如此。

罗巴切夫斯基早在1815年就开始研究平行线理论，他最初也像其他几何学家一样，企图证明第五条公设。在1823年他已经清楚地意识到，所有的证明，"不论是如何地给出的，只可以认为是说明，而在数学证明的完整意义下是不应当获得尊重"的[1]。在那儿他已经看到，"在概念本身之中并未包含大家想要证明的真情实况"，换句话说，从几何学的基本的前提和概念并不能推导出第五

1) 这是罗巴切夫斯基于1823年在他的几何学教程里所写的。这本书并未在他生前刊行。"几何学"教程直到1910年才出第一版。

条公设. 那么他怎么肯定这种推导的不可能性呢?

他肯定了的是, 可以循着萨克利和兰贝尔特曾经走过前几步的途径, 继续地走下去. 他引用了与欧几里得公设相反的断言, 即"通过不在已知直线上的点, 可以引不止一条而至少是两条直线, 平行于已知直线"作为假设. 当我们约定采用这个断言作为公理, 而且把它与几何学的其他命题连结起来以后, 我们就可以由此展开极深入的推论. 于是, 假如这种断言与几何学的其他命题不相容, 我们就会引向矛盾, 因而第五条公设也就用反证法证明了: 否定命题引向了矛盾. 然而并未出现这种矛盾, 我们就引出了罗巴切夫斯基曾经作过的两个结论.

第一个结论是: 第五条公设不能证明. 第二个结论是: 在刚才所写的否定公理上可以展开一连串的推论——定理, 这些定理并不包含矛盾. 因而这些推论就形成了一个逻辑上可能的、无矛盾的理论, 这个理论可以看做是新的非欧几里得的几何学. 由于还不能找出这种几何的现实意义, 罗巴切夫斯基慎重地把它叫做"虚拟的几何学". 但是他已经看到了它的逻辑的可能性. 在说出了和坚持了这个巩固的信念时, 罗巴切夫斯基表现出是真正伟大的天才, 他毫不动摇地坚持了自己的信念, 并不因为社会的舆论, 也并不因为怕遭受误解和批评而隐藏这些信念.

总之, 罗巴切夫斯基所得到的前两个结论是: 断定了第五条公设的不可证明性和根据否定公理展开新几何学的可能性. 假如不考虑它的结论与关于空间的直观看法的矛盾性, 这新的几何学在逻辑上像欧几里得几何学一样是丰富而又完善的几何学. 罗巴切夫斯基发展了这个新几何学, 因此现在这种几何学就以他的名字来命名. 这里包含着极为重要的一个普遍结果: 在逻辑上可能的并不只是一种几何学. 我们还将说明这个结论所包含的全部意义; 特别说来, 回想到本章开头所提出的关于抽象的数学空间的诸问题, 在这个结论里已经包含了那些问题的不小一部分解答了.

我们再回到上面提到过的罗巴切夫斯基的话. 他说几何的真理, 像其他的物理规律一样, 可以单用实验来检验. 这首先是说,所谓真理应该理解为抽象概念与现实的一致性. 这种一致性可以单用实验来确定. 因此,为了检验这些或那些结论的真实性,必须作试验性的研究,单靠逻辑的推断对于这个是不够的. 虽然欧几里得几何很精确地反映了空间的现实性质,但是要说即使作进一步的研究,也不能发现欧几里得几何作为关于现实空间的性质的学说只是近似地正确的,这是无法使人信服的. 于是几何学作为关于现实空间的学说(而不是作为逻辑系统),就需要根据新的实验数据加以修正和精确化了.

罗巴切夫斯基的这个天才的思想,在物理学的新的发展中——在相对论中,得到了完全的证实.

罗巴切夫斯基自己根据天文观测来作计算,以便检验欧几里得几何的精确性. 这些计算当时在可达到的精确性范围内证实了欧几里得几何的正确性. 现在情况变了,虽然应该立即指出,在应用到空间时罗巴切夫斯基几何并不显得更精确些,空间显得还有其他的更复杂的性质. 但是罗巴切夫斯基几何早就通过其他的关系获得了自己的根据和应用,这关系我们在以后将会详细地说到.

必须指出,罗巴切夫斯基完全没有简单地把他的几何看作建立在任意采用的假设上的逻辑系统. 他看到主要的问题不在于几何基础的逻辑分析,而在于它们与现实的关系的研究. 由于实验不能给出欧几里得公设真实性问题的绝对地精确的解,所以研究作为几何学的更基本的前提的逻辑可能性才有了意义. 这种数学的研究促成了对空间的现实性质作物理的研究时所应该遵循的途径,何况欧几里得几何还是罗巴切夫斯基几何的极限情形,因而这后者包括了更大的可能性. 从这个观点看来,欧几里得公设的限制等于是对于理论发展的禁令. 理论必须超出早为大家所知道的界限,才能找到和指出发掘新事实和新规律的途径. 对于数学与现实的联系的深入理解,可以从现实的多样性中分出那样一些逻辑的可能性,它有在自然知识中显得合用的最广的基础. 假如追随罗巴切夫斯基的几何学家们没有发展关于空间的可能性质的学说,那末现代物理学家就不能有那样一些数学的工具,使它能利用这些工具来表述和发展相对论的命题了.

总之,我们可以来总结一下罗巴切夫斯基所给出的第五条公设问题的解答.

1°. 公设是不能证明的.

2°. 几何学的其他基本命题添上否定公理以后,可以展开一种与欧几里得几何不同的、逻辑上完整而富有内容的几何学.

3°. 这种或那种逻辑上可能的几何学的结论,在应用到现实空间时的正确性只有用实验来作检验. 逻辑上可能的几何学不应该当作任意的逻辑体系来研究,而应该作为促成发展物理理论的可能途径和方法的理论来研究.

这个解答与企图证明欧几里得公设的几何学家们所希望获得的解答完全不同. 这个解答与早已确立的观念是如此地背道而驰,以致于在数学家中间也不能被理解. 它对于他们说已经是太新、太激进了. 罗巴切夫斯基就像是砍断了平行线理论中的郭尔迪亚王之结*,而不是像其他几何学家所想做到的那样来解开它.

2. 几乎与罗巴切夫斯基同时,匈牙利的几何学家雅诺什·伯依阿依(1802—1860)也发现了第五条公设的不可证明性和非欧几里得几何的可能性,雅诺什·伯依阿依在他父亲法尔卡什·伯依阿依的1832年出版的几何论文中,以附录的形式发表了他的结论. 事先做父亲的曾把儿子的工作寄给高斯评阅,得到了高斯的称赞,高斯说他自己在前些时也获得了同样的结论. 然而高斯始终没有把这种结论放在他的论著里发表. 在一封信中他解释说,是因为恐怕不被人所理解.

在科学中经常发生这样的事,在科学中的一些成熟了的结论几乎同时地和独立地为不同的学者所获得. 牛顿和莱布尼茨同时

---

* 关于郭尔迪亚王之结的传说是:有预言说能解开这个结的就能统治小亚细亚,然而始终无人解开. 后来马其顿的阿历山大王听到这个预言,用剑把这个结砍成两断. 本句话的意思是说,罗巴切夫斯基用出人意料的办法解决了平行线理论中的难题.——译者注

发展了微积分法；达尔文的学说同时被渥莱斯所获得；与爱因斯坦同时树立相对论原理的还有庞加莱．还可以举出很多这样的例子．它们再一次地证明了，科学的发展必须通过在科学中成熟了的问题的解决，而不是通过那些偶然的发现和猜测．就这样同时发现非欧几里得几何的可能性的有好几个几何学家：罗巴切夫斯基、伯侬阿依、高斯、史威卡特和塔乌里努斯．

然而，在科学中并非所有获得新成果的学者在确立这种新成果时都起着同样的作用，因而不能给他们以同等的功绩．这时还要考虑到时间的优先性、结论的明白性和深度、它们产生的顺序和根据．不论史威卡特还是塔乌里努斯，都没有确信几何学的合法性．而在现在这个情形里，这正是有决定意义的，尤其因为萨克利和兰贝尔特已经得到过新几何学的一些个别的结论．高斯虽然好像有了这种确信，但是并未如此地坚持这种确信，以致于肯冒险把它发表出来．还没有一个深思的和多才的数学家，能像罗巴切夫斯基所做的那样，勇敢地坚持了新的思想，以致于在数学中引起了革命．在这一点上，高斯是那个时代的德国知识分子的典型代表者，这些知识分子同时具有深入的理论知识和政治上的软弱性．这种精神表现在高斯的同时代人黑格尔的哲学之中．列宁曾经说过，黑格尔"天才地预见了，也只是预见了"自然和认识的辩证法，但是在预见了这个赫尔岑所谓"革命的代数学"以后，他自己却使它从属于唯心主义的、反动的哲学体系．

伯侬阿依虽无不坚决的表现，但是他所给出的新的观念，并不像罗巴切夫斯基那样深入地展开．正是罗巴切夫斯基第一个公开地——1826年在口头上，1829年在文字上——提出了新的观念，而且继续在一系列的工作中发展了和宣传了这种观念，最后在1855年刊行了"泛几何学"．他在口述这个著作时，已经是暮年时代的瞎眼老人了，但是仍然保持着坚强的精神和确信自己的正确性．正因为如此，所以理应以他的名字来称呼新的几何学．

罗巴切夫斯基不仅发展了新几何学，而且还正确地提出了关于几何学与现实的关系的问题. 哲学家康德直到今天还在唯心主义者中享有很大的荣誉, 就因为他认为空间不是物质存在的现实形式, 而只是我们的观念的天赋形式, 想象的先验的(即与经验无关的)形式. 因此, 照康德的说法, 几何学也是先验的, 即与经验无关的. 罗巴切夫斯基驳斥了这种唯心主义的见解, 他作为唯物主义者而站在康德的对立面, 提出了几何学与现实的关系的唯物主义的解释. 他说, 真理只能用经验来检验. 与康德相反, 罗巴切夫斯基断言, "不应该信赖通过天赋的感觉而获得的初始的(即基本的)概念". 罗巴切夫斯基不仅坚持认为观念和概念都从经验产生(这是他以前的唯物主义者所说的), 而且还指出, 几何学与现实的关系也必须用经验来使它精确化. 这已经包括了发展几何学的思想, 包括了随着我们知识的发展无限制地逼近于绝对真理的思想.

因此, 罗巴切夫斯基不仅是天才的几何学家, 而且是唯物主义的哲学家. 他还是俄国教育界的精力充沛的和多才多艺的活动家, 他在喀山大学担任教授而且当了将近 20 年的校长. 罗巴切夫斯基生活在坚持自己的思想、不管别人的怀疑甚至嘲笑的唯物主义、勇敢和刚毅之中, 生活在作为学者、教育家和组织家的广泛活动之中, 表现出当时俄国教育界的优秀代表的特色. 当时正是俄国天才和社会意识暴风雨般地兴起和隆盛的时代, 正是普希金、十二月党人、别林斯基的时代. 俄国并不像欧洲文化的一个胆怯的和顺从的女学生而出现在国际舞台上, 而是作为能给出自己的、新的、而且还是欧洲所不知道的那种东西的力量. 就这样, 罗巴切夫斯基在数学中解决了两千年来屹立在科学面前的问题, 而且使科学向新的道路上发展. 他的唯物主义和他的科学的勇气类似于拉其晓夫、彼斯捷尔和别林斯基的唯物主义和科学的勇气. 罗巴切夫斯基不仅是新几何学的创立者, 而且是学者、思想家和公民——伟大的人(在这个字的整个意义下). 在罗巴切夫斯基死后, 几何学的发展当然远远超出了他所能想象到的范围, 但是实在应该认为几何学以致一般数学的新时代是从他开始的.

§3. 罗巴切夫斯基几何

1. 总之,罗巴切夫斯基采用了与第五条公设相反的断言作为基础:在已知平面上通过一个点至少可以引两条直线不与已知直线相交. 他由此导出一系列深入的推论,它们就组成新的几何学. 因此,这种几何学是作为某种想象的理论,作为从上面所作的假设与欧几里得几何(罗巴切夫斯基说它是"通常的"几何)的其他[1] 基本前提出发而用逻辑方法证明的定理的总体而建立的.

罗巴切夫斯基在他的推导里得到了与"通常的"初等几何相类似的全部结果,即达到了非欧几里得的三角学和三角形的解法,达到了面积和体积的计算. 我们在这里不能追踪罗巴切夫斯基的推导的这个线索,并非由于它们过分复杂,而首先是因为没有足够的篇幅. 要知道"通常的"几何的中学课本是相当厚的,而罗巴切夫斯基的推导当然不会比这些"通常的"推导更简单些更短些, 所以我们在这里只能提出罗巴切夫斯基几何的一些突出的结果. 有兴趣更深入研究非欧几里得几何的读者,可以去看专门的著作.然而我们将要比较深入地说明非欧几里得几何的简单的现实意义.

我们从平行线理论开始. 设给了直线 a 和直线外的点 A, 从
A 引垂直线 AB 到直线
a 上.按照基本的假设,
至少存在两条直线, 通
过点 A 而且不与直线
a 相交. 于是处在这两
条直线的交角里的每一

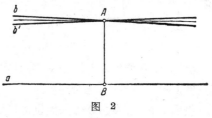

图 2

条直线也都不与 a 相交. 在图 2 上直线 b 和 b' 在延长后与 a 相交是违反罗巴切夫斯基的假设的. 但是这并不足怪. 要知道罗巴切夫斯基所论证的不是我们在普通平面上所作的图, 他是从他的假设来作逻辑的推导的, 这个假设是与我们惯常在图上看到的情形

---

1) 几何学的这些所谓"其余的"命题,以后(在§5里)还要精确地表述.

相对立的. 图在这里只起着辅助的作用, 在图上并没有精确地画出非欧几里得几何的事实, 因为我们在图上所画的是普通平面上的普通的直线, 这在图的精确范围内无疑是属于欧几里得几何的.

在逻辑的可能性和直观的表现之间的这个矛盾是理解罗巴切夫斯基几何的主要困难. 但是假如谈的是作为逻辑理论的几何学, 则应该考虑的是论证的逻辑严密性, 而不是与惯常的图象是否协调.

2. 我们重新回到直线 a 和点 A. 从 A 引不与 a 相交的半直线 x(例如垂直于 AB 的半直线), 而且让它绕着点 A 旋转, 使得 AB 和 x 的夹角 φ 变小, 但是并不使这条半直线与 a 相交. 于是半直线 x 就趋向一个极限位置, 对应于角 φ 的最小的值, 这个极限的半直线 c 也不与 a 相交.

实际上, 如果它与直线 a 相交于某个点 X (图 3), 则我们可以在右边取点 X' 而得到半直线 AX', 它与 a 相交, 但是与 AB 组成较大的角. 这是不可能的, 因为按照半直线 c 的构成, 与 AB 组成较大的角的半直线 x 都不应该与直线 a 相交.

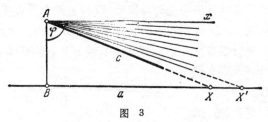

图 3

因此, 半直线 c 不与 a 相交, 并且在通过点 A 而且不与直线 a 相交的所有半直线中, 它是边界.

按照对称性, 显然在另一侧也可以引一条半直线 c', 它不与 a 相交而且是所有这种半直线的边界. 假如 c 和 c' 彼此是延长线, 那末它们就共同组成一条直线 $c+c'$. 于是这条直线就是通过已知点 A 而且平行于 a 的唯一的直线, 因为当它稍微旋转一下时, 或是 c 或是 c' 就要与 a 相交. 只要一假定平行线不是一条, 而是至少有两条, 则半直线 c 和 c' 就不是彼此延长的了.

总之,我们证明了罗巴切夫斯基几何的第一个定理.

从不在已知直线 a 上的点 A, 可以引两条半直线 c 和 c', 使得它们不与直线 a 相交, 但是处在它们的夹角之中的任何半直线都与直线 a 相交.

假如把半直线 c 和 c' 延长, 则我们就得到两条直线(图 4), 它们都不与 a 相交而且具有这样的性质: 在这两条直线的夹角 α 里, 通过点 A 的每一条直线都不与直线 a 相交, 而在角 β 里通过的每一条直线则都与直线 a 相交. 罗巴切夫斯基把这种直线 c 和 c' 叫做直线 a 的平行线, 直线 c 叫做右平行线, 直线 c' 叫做左平行线. 角 β 的一半, 罗巴切夫斯基叫做平行角; 因为角 β 小于两直角, 平行角小于直角.

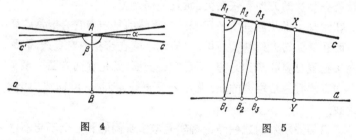

图 4   图 5

3. 现在我们来察看一下, 从直线 c 上的点 X 到直线 a 的距离在 X 沿着 c 移动时(图 5)如何改变. 在欧几里得几何里, 平行直线之间的距离是常数. 而在这里我们要肯定的是, 当点 X 向右移动时, 它到 a 的距离(即垂直线段 XY 的长度)变小.

我们从点 A_1 引垂直线 A_1B_1 到直线 a 上. 我们再从点 B_1 引垂直线 B_1A_2 到直线 c 上(点 A_2 在点 A_1 的右侧, 因为角 γ 是锐角). 最后, 我们从点 A_2 引垂直线 A_2B_2 到直线 a 上. 我们来证明 A_2B_2 小于 A_1B_1.

垂直线短于倾斜线的定理在罗巴切夫斯基几何里也成立, 因为这定理的证明(可以在任何一本中学几何教本里找到)并不运用平行线的概念和与它有关的推导. 只要垂直线短于倾斜线, 则作为直线 c 的垂直线的 B_1A_2 就短于 A_1B_1, 同理, 作为直线 a 的垂

直线的 A_2B_2 短于 B_1A_2. 因此 A_2B_2 短于 A_1B_1.

其次, 从点 B_2 引垂直线 B_2A_3 到直线 c 上而且重复同样的论证, 可以肯定 A_3B_3 短于 A_2B_2. 继续这个作图法, 我们得到越来越短的垂直线序列, 即点 A_1, A_2, … 到直线 a 的距离是变小的. 然后, 我们补充了简单的论证以后, 就可以证明, 一般地说, 如果在 c 上点 X'' 处在 X' 之后, 则垂直线 $X''Y''$ 短于 $X'Y'$. 我们不再停留在这一点上. 我们希望以上的论证已经足以说明事情的实质, 而我们的任务并不在于严密的证明.

但是值得指出, 可以证明, 距离 XY 当点 X 沿着直线 c 向右移动时不仅变小, 而且它在点 X 趋向无限远处时还要趋向于零. 这就是说, 平行直线 a 和 c 渐近地逼近! 同时可以证明, 它们之间的距离在相反的方向不仅增大, 而且趋向无穷.

在欧几里得几何里, 平行于已知直线的直线与它有定常的距离. 而在罗巴切夫斯基几何里, 一般地不存在这样一对直线, 在那儿两条直线总要分离到无穷, 不是在一方面, 就是在两方面. 至于与已知直线有定常距离的线, 那总不是直线, 而是一种曲线, 叫做等距线.

罗巴切夫斯基的这些结论确实是骇人听闻的和完全不与惯常的直观表象一致的. 但是正像我们已经说过的, 这种不协调并不能作为一种论据, 来否定罗巴切夫斯基几何是从所采用的前提作

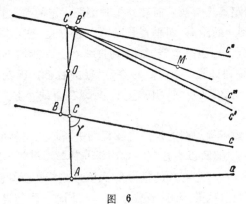

图 6

逻辑推演的抽象理论.

4. 现在我们再来察看平行角,即由平行于已知直线 a 的直线 c 与垂直线 CA 组成的角 γ(图 6). 我们要证明,当点 C 离开直线 a 越远时,这个角也就越小. 为此我们先证明下列事实:如果两条直线 b 和 b' 与截线 BB' 组成相等的角 α 和 α',则这两条直线有公共的垂直线(图 7).

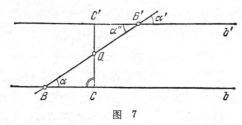

图 7

为了证明,我们通过线段 BB' 的中点 O 引垂直于直线 b 的直线 CC',我们得到两个三角形 OBC 和 $OB'C'$. 按照作图,这两个三角形的边 OB 和 OB' 相等. 在公共顶点处的角是对顶角,也相等. 角 α'' 等于角 α',因为它们也是对顶角. 按照已知条件,角 α 等于角 α'. 因此角 α 也等于角 α''. 这样一来,在我们的三角形 OBC 和 $OB'C'$ 中,边 OB 和 OB' 以及与它们邻接的角都相等. 于是根据熟知的定理,两个三角形相等,特别地,它们在点 C 和 C' 处的角也相等. 但是角 C 是直角,因为按照作图,直线 CC' 垂直于 b. 因此角 C' 也是直角,即 CC' 也垂直于直线 b'. 这样一来,线段 CC' 就是两条直线 b 和 b' 的公共的垂直线. 公共垂直线的存在也就证明了.

现在我们来证明,平行角随着点到直线的距离的变大而变小. 这就是说,如果点 C' 到直线 a 的距离远过于 C(像在图 6 上所画的那样),则从 C' 所引的平行线 c' 与垂直线 $C'A$ 组成的角就要小于从 C 所画的平行线 c 的角.

为了证明,我们从 C' 引直线 c'',使它与 $C'A$ 组成的角等于平行线 c 与 CA 组成的角. 于是直线 c 和 c'' 与截线 CC' 组成相等的角,因而像刚才所证明的那样,它们有公共的垂直线 BB'. 于是从这条垂直线的垂足 B' 可以引直线 c''', 使它平行于 c 而且与垂直线组成小于直角的角,因为我们知道,平行线与垂直线组成小于直角的角. 现在我们在直线 c'' 和 c''' 的夹角里取任意点 M 而且引直线 $C'M$. 它进入 c'' 和 c''' 的夹角而且以后再不能与 c''' 相交. 因而它也不会与直线 c 相交. 但是它与 AC' 组成的角已经比 c'' 与 AC' 组成的角为小, 即小于角 γ. 其次,更小的角是由平行线 c' 形成的,因为它是通过 C' 而且不与 a 相交的所有直线中的边界. 因此,平行线 c' 与 $C'A$ 组成的角比 c 为小, 这就表明, 平行角在变得更远的点 C' 处变得更小, 这就是所要证明的.

总之,我们证明了平行角随着点 C 离开直线 a 变远而变小. 但是原来还可以更进一步地证明:如果点 C 趋向无穷远处,则这个角趋向于零. 这就是说,当点到直线 a 的距离相当大时,平行线与这直线的垂直线组成任意小的角[1]. 换句话说,如果在离直线 a 很远的地方,作与这直线的垂直线组成很小倾角的直线,则我们可以沿着这条“倾斜的”直线而永远不与直线 a 相交. 罗巴切夫斯基几何的这个事实也造成令人惊奇的印象. 但是以后还可以得出别的更惊奇的结果.

举例说,我们取由半直线 a 和 a' 组成的锐角 α, 在离角 α 的顶点相当远的地方引 a 的垂直线 b, 使得对应于所取的距离 OB 的平行角小于 α (图 8). 因为角 α 大于平行角,所以通过点 O 而且平行于直线 b 的直线 b' 与 a 组成较小的角. 但是直线 b' 不与直线 b 相交, 因此 a' 更不与 b 相交. 这就证明了, 在锐角一边上离顶点足够远的地方所引的垂直线不与另一边相交.

5. 我们引出以上的全部推导有两个目的: 第一(这是主要的),我们希望指出一些最简单的例子,来说明怎样从所采用的前提出发可以得出罗巴切夫斯基几何的定理. 这可以作为最简单的

---

1) 如果 h 是垂直线的长度,γ 是平行角,则罗巴切夫斯基证明了 $\operatorname{tg} \dfrac{\gamma}{2}=e^{-\frac{h}{k}}$, 这里 k 是依赖于长度单位的常数,e 是熟知的自然对数的底数. 明显地,当 $h \to \infty$ 时,$e^{-\frac{h}{k}}$ (因而 γ 也随同)趋向于零.

例子来说明一般地数学家怎样在抽象几何里得出结论，怎样一般地可以得出那种与惯常的直观表象无关的结论. 第二，我们希望说明，在罗巴切夫斯基几何里可以得出何等多样化的结果. 我们再举出一些例子.

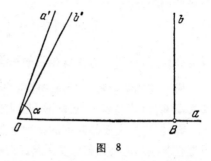

在罗巴切夫斯基平面上的两条直线，或者相交或者在罗巴切夫斯基意义下平行. 那时它们在一侧渐近地逼近，而在另一侧无限地分离，或者它们有公共的垂直线而且在这垂直线两侧都无限地分离.

图 8

如果直线 a, b 有公共的垂直线 (图 9)，则对直线 a 可以引两条垂直线 c, d (在罗巴切夫斯基的意义下)，平行于直线 b，而整条直线 b 就处在直线 c, d 之间.

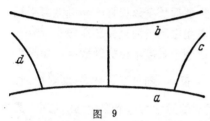

图 9

半径无限增大的圆周的极限不是直线，而是一种曲线，叫做极限圆. 通过不在一条直线上的三个点，并不总能作一个圆，而能作的或者是圆，或者是极限圆，或者是等距线 (即由与一条直线等距离的点组成的曲线).

三角形的各角之和总小于两直角. 假如三角形变大，使得它的所有三条高都无限地增长，则它的三个角全部趋向于零.

不存在面积任意大的三角形.

两个三角形相等，假如它们的三个角都相等.

圆周长度 l 不与半径 r 成正比，而是更迅速地增长 (在指数定律的基础上). 那就是说，下列公式成立：

$$l = \pi k (e^{\frac{r}{k}} - e^{-\frac{r}{k}}), \tag{1}$$

这里 k 是依赖于长度单位的常数. 因为

$$e^{\frac{r}{k}}=1+\frac{r}{k}+\frac{1}{2}\left(\frac{r}{k}\right)^2+\cdots,\ e^{-\frac{r}{k}}=1-\frac{r}{k}+\frac{1}{2}\left(\frac{r}{k}\right)^2-\cdots,$$

所以我们从公式(1)得到

$$l=2\pi r\left(1+\frac{1}{6}\ \frac{r^2}{k^2}+\cdots\right).\tag{2}$$

唯有在比值 $\frac{r}{k}$ 很小时才以相当的精确性得出 $l=2\pi r$.

所有这些结论都是下列一些所采用的前提的逻辑推论:"罗巴切夫斯基公理"包容了"通常的"几何的基本的命题.

6. 罗巴切夫斯基几何的特别重要的性质在于:在充分小的区域里它与欧几里得几何很少差异;区域越小,这种差异也越小. 例如,在充分小的三角形里,普通三角学的公式以充分的精确性联系了边和角,并且三角形越小,也就越精确.

公式(2)指出,当半径很小时,圆周长度以很好的精确性与半径成比例. 在同样情况下,三角形各角之和与两直角相差很小,等等.

在圆周长度的公式中出现依赖于长度单位的常数 k. 如果半径与 k 相比是很小的,即如果 $\frac{r}{k}$ 很小,则可以从公式(2)看出,长度 l 接近于 $2\pi r$. 一般地说,图形的尺寸与这个常数相比越小,图形的性质越精确地化成欧几里得几何中对应图形的性质[1].

假如 r 表达图形的尺寸(圆的半径,三角形的边,等等),那末比值 $\frac{r}{k}$ 就能表达罗巴切夫斯基几何的图形性质与欧几里得几何的图形性质的差异量.

---

1) 举例说,如果 a, b, c 是一个直角三角形的两条直角边和斜边,则代替毕达哥拉斯定理,下列关系成立:

$$2\left(e^{\frac{c}{k}}+e^{-\frac{c}{k}}\right)=\left(e^{\frac{a}{k}}+e^{-\frac{a}{k}}\right)\left(e^{\frac{b}{k}}+e^{-\frac{b}{k}}\right).$$

展开成级数,我们得出:$c^2+\frac{c^4}{12k^2}+\cdots=a^2+b^2+\frac{a^4+6a^2b^2+b^4}{12k^2}+\cdots$,因而当 k 很大时我们得到毕达哥拉斯定理 $c^2=a^2+b^2$. 其次,按照罗巴切夫斯基关于平行角 γ 的公式(参看108页的附注),$\mathrm{tg}\ \frac{\gamma}{2}=e^{-\frac{h}{k}}$. 如果 $\frac{h}{k}$ 很小,即如果平行线很接近,则 $\mathrm{tg}\ \frac{\gamma}{2}=e^{-\frac{h}{k}}\approx1$. 因而 $\gamma=90°$. 这样一来,在罗巴切夫斯基平面上相距很近的平行线与欧几里得的平行线相差很小.

由此得出一个重要的结论.

设我们在现实空间中以公里来测量距离. 我们假设这时常数 k 很大, 譬如等于 10^{12}.

于是, 譬如说, 按照圆周的公式(2), 即使它的半径是 100 公里, 圆周长度对半径的比值与 2π 相差还是要小于十万万分之一. 与欧几里得几何的其他关系的差异也有同样的程度. 在一公里的范围内它们已经小到 $\frac{1}{k}$, 即 10^{-12} 的程度,而在一公尺的范围内则还要小到 10^{-15}, 即完全无足轻重的程度. 与欧几里得几何的这样的差异已经无法察觉到了, 因为即使是原子的尺寸也要来得更大些(它们形成 10^{-13} 公里程度的量). 另一方面, 在天文学的尺度方面, $\frac{r}{k}$ 也已经可以说是不太小的了.

因而罗巴切夫斯基假设, 即使在普通的尺度下欧几里得几何以很大的精确性成立了, 但是与它的差异还是可以用天文的观察发觉的. 我们已经指出过,这个假设本身是实现了,但是现在在天文的尺度里所发现的那个与欧几里得几何的微小差异, 显得还要更复杂些.

最后,从所作的论证还推出其他一些重要的结论. 那就是说, 既然常数 k 越大, 与欧几里得几何的差异越小, 那末在极限情形, 当 k 无限变大时, 罗巴切夫斯基几何就变成了欧几里得几何. 这就是说,欧几里得几何正好是罗巴切夫斯基几何的极限情形.因而如果在罗巴切夫斯基几何里添上了这个极限情形, 则它也就包括了欧几里得几何, 在这意义下它就显得是更普遍的理论. 由于这个原故, 罗巴切夫斯基把自己的理论命名为"泛几何学", 即普遍的几何学. 理论之间的这种关系在数学和自然科学的发展中经常出现: 新的理论包括了旧的理论作为其极限情形,这就相当于从部分的结论到更普遍的结论的认识过程.

但是假如不能在欧几里得几何的已经用惯的概念体系中建立罗巴切夫斯基几何的比较简单的现实意义, 那末以上的全部论证和结论还将成为难以理解的智力游戏. 罗巴切夫斯基自己终其一生并未解决这个问题; 他遗留下这一部分给他的后继者, 而且直到他的工作第一次发表的将近 40 年以后才得到解决. 我们将在下一节中说明这种解决包括了些什么.

§4. 罗巴切夫斯基几何的现实意义

1. 罗巴切夫斯基几何的直观解释最先在 1868 年得到, 当时意大利几何学家贝尔特拉米指出, 在某种曲面——伪球面——上的内蕴几何符合于罗巴切夫斯基平面片段上的几何. 我们回想到, 曲面的内蕴几何研究的是只由曲面本身上长度的测量决定的那种图形性质的总体. 在图 10 左边画的是所谓曳物线. 这曲线具有这样一些性质, 在它的切线上从切点到与 Oy 轴交点的线段对于所有的点说都是常数. Oy 轴是它的渐近线. 曳物线绕它的渐近线旋转, 我们就得到在图 10 右边所画的曲面, 它叫做伪球面.

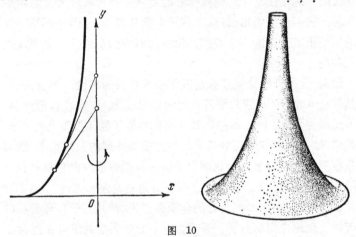

图 10

贝尔特拉米所作的罗巴切夫斯基几何的解释是这样的: 在罗巴切夫斯基平面片段上的所有几何关系与适当的伪球面片段上的几何关系相符合, 只要采用以下的约定. 作为直线段的是曲面上的最短线——测地线. 点之间的距离是作为曲面上连结它们的最短线的长度而决定的. 两个图形被认为是相等的, 假如可以比较它们的点，使得在对应的点之间的内蕴几何的距离都相等．图形在伪球面上保留它们从内蕴几何观点看来的大小的变动，虽然要随同作弯曲变形，却正好反映了在罗巴切夫斯基平面上的移动．在曲面上像普通那样地测量出来的长度、角度和面积，就相当于罗巴切夫斯基几何里的长度、角度和面积．

贝尔特拉米的解释指出，在这些约定下，对应于罗巴切夫斯基几何的每一个断言（就平面片段来说），就有伪球面的内蕴几何的直接的事实．罗巴切夫斯基几何变得有了完全现实的意义：它正是伪球面上的抽象地叙述的几何学．

应该指出，伪球面的内蕴几何早在贝尔特拉米的发现的 30 年前就已经被闵定格研究过了，闵定格确立了表明其与罗巴切夫斯基几何相符合的那些性质．然而不论是他，或是任何其他的人，都没有注意到这一点，当时罗巴切夫斯基的思想还没有得到充分的传播，贝尔特拉米只是比较了罗巴切夫斯基和闵定格的结论，因而发现了它们的联系．

贝尔特拉米的发现立刻改变了数学家对罗巴切夫斯基几何的关系；它从"虚拟的"变成现实的了[1]．

2. 然而，还要强调一下，在伪球面上实现的并非整个罗巴切夫斯基几何，而是其片段上的几何[2]．因而还没有解决在整个平面

---

1) 确立罗巴切夫斯基几何的现实意义的历史，实际上还要更复杂些．第一，罗巴切夫斯基自己也已经掌握了运用所谓解析模型的方法来证明它的无矛盾性的办法，但是终其一生还是没有能写出这样的证明．第二，德国数学家黎曼在 1854 年发表了他的理论（参看§10），在其中已经包含着贝尔特拉米的结论，但是黎曼并未明白地把它们表达出来；他的报告并未被人理解，而且直到 1868 年他死后才被人发表，那时贝尔特拉米的工作已经出现了．一般地说，从企图证明欧几里得公设到非欧几里得几何的意义完全被人认识这一段罗巴切夫斯基几何的历史，其突出的教育意义在于它指出：真理的发现常常需要经过何等的努力和迂回的道路，然后才能成为简单明了的．

2) 伪球面到处有相等的负的高斯曲率．所有常数负曲率的曲面（至少在微小的片段上）都有同样的内蕴几何，因而都可以用来表达罗巴切夫斯基几何．然而，希尔伯特在 1901 年证明了，任何这种曲面都不能无限制地向所有方向延展而不出现奇异性，因而就不能实现整个罗巴切夫斯基平面．另一方面，年青的荷兰数学家凯伯在 1955 年确定，存在着其内蕴几何的意义下实现整个罗巴切夫斯基平面的光滑曲面，但是这种曲面虽然是光滑的，却不能作连续的弯曲变形，它们没有确定的曲率．我们还注意到下面的事实：当罗巴切夫斯基几何在常数负曲率 K 的曲面上实现时，在上节公式中所表述的常数 k 得到下列简单的意义：

$$k^2 = -\frac{1}{K}.$$

上甚或在空间中解释罗巴切夫斯基几何的现实意义的问题. 这个问题不多久（在 1870 年）就被德国数学家克莱因所解决. 让我们来说出他所给的解里包含些什么.

我们在普通的欧几里得平面上取一个圆，而且只考虑这个圆的内部，即把它的圆周和圆外的区域排斥在讨论之外. 我们约定把圆的这个内部叫做"平面"——原来它就起着罗巴切夫斯基平面的作用. 我们把圆的弦叫做"直线"，并且根据所采用的约定把弦的处在圆周上的端点除外. 最后，我们叫做"移动"的是圆的任何这样的变换，它把圆变成自己而且直线还是变成直线，即不把圆的弦变成弯曲的. 这种变换的最简单的例子是围绕中心的旋转，但是要知道，这种变换是非常广泛的. 以后将会说明这种变换是怎样的变换.

只要引用了这样一些约定的表示，那末就可以证明，在圆内部的普通几何的事实就变成了罗巴切夫斯基几何的定理，而且反过来，罗巴切夫斯基几何的每一个定理，就可以解释成圆内部的普通几何的事实.

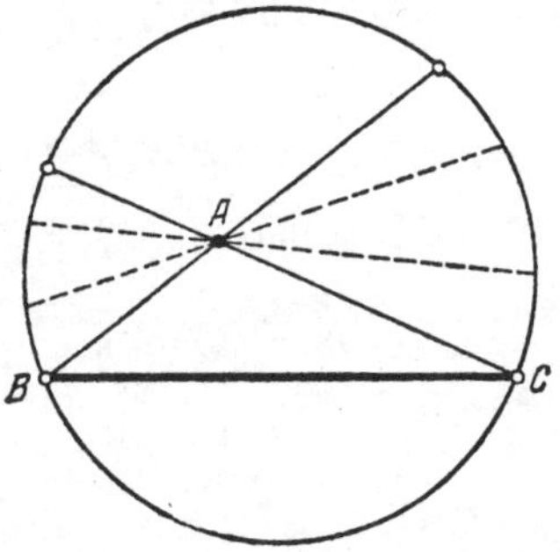

图 11

譬如说，按照罗巴切夫斯基公理，通过不在已知直线上的点，至少可以引两条直线，不与已知直线相交. 让我们根据所采用的约定，即把直线换成弦，把这个公理翻译成普通几何的语言. 那时我们就得到一个断言，通过圆内不在已知弦上的点，至少可以引两条弦，不与已知弦相交. 这个断言的真实性显然可以从图 11 看出. 因此，罗巴切夫斯基公理在这时成立了.

其次我们回想起，在罗巴切夫斯基几何里，在通过已知点而且不与已知直线相交的直线中间，有两条是边界，罗巴切夫斯基就是把这样两条直线叫做已知直线的平行线的.这表明，在通过已知点 A 而且不与已知弦 BC 相交的弦中间，有两条边界弦. 实际上，这样两条边界弦就是通过点 B 和点 C 的两条弦. 它们确实与弦 BC 没有公共点, 因为我们已经把处在圆周上的点除外了. 这样一来, 罗巴切夫斯基的这个定理在这里也成立.

为了进一步把罗巴切夫斯基定理翻译成圆内的普通几何的语言, 应该指出在圆内如何测量线段和角, 才能使这个测量对应于罗巴切夫斯基几何. 这个测量当然不会与普通的测量相同, 因为弦在普通的意义下只有有限的长度, 而由弦表达的直线却是无限长的. 这看来似乎会有某种矛盾, 但是我们将要看到, 这里并无任何矛盾.

首先我们回想起, 线段长度的测量是按下列方式进行的. 取某个线段 AB, 把它的长度采用作为单位, 于是任何别的线段 XY 的长度就可以从它与线段 AB 相比较而决定. 假如线段 XY 还留下小于 AB 的一部分, 则就把线段 AB 分成譬如 10 等分 (相等的意义是, 其中每一分都可以从另一分经过移动而得到); 用这些等分来测量线段 XY 的剩下的部分; 然后, 假如必要, 再把线段 AB 分成 100 等分, 依次下去. 结果线段 XY 的长度就以十进小数的形式表示出来, 它也可以是不尽小数. 总之, 长度的测量通过移置取作单位的线段或其部分来进行, 即测量以移动作为基础. 而只要移动已经有定义 (在当前的情形下我们把移动定义为把直线变成直线的圆变换), 那末随之就知道, 哪样的线段算是相等的和应该如何来测量长度. 一句话, 移动的定义已经包括了 (虽然是以隐蔽的方式) 长度测量的法则. 完全同样地, 角也可以用取作单位的角来测量. 因此, 角的测量法则也包含在移动的定义里.

对应于罗巴切夫斯基几何的长度和角的测量法也可以十分简单地得出, 虽然与普通的测量法有实质上的不同. 我们不拟作出它们的推导, 因为在我们的论证中这并无原则性的价值[1].

长度的测量法则, 使得弦有了无限的长度. 这是因为如果运

---

1) 测量长度的法则如下: 设线段 AB 处在弦 CD 上 (图 12). 我们用普通的方法测量线段而且组成所谓复合比值 $\dfrac{CB}{CA} : \dfrac{DB}{DA}$. 复合比值取对数就被采用作为线段 AB 的长度.

用我们取作移动的变换，线段 AB 变成线段 BB_1，再变成 B_1B_2 等

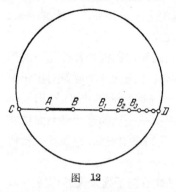

图 12

等，则得到的线段在普通的意义下将要变得越来越短（虽然在罗巴切夫斯基几何模型的意义下是相等的；图 12）：点 B_1, B_2, $\cdots$, B_k, $\cdots$ 向着弦的端点越来越密。但是我们的弦没有端点：按照约定它的端点是除外的，而且它在这意义下已经是"无穷远"的了。

在罗巴切夫斯基几何的意义下，点 B_1, B_2, $\cdots$ 并非越来越密，而是趋向无穷远的。运用我们采用作为移动的变换，一个接着一个地截取相等的线段，决不会从圆内达到圆周。

为了更好地理解在这个模型里如何截取线段，让我们来讨论起着沿直线的平移作用的那种变换。

设在平面上引进了以圆心为原点的直角坐标系。为了确定起见，我们认为我们的圆的半径等于单位，因而它的圆周由方程 $x^2+y^2=1$ 表示，而圆内的点则满足不等式 $x^2+y^2<1$。

我们来讨论由下列公式给定的变换：

$$x'=\frac{x+a}{1+ax}, \; y'=\frac{y\sqrt{1-a^2}}{1+ax},\qquad(3)$$

这里 x', y' 是原来有坐标 x, y 的点经过变换而变成的点的坐标，a 是绝对值小于 1 的任何已知数。

假如从公式(3)求出 x 和 y，则我们得到（这很容易验证）x, y 反过来用 x', y' 表示的式子：

$$x=\frac{x'-a}{1-ax'}, \; y=\frac{y'\sqrt{1-a^2}}{1-ax'}.\qquad(4)$$

变换(3)满足在我们的模型里的"移动"的两个条件：1) 它把圆变成自己；2) 它把直线变成直线。

为了证明第一个性质，实际上就是要肯定：不等式或等式

$x^2+y^2\leqslant 1$ 引出对应的关系 $x'^2+y'^2\leqslant 1$, 而且反之亦然. 让我们来证明, 当 $x^2+y^2=1$ 时一定有 $x'^2+y'^2=1$, 即处在已知圆周上的点还留在圆周上.

我们利用公式(3)而且考虑到 $x^2+y^2=1$, 即 $y^2=1-x^2$, 来计算 $x'^2+y'^2$:

$$x'^2+y'^2=\frac{(x+a)^2+y^2(1-a^2)}{(1+ax)^2}=\frac{(x+a)^2+(1-x^2)(1-a^2)}{(1+ax)^2}$$

$$=\frac{x^2+2ax+a^2+1-x^2-a^2+a^2x^2}{(1+ax)^2}$$

$$=\frac{1+2ax+a^2x^2}{1+2ax+a^2x^2}=1.$$

因此, 当 $x^2+y^2=1$ 时也有 $x'^2+y'^2=1$. 同样地可以验证其余的情形.

要确立变换(3)的第二个性质甚为简单. 事实上, 我们知道, 每一条直线都由线性方程表示, 而且反之, 每一个线性方程都表示直线. 设给了直线

$$Ax+By+C=0. \tag{5}$$

经过变换(4)我们得到

$$A\frac{x'-a}{1-ax'}+B\frac{y'\sqrt{1-a^2}}{1-ax'}+C=0,$$

或者去掉公分母有

$$(A-aC)x'+B\sqrt{1-a^2}\,y'+(C-aA)=0.$$

这个方程是线性的, 因而它表示直线. 这就是直线(5)经过变换所变成的直线.

我们还注意到, 变换(3)把 Ox 轴变成自己, 因而只是使点沿着它而挪动. 这是明显的, 因为在这条轴上 $y=0$, 而按照公式 (3) 这时还有 $y'=0$. 在 Ox 轴上变换由一个公式给定:

$$x'=\frac{x+a}{1+ax}(|a|<1). \tag{3'}$$

在这条直线上, 线段 x_1x_2 按照公式(3')而变成线段 $x'_1x'_2$, 而且按照约定, 这两个线段算是相等的. 这样也就实行了"线段的截取".

对于圆心 O, $x=0$, 因此 $x'=a$, 即圆心在变换 (3') 下变成有

坐标 $x=a$ 的点.

因为 a 可以任意给定, 只要 $|a|<1$, 所以圆心可以变成沿 Ox 轴的直径上的任何点.

在同一个变换下, 原来处在 A 的点变成有坐标

$$x_1 = \frac{a+a}{1+a^2} = \frac{2a}{1+a^2}$$

的点 A_1. 因此线段 OA 在变换 (3) 下变成线段 AA_1, 这样就在由圆的直径表达的"直线"上"截取了"这个线段.

重复同一个变换, 我们可以任意次地继续截取同一个线段. 有坐标 x_n 的点 A_n 变成有坐标

$$x_{n+1} = \frac{x_n + a}{1 + ax_n}$$

的点 A_{n+1}. 因而我们得到了有坐标

$$x_0 = a, \quad x_1 = \frac{2a}{1+a^2}, \quad x_2 = \frac{x_1 + a}{1 + ax_1} = \frac{3a + a^3}{1 + 3a^2}, \quad \cdots$$

的点 A, A_1, A_2, $\cdots$. 因为所有线段 A_nA_{n+1} 都从 OA 经过表达移动的变换而得到, 所以它们全都彼此"相等"——这是在由模型表达的罗巴切夫斯基几何意义下的相等. 容易证明, 点 A_n 向着直径的端点而越来越密. 在模型的意义下它们趋向无穷远.

因为 Ox 轴可以具有任何的方向, 所以这样的平移变换可以沿着任何的直径. 把这种变换与绕着圆心的旋转和对任何直径的反射结合起来, 我们可以得到在模型意义下的全部"移动". 这些变换将在下一节作详细的讨论, 在那里将要严密地证明, 在我们的模型里成立的确实是罗巴切夫斯基几何, 特别地, 采用作为移动的变换确实满足几何学里的移动所要服从的全部条件(公理).

让我们再说一遍克莱因提出的罗巴切夫斯基几何的模型是怎样的. 取作平面的是圆的内部; 点是点, 直线是弦(端点除外), 移动是把圆变成自己而且把弦变成弦的变换; 点的位置(点在直线上; 点在另两个点之间)按普通的意义来理解. 测量长度和角(因而还有面积)的法则已经可以从下列事实得出: 定义了移动也就定义了线段和角的相等, 因而也就定义了沿着一个线段截取另一个

线段的运算. 在所有这些约定下, 对应于平面上的罗巴切夫斯基几何的每一个定理的是圆内的欧几里得几何的事实, 反之, 每一个这种的事实都可以用罗巴切夫斯基几何定理的方式来叙述.

完全同样地可以建立空间中的罗巴切夫斯基几何的模型. 取作空间的是某个球的内部(图 13), 直线是弦, 平面是圆周在球面上的圆, 并且球面本身(因而弦的端点和所说圆的圆周)都除外, 最后, 移动定义作为把球变成自己而且把弦变成弦的变换.

当罗巴切夫斯基几何的这个模型给出了以后, 也就确定了这个几何有简单的现实意义. 罗巴切夫斯基几何是真实的, 因为它可以理解成圆内和球内的几何学的独特命题. 这也就证明了它的无矛盾性: 它的结论不能引向矛

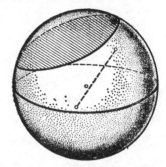

图 13

盾, 因为它的每一个结论都可以翻译成圆内(如果所说的是空间中的罗巴切夫斯基几何时是在球内)的普通欧几里得几何的语言[1].

3. 在克莱因以后, 法国数学家庞加莱给出了罗巴切夫斯基几何的另一种模型, 它可以应用到复变数函数论里的一些重要结果的推论上[2]. 因此, 在罗巴切夫斯基几何的范围内解决了完全是另一个数学领域的困难问题. 罗巴切夫斯基几何在数学和理论物理里还有许多其他的应用; 例如在 1913 年, 物理学家瓦里恰克就给出了它在相对论里的应用.

罗巴切夫斯基几何得到了顺利的发展, 在其中展开了几何作图的理论、曲线和曲面的一般理论、凸体的理论等等.

---

1) 数学家们通常是这样说的: 罗巴切夫斯基几何在欧几里得几何里表达出来, 因而它是像欧几里得几何无矛盾一样地无矛盾的.

2) 庞加莱的模型是这样的, 仍然取圆的内部作为罗巴切夫斯基平面, 但是却把垂直于已知圆周的圆弧算做直线; 算做移动的是把圆变成自己的任何保角变换(就是由罗巴切夫斯基几何与保角变换的联系给出它与复变数函数论的联系).

§5. 几何公理,它们利用一定
的模型来检验

1. 为了在数学上严密地证明克莱因的模型确实给出了罗巴切夫斯基几何的解释,首先必须正确地表述什么是特别需要证明的. 一个一个地检验罗巴切夫斯基定理是没有道理的;定理很多,并且还是无限地多,因为可以证明新的和更新的定理. 显然,只要能证明在克莱因的模型里罗巴切夫斯基的那些可以导出其余命题的基本的命题成立即可. 但是在这时候必须正确地表述这些基本的命题.

因此, 证明罗巴切夫斯基几何无矛盾的问题化成了正确地和完全地表述它的基本命题, 即公理的问题. 因为罗巴切夫斯基几何的前提与欧几里得几何的前提相差的只是一个平行公理, 所以问题就化成如何正确地和完全地表述欧几里得几何的公理. 欧几里得自己并未作出这样的表述;特别说来,欧几里得就完全没有提出图形的移动或位置的性质的任何定义,虽然他一直利用着它们. 正是随着罗巴切夫斯基几何的发展, 同时也随着上一世纪末叶形成的数学原理精确化的一般潮流, 欧几里得几何公理的精确化和补充的问题才提高到最高度.

经过许多几何学家们的研究, 几何公理的表述问题得到了解决.

一般地说,在采用不同的概念作为基本概念时,就可以不同地选取公理. 我们在这里引进平面上公理的表是这样的, 在其中的基本概念是点、直线、移动和这样的一些概念, 如像点 X 在直线 a 上;点 B 在点 A 和 C 之间;把点 X 变成点 Y 的移动. (这时候其他的概念就通过它们来定义;举例说,线段就定义为直线上处在两个已知点之间的所有点的集合.)

公理分成五组.

I. 结 合 公 理

1) 通过每两个点有一条直线并且只有一条.

2) 在每条直线上至少有两个点.

3) 至少存在三个点,不在一条直线上.

II. 顺 序 公 理

1) 在直线上的任何三个点中, 只有一个点在另外两个点之间.

2) 如果 A, B 是一条直线上的两个点,则在这条直线上至少有一个点 C,使得点 B 在点 A 和 C 之间.

3) 直线把平面分成两个半平面(即直线把平面上的所有不在这直线上的点分成两类, 使得同一类的点能被不与直线相交的线段连结起来,而不同类的点则不能这样做).

III. 移 动 公 理

(移动不要理解成个别图形的变换,而要理解成整个平面的变换.)

1) 移动把直线变成直线.

2) 一个接着一个地进行两个移动,相当于进行某一个移动.

3) 设 A, A' 和 a, a' 是两个点和分别从它们引出的两条半直线,α, α' 是分别以延长后的直线 a 和 a' 为界的半平面;存在着唯一的移动把 A 变成 A', a 变成 a', α 变成 α'. (直观地说,用平移把点 A 变到 A', 然后用旋转把半直线 a 变到 a', 于是半平面 α 或者与 α' 重合,或者还需要进行绕直线 a 的"翻转".)

IV. 连 续 公 理

设点 X_1, X_2, X_3, … 分布在一条直线上,使得每个在后的点都在其前一个点的右侧, 但是同时有着处在所有这些点右侧的

点 $A^{1)}$. 那末就存在这样的点 B, 它也在所有的点 X_1, X_2, ⋯ 的右侧, 但是有着离它任意近的点 X_n（即不论在点 B 左侧取怎样的点 C, 在线段 CB 上总有点 X_n）.

V. 平行公理(欧几里得的)

通过已知点只能引一条直线不与已知直线相交.

以上的公理已经足以构成平面上的欧几里得几何了. 从这些公理确实可以导出中学平面几何课本里的全部定理, 虽然这个推导是非常费事的.

罗巴切夫斯基几何的公理只在平行公理部分才有不同.

V′. 平行公理(罗巴切夫斯基的)

通过直线外的点至少能引两条直线不与已知直线相交.

可以用不多几页篇幅说明, 为什么在公理的表里要有例如公理:"在每条直线上至少有两个点". 谁不知道按照我们关于直线的观念, 在直线上甚至有无限多个点. 但是很奇怪地, 不论是欧几里得还是直到上世纪末叶的任何一个数学家, 都没有想到表述这样的公理: 它是被暗示的. 但是现在情况改变了. 当我们给出几何学的新解释时, 所谓直线已经不是指的普通的直线, 而是某种别的东西: 曲面上的测地线、圆的弦或者别的什么. 所以就发生了精确地和以周全无遗的方式明白表述一切的问题, 这一切是指我们对于用来描述直线的那些对象所需要的. 对于所有其他的概念和公理也是如此.

因此, 就像我们已经说过的, 几何学各种解释的出现乃是它的基本命题精确化的重要媒介之一. 历史情况也是这样: 公理的精确表述是在贝尔特拉米、克莱因和庞加莱的模型以后才出现的.

2. 现在我们来证明, 在克莱因模型里以上列举的全部公理都成立, 只除去欧几里得的平行公理. 正像我们已经在上一节里指出过的 (图 11), 在这里成立的显然不是它, 而是罗巴切夫斯基公

---

1) "右侧"可以对应地全部换成"左侧".

理. 还要检验公理 I—IV.

在模型里的平面是圆的内部(我们认为圆的半径等于 1). 取作点的是点, 取作直线的是弦; "点在直线上"和"点在两个点之间"还照普通的意义来理解. 由此可知, 结合公理、顺序公理和连续公理成立. 举例说, 第三个顺序公理不过就是弦把圆分成两部分.

还要检验移动公理. 移动是定义作为把圆变成自己而且把直线变成直线(即把弦变成弦——译者)的变换的. 从这个定义可见, 这个变换满足前两个移动公理: 满足第一个公理是因为既然把弦当做直线, 保留了弦也就表明保留了直线; 满足第二个公理是因为假如进行了两个把圆变成圆而且把弦变成弦的变换, 则得到的变换还把圆变成圆而且把弦变成弦, 即还是一个取作"移动"的变换.

因此, 余下的只是第三个移动公理, 而它的检验是在这里唯一有困难的.

我们首先注意到, 这个公理包含着两个断言.

设 A, A' 是两个点, a, a' 是分别从这两个点引出的半直线, α, α' 是分别以直线 a, a' 为界的两个半平面.

第一个断言是说, 把 A 变成 A', a 变成 a', α 变成 α' 的移动是存在的.

第二个断言是说, 这样的移动只有一个.

可以认为这两个断言都已经在第三章 §14(参看第一卷)里证明了, 但是我们愿意在这里再引出它们的一种证明, 这种证明不像在第三章里那样地牵涉到别的更一般的问题.

我们对于模型(即在"半直线""半平面""移动"等术语的所采用的理解下)来证明第一个断言的正确性.

我们先假设点 A' 处在圆心. 我们选取坐标系, 使它们的原点处在圆心, 而 Ox 轴通过点 A(图 14).

在上节中我们讨论过变换

$$x' = \frac{x+a}{1+ax}, \ y' = \frac{y\sqrt{1-a^3}}{1+ax}. \tag{6}$$

在那里证明了它是"移动"(即把已知圆变成自己而且把直线变成

直线).

设 x_0 是点 A 的横坐标, 它的纵坐标 $y_0=0$. 因而如果我们取 $a=-x_0$, 则根据公式(6), 点 A 就变成有坐标(O, O)的点, 即变成点 A'.

因为在这时直线变成直线, 所以"半直线"(即弦的一段) a 占有某个位置 a'' (图 14). 我们绕着圆心作旋转可以把 a'' 变成 a'. "半平面" α 是以"直线"(弦) a 为界的弓形中的一个. 如果在移动后它已经与 α' 重合, 则变换也就结束了; 如果不重合, 我们再用翻转 (即对直径 a' 的反射)把它变成 α'.

这样, 把"平移"(6)与旋转(必要时再与反射)合在一起, 我们就把 A, a, α 变成 A', a', α'. 但是所有这些"移动"的结果还是"移动"; 这个移动把 A, a, α 变成 A', a', α', 即证明了所求移动的存在.

以上我们只谈到当点 A' 处在圆心的特殊情形, 现在我们假设它占有任意的位置. 于是按照刚才所证明的, 我们可以用某个"移动"把它变成圆心, 这个"移动"我们记做 D_1. 这时"半直线" a' 变成某条从圆心引出的"半直线" a'', "半平面" α' 变成某个"半平面"(半圆) α'' (图 15).

已经证明过, 我们可以用某个"移动" D_2 把点 A 变成圆心,

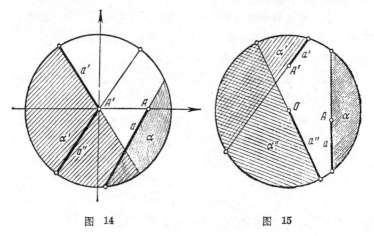

图 14   图 15

"半直线" a 变成 a'', "半平面" α 变成 α''. 最后, 用与 D_1 相反的 "移动", 我们可以把 A' 从圆心变回到原位, 同时还把 a'', α'' 变回到原来的位置 a', $\alpha'^{1)}$.

因此, "移动" D_2 和与 D_1 相反的 "移动" 合在一起的结果, 我们就把 A, a, α 变成了 A', a', α'. 但是两个 "移动" 合在一起还是 "移动"; 因而就确定了对于点 A 和 A' 在圆内的任意位置, 存在着把 A, a, α 变成 A', a', α' 的移动. 于是包含在第三个移动公理里的第一个断言也就完全证明了.

现在我们来证明, 第二个断言在我们的模型里也成立. 根据这个断言的意义, 必须证明下面的事实.

设 A, A' 是圆内的两个点; a, a' 是分别从它们引出的弦段; α, α' 是分别以这两条弦为界的圆弓形. 为了清楚起见, 我们把这些点、弦和圆弓形画在两个不同的图上 (图 16), 虽然它们本来是应该处在一个被讨论的圆内的. 要断定的是, 分别把 A 变成 A', a 变成 a', α 变成 α' 的 "移动" 是唯一的, 即它完全由这些元素决定.

在作证明时, 我们不仅考虑已知圆域的变换, 而且考虑整个平面的变换[2]. 按照定义, "移动" 把直线变成直线. 具有这种性质的变换叫做射影变换. 因此可以说, 我们所谓的 "移动" 是把已知圆

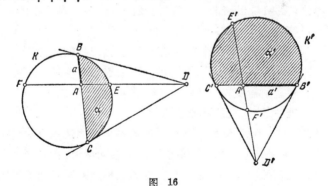

图 16

_____

1) 当 D_1 由公式 (3) (§4) 表达时, 与 D_1 相反的 "移动" 由公式 (4) 表达.

2) 可以证明, 把圆域变成自己而且把直线变成直线的变换, 在保留这些性质下唯一地推广到整个射影平面上, 即推广到增添了无穷远点的平面上.

域变成自己的射影变换. (在图 16 上我们画的是把圆域 K 变成圆域 K' 的这种变换. 只需要经过平移就能把圆域 K' 变到 K 上.)

我们曾经在第三章 §12 (第一卷) 里讨论过射影变换, 这里我们就要利用在那时证明过的下列重要定理: 射影变换由没有三个在一条直线上的任何四个点变到哪里而完全决定.

返回到所讨论的"移动". 它把弦段 a 变成 a', 因而就把点 B 变成 B'. 又因为它把弦变成弦, 所以它把点 C 变成 C'.

其次, 因为一般地说, "移动"把直线变成直线而且把圆域变成自己, 而在我们的图上则是把圆域 K 变成圆域 K', 所以在点 B 和 C 处的切线变成在点 B' 和 C' 处的切线. 因而前两条切线的交点 D 变成后两条切线的交点 D'[1] (图 16).

同时因为点 A 变成 A' 而且直线变成直线, 所以直线 AD 变成直线 $A'D'$. 直线 AD 与我们的圆周相交于点 E, F, 直线 $A'D'$ 则与它相交于 E', F'. (在图上这些点分别处在圆周 K 和 K' 上.) 因为圆域变成自己, 所以点 E, F 变成点 E', F'. 设点 E 处在弓形 a 的弧上, E' 处在弓形 a' 的弧上. 那末因为按照条件, a 变成 a', 所以 E 正好变成 E', 对应地 F 就变成 F'.

总之, 我们得出结论: 在所讨论的"移动"下, 圆周上的点 B, C, E, F 变成点 B', C', E', F'. 但是点 B, C, E, F 以及点 B', C', E', F' 显然都没有三个在一条直线上. 因而根据上面所引的定理, 把 B, C, E, F 变成 B', C', E', F' 的射影变换是唯一的. 但是"移动"也是射影变换. 因此, 我们把 A, a, a 变成 A', a', a' 的"移动"是唯一的, 这就是所要证明的.

这样一来, 我们证明了在所讨论的模型里欧几里得几何的所有公理 (除去平行公理) 确实都成立, 或者换句话说, 在模型里罗巴切夫斯基几何的所有公理都成立. 因此, 模型确实实现了罗巴切夫斯基几何. 这个几何就这样地被归结到圆内的欧几里得几何, 后者是以术语"直线"和"移动"在模型里所采用的那种约定的理解

---

1) 假如在点 B 和 C 处的切线平行, 则点 D', 是"无穷远点".

而用特别的方式叙述的。 顺便提一下，这已经许可在已知的具体模型上展开罗巴切夫斯基几何了，这一点在许多问题里显得是比较方便的。

从几何学基础的逻辑分析的观点看来，上面所作的证明指出：第一，罗巴切夫斯基几何是无矛盾的，第二，关于平行线的公设确实不能从上面列举的其余公理导出。

§6. 从欧几里得几何分出的
独立的几何理论

1. 随着罗巴切夫斯基几何的创立，几何学的原则性的发展还平行地沿着另外的道路行进。在空间的所有几何性质的宝藏中，分出了和进行了由独特的封闭性和稳定性区别出来的各组性质的独立研究。这些按照其方法区分的研究，组成了几何学新的一些部门——关于空间形式的诸科学，就像例如解剖学和生理学组成关于人体的科学的各种部门一样。最初几何学一般说来是不分裂的，它主要研究空间的度量性质——与图形大小的测量有关的性质。只是顺便讨论一下不与测量相关，而与图形的相互位置的量的特征有关的性质，并且早就已经注意到，把这种性质的一部分区别出来的是在图形的形状经过重大的变形和图形的位置经过改变时还保留着的独特的稳定性。

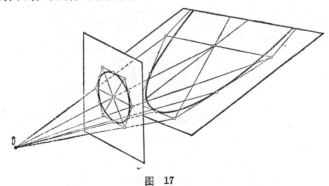

图 17

举例说,我们来察看图象从一个平面到另一个平面的投射(图17).线段的长度在这时改变了,角改变了,图象的轮廓显然歪曲了.然而举例说,点列处在一条直线上的性质保留着,直线切于某条曲线的性质保留着,等等.

关于投射和射影变换已经在第三章里谈过了.在那里提出了它们与透视——空间图形在平面上的绘象——有显然的联系.透视性质的研究远在欧几里得以前的时代,在古代建筑家的工作中就出现了;研究透视的还有画家丢厄尔和雷翁那陀·达·芬奇,工程师兼数学家戴札格(十七世纪).最后,在十九世纪初叶,邦色列最先顺次地分出了和研究了在平面或空间的任何射影变换下保留着的几何性质,因而创立了一门独立的科学——射影几何[1].

本来好像在任意射影变换下保留的性质是不多的和非常原始的,但是却远不是这样.举例说,不久以后将要提到一个定理,这个定理断定,圆内接六边形各对对边延长后的交点处在一条直线上这个事实,对于椭圆、抛物线和双曲线也都成立.这个定理提到的只是射影性质,而后面这些曲线又都可以从圆经过投射而得到.更不显然的是,关于外接六边形的对角线相交于一个点的定理竟是上面所说的定理的独特的同类物;正是在射影几何里揭露了它

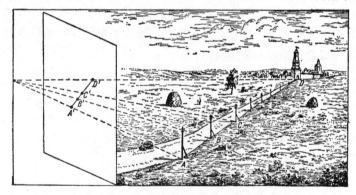

图 18

1) 邦色列是法国的军事工程师,他在 1812 年因被俘虏而逗留在俄国的时候,从事于几何学的研究.他在 1822 年发表了他的工作"论图形的射影性质".

们的深入的联系. 不显然的还有, 在射影变换下, 不管怎么样改变距离, 对于处在一条直线上的每四个点 A, B, C, D (图 18), 二重比值 $\dfrac{AC}{CB} : \dfrac{AD}{DB}$ 是不变的:

$$\frac{AC}{CB} : \frac{AD}{DB} = \frac{A'C'}{C'B'} : \frac{A'D'}{D'B'}.$$

这引出了在透视里保留的许多关系. 举例说, 利用这个事实, 容易按照伸向远处的道路的照片 (图 18), 从所看到的电线杆 A', B', C' 的位置, 来决定它们到点 D' 的距离.

关于射影几何和它们的结论在航空摄影测量工作里的应用, 已经在第三章 (第一卷) 里谈过了. 当然, 它的规律可以在建筑学里利用, 而且也在构作全景图、布景等等时利用.

射影几何的分出在几何学本身的发展中起着重要的作用.

2. 可以作为独立的几何的另一个例子是仿射几何. 在仿射几何里研究的是在任何这种变换下不改变的图形的性质, 在那种变换下, 每个点的原来位置的笛卡儿坐标 (x, y, z) 和新位置的笛卡儿坐标 (x', y', z') 之间由下列线性方程相联系:

$$x' = a_1 x + b_1 y + c_1 z + d_1,$$
$$y' = a_2 x + b_2 y + c_2 z + d_2,$$
$$z' = a_3 x + b_3 y + c_3 z + d_3$$

(假定行列式

$$\begin{vmatrix} a_1 & b_1 & c_1 \\ a_2 & b_2 & c_2 \\ a_3 & b_3 & c_3 \end{vmatrix}$$

不等于零).

可以证明, 任何仿射变换都能化成一个移动 (可以加上一个对平面的反射), 然后再是空间沿着三个互相垂直的方向的压缩或者伸展.

在任何一个这种变换下, 图形保留着很多的性质. 直线仍然是直线 (一般地说, 所有 "射影的" 性质都保留着); 此外, 平行直线仍然平行; 保留不变的还有体积的比值, 平行平面上或者同一平面上的两个图形的面积的比值，同一条直线上或者平行直线上的两个线段的长度的比值，等等. 很多大家熟知的定理是属于仿射几何的. 举例说，三角形的中线相交于一个点，平行四边形的对角线互相平分，椭圆的平行弦的中点处在一条直线上，之类的断言就都是这样的.

与仿射几何有密切联系的有二次曲线(二次曲面)的全部理论. 这种曲线就是根据图形的仿射性质而分成椭圆、抛物线和双曲线的：在仿射变换下椭圆正好变成椭圆，既不会变成抛物线，也不会变成双曲线；同样地，抛物线可以变成任何别的抛物线，而不会变成椭圆，等等.

分出了和详细地研究了图形的一般的仿射性质的重要性在于：不太复杂的变换在无穷小的范围内实质上显得是线性的，即是仿射的，而微分计算方法的应用正是与空间的无穷小范围的讨论相联系的.

3. 1872 年克莱因在爱耳浪根的大学宣读了现在大家叫做爱耳浪根纲领的演说，他在这篇演说中总结了射影、仿射以及其他"几何"的发展结果，明确地表述了构成这些几何的普遍原则，那就是说，可以考虑空间的——变换的任何一个群而且研究在这个群的变换下保留着的图形的性质[1].

从这个观点看来，空间的性质好象是按照它们的深度和稳定性而分出层次. 普通的欧几里得几何是经过抛弃现实物体的除几何性质以外的性质而建立的；这里在几何学的特殊部门里，我们已经是在几何学内部再实行一次抽象，抛弃了除决定它们的范围的，我们在已知部分里所关心的几何性质以外的一系列几何性质.

按照所说的克莱因原则可以建立许多的几何. 举例说，可以

---

1) 在这里使用"群"这个字并非单是集合体的意义. 在谈到变换群时(参看第二十章)，指的是变换的这种集合，在其中一定包含恒同变换(把所有的点都留在原处的变换)，在其中同时包含每一个非恒同的变换与它相反的变换(把所有的点都变回到原来的位置的变换)，而且对于这集合中的每两个变换，在这集合中还包含相当于顺次进行这两个变换的结果的变换.

讨论保留任何线之间的角的变换(空间的保角变换),和研究在这种变换下保留的图形的性质,说到的就是保角几何.可以讨论不一定是整个空间的变换.例如在把圆域变成自己而且把弦变成弦的所有变换下讨论圆域的点和弦,而且分出在这些变换下保留的性质,在§4和§5里已经指出过,我们得到的是与罗巴切夫斯基几何相符合的几何.

4. 由这种方式分出的理论的发展,即使在原则性方面(说的已经不是实际的内容)也不止在这里已经谈过的那一些.

譬如我们只考虑图形的仿射性质,我们可以在抛弃所有其他的性质后来设想空间,也可以设想其中的图形只具有我们所关心的性质,因而一般地没有任何其他的性质.在这个"空间"里,一般说来图形不具有除仿射性质以外的任何其他的性质.自然可以认为这也是用公理叙述的那种抽象空间的几何,即认为谈的是某些抽象的对象:"点"、"直线"、"平面",它们的性质(这些性质显然要比在欧几里得几何的情形里少些)在某些公理里写出,并且从这些公理导出的推论就对应于普通空间的图形的仿射性质.

这确实可以做到,而且这种抽象的"点"、"直线"和"平面"的集合连同它们的性质的体系就叫做仿射空间.

同样地可以设想只具有那种范围的性质的对象的抽象体系,这种性质对应于欧几里得空间的图形的射影性质.(在这时候,公理体系与普通几何的公理的差别显得还要更多些.)

5. 假如进一步深入到几何形象的本质里,那就可以看到,在一系列问题里起作用的还有比射影性质更为深入的性质,这些性质在图形的任何变形下保留着,只要这种变形不造成图形各部分的断裂和折叠.(要使关于这种连续变形的观念精确化,在直觉的描写以外,还可以从分析学中引用我们熟知的连续函数的定义而说,提到的是这种把图形的全部点变到新位置的任意变换,在这种变换下,在新位置的点的笛卡儿坐标由其原来的坐标的连续函数表达,而旧坐标自己也可以表示成新坐标的连续函数.)

在任何这种变换下保留的图形的性质叫做拓扑性质,而研究它们的科学则叫做拓扑学(参看第十八章).

对于空间图形来说,与图形密切联系的拓扑性质,具有显著的直观性. 举例说,几乎是显然的,在平面上每一条从圆周经过连续变形而得到的曲线,总把平面分成在这个任意地弯曲的周界的内部和外部两部分;所以圆周分平面成两部分的性质是拓扑性质. 直观上也许是显然的,环面(图 19)不可能用任何连续变换变成球面,所以某个曲面许可用连续变换变成环面这个性质,就是使它与很多其他曲面有区别的拓扑性质.

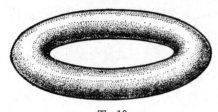

图 19

与连续性有关的论证是与直观有别的,而且常常能很好地说明事情的本质,能把它们变成严密的证明是非常吸引人的,尤其是把同类的例子推广到其他相当复杂的问题上.

举例说,说明代数基本定理的正确性的论证就是如此. 所谓代数基本定理是说,每一个方程

$$z^n + a_1 z^{n-1} + a_2 z^{n-2} + \cdots + a_{n-1} z + a_n = 0 \qquad (7)$$

至少有一个实数根或者复数根.

设 z 是一个复数平面的点,而 $w = f(z)$ 是与它们对应的另一个复数平面的点 w,并且 $f(z)$ 表示方程(7)的左边. 当 z 的绝对值很大时,函数 $f(z)$ 与 z^n 的差别相当地小;而函数 z^n 是非常简单的. 特别地,容易验证,如果连续地变动的点在复数平面上画出以坐标原点为中心的圆,则点 $w_1 = z^n$ 正好在 w 平面上绕着半径 $|z|^n$ 的同样的圆画 n 次[1]. 因而点 $w = f(z)$ 画出 n 个圈,组成某条周线 Γ,相当接近于由点 $w_1 = z^n$ 画出的曲线(图 20).

现在如果由点 z 所画的圆周连续地收缩成一个点,则由点

---

1) 事实上,如果 $z = \rho(\cos\varphi + i\sin\varphi)$,则大家知道[参看第四章(第一卷)§3],$z^n = \rho^n(\cos\varphi n + i\sin\varphi n)$;所以当数 z 的幅角 φ 从 0 变到 2π 时,数 z^n 的幅角从 0 变到 $2\pi n$,即引向点 z^n 的半径随着点的变动而绕了 n 个整圈.

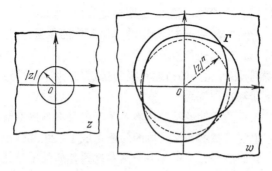

图　20

$w=f(z)$ 所画的绕了 n 圈的周线 Γ 也连续地变形而且收缩成一个点．但是十分明显地，它在这时假如不越过坐标原点 O, 则它就不能收缩成一个点．因为这周线本来是绕着点 O 的．这表示它至少有一度要越过点 O, 对于这样的 z 就有 $w=f(z)=0$. 这个 z 就是方程(7)的根．实质上已经可以看出，在所说意义下的根正好有 n 个，因为周线 Γ 的 n 个圈中的每一个在收缩时都要越过点 O.

我们的论证自然要求精确地表示我们在这里利用的周线及其变形的那些拓扑性质．

可以举出在各种不同的、暂时离几何学很远的数学分支里利用拓扑性质的很多例子．

在研究拓扑性质时，在我们之前重又出现设想一般地只具有这种性质的对象的抽象集合的可能性（参看第二十章§7）．这种集合叫做抽象的拓扑空间．

这个观点比起拓扑性质作为图形的几何性质的研究来已经是无可比拟地广泛了．拓扑空间可以是各种各样的；譬如说，环面的全部点连同它们的彼此邻接的公共的规律性就组成一个拓扑空间，平面的全部点组成另一个拓扑空间，空间的全部点组成第三个拓扑空间；在第九章(第二卷)§5里讲述复变数函数论时提到过的那些多叶黎曼曲面的全部点组成另一些并且还是不同的拓扑空间．但是最值得注意的是，在远远不像我们关于几何的点的观念的对象之间，常常明白地确立了邻近和邻接的概念．譬如说，对于某个活动机械的所有可能的位置,可以明白地指出,什么是"邻近的"位置,什么是一个位置"邻接于"无穷的一串其他的位置,在这些位置中有任意地邻近于已知位置的位置.

我们看到,拓扑空间的概念是极为普遍的,因而我们在§8里将要再一次回到这个概念.

这一节的目的与其说是给读者以关于各种几何的观念,还不如说是企图说明:很多非常具体的问题化成了各组几何性质的分析和研究;它们的研究又引起关于具有这些性质的抽象几何对象的观念的建立,即这些性质的分析以它们的纯净的形状使我们具有关于对应的抽象空间的观念.

在下一节里将要提到也引向构成各种抽象空间的其他的途径.

§7. 多 维 空 间

1. 在新几何思想的发展中的重要的一步是在上一章中已经提到过的多维空间的几何学的创立. 它的产生的原因之一是在解决代数和分析的问题时利用几何想法的倾向. 解决解析问题的几何途径是以坐标方法为根据的. 我们来举一个简单的例子.

假如要求知道不等式 $x^2+y^2<N$ 有多少个整数解. 把 x 和 y 看作平面上的直角坐标,我们看到,问题化成这样:在半径 $\sqrt{N}$ 的圆的内部包含着多少个具有整数坐标的点. 有整数坐标的点正是铺满平面的边长是 1 的正方形的顶点(图 21). 圆内的这种点的个数近似地等于处在圆内的正方形数,即近似地等于半径 $\sqrt{N}$ 的圆的面积. 因此,我们所关心的不等式的解数近似地等于 πN. 这时不难证明,可能的相对误差当 $N \to \infty$ 时趋向于零. 这个误差的更精确的研究是数论的极为困难的问题,它在不久以前还是深入研究的对象.

为了直接得到从"纯代数"的观点看来远非显然的结果,在所取的例子里把问题翻译成几何的语言显得是足够的. 完全同样地

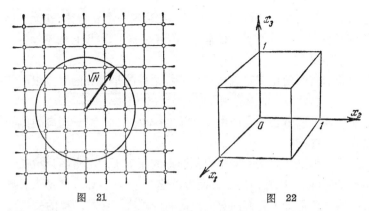

图 21   图 22

可以解决关于三个未知数的不等式的同类问题. 但是, 如果未知数多于三个, 则这个方法就不能应用了, 因为我们的空间是三维的, 即点在其中的位置由三个坐标决定. 为了在同样的情形里保留有效的几何同类物, 引出了抽象的 n 维空间的概念, 这种空间的点由 n 个坐标 $x_1, x_2, \cdots, x_n$ 决定. 这时几何学的基本概念是以这样的方式推广的, 使得几何的想法得以解决 n 个变数的问题; 这有力地保证了结论的获得. 这种推广的可能性基于代数规律的统一性, 根据这种统一性, 任意个变数的许多问题的解是完全一样的. 这就许可把在三个变数时起作用的几何想法应用到任意个变数的情形.

2. 四维空间概念的萌芽在拉格朗日的工作中就已经出现了, 他在他的力学方面的工作中形式地把时间当作与三个空间坐标并列的"第四个"坐标. 但是多维几何原理的第一个系统的叙述是在 1844 年由德国数学家格拉斯曼和与他无联系的英国数学家凯利给出的. 他们同时通过了与普通解析几何作形式的类比的途径而进行的. 在现代的叙述中这种类比的大体情况表现如下.

n 维空间的点由 n 个坐标 $x_1, x_2, \cdots, x_n$ 所决定. n 维空间的图形定义成满足这个或那个条件的点的轨迹或集合. 举例说, "n 维立方体"就定义成坐标满足不等式: $a \leqslant x_i \leqslant b (i=1, 2, \cdots, n)$ 的点的轨迹. 这里与普通立方体的类比是十分明显的. 在 $n=3$

即三维空间的情形,我们的不等式确实决定一个立方体,这立方体的棱平行于坐标轴而且棱的长度等于 $b-a$(图 22 上画着 $a=0$, $b=1$ 的情形).

两点之间的距离可以定义成坐标之差的平方和的平方根:

$$d=\sqrt{(x_1'-x_1'')^2+(x_2'-x_2'')^2+\cdots+(x_n'-x_n'')^2}.$$

这是平面上或者三维空间中(即当 $n=2$ 或 3 时)对于距离的熟知公式的直接推广.

现在可以在 n 维空间里定义图形的相等了. 两个图形被认为是相等的,假如在它们的点之间可以建立这样的对应,使得每对点之间的距离都等于它们的对应点之间的距离. 保留距离的变换可以叫做广义的移动[1]. 于是按照与普通欧几里得几何的类比可以说, n 维几何的对象由在广义的移动下保留的图形的性质组成. n 维几何的对象的这个定义是在上一世纪 70 年代确立的,同时也给出了研究它的正确基础. 从那时起, n 维几何就成为与欧几里得几何的方向(初等几何、曲线的一般理论等等)类似的所有方向的大量研究的对象.

点之间的距离的概念使我们还能把别的一些几何概念搬到 n 维空间中,例如线段、球、长度、角、体积等等. 举例说, n 维球体可以定义成离开已知点不远于已知数 R 的点的集合. 因而球体可以解析地用下列不等式给定:

$$(x_1-a_1)^2+\cdots+(x_n-a_n)^2\leqslant R^2,$$

这里 $a_1, \cdots, a_n$ 是球心的坐标. 球面则由下列方程给定:

$$(x_1-a_1)^2+\cdots+(x_n-a_n)^2=R^2.$$

线段 AB 可以定义成这样的点 X 的集合,使得从点 X 到 A 和 B 的距离的和等于从 A 到 B 的距离. (线段的长度就是它的端点之间的距离.)

3. 我们稍稍详细地来讨论一下各种维数的平面.

在三维空间中这是指一维"平面"——直线和普通的(二维)平

---

1) 推广的不仅在于过渡到 n 个变数,而且在于把对平面的反射也包括在移动之中,因为对平面的反射也不改变点之间的距离.

面. 在 $n>3$ 时的 n 维空间中还要在讨论中引入维数从 3 到 $n-1$ 的多维平面.

大家知道, 在三维空间中, 平面由一个线性方程给定, 直线由两个线性方程给定.

直接推广的途径引向以下的定义: n 维空间里的 k 维平面是指坐标满足 $n-k$ 个线性方程的点的轨迹:

$$a_{11}x_1 + a_{12}x_2 + \cdots + a_{1n}x_n + b_1 = 0,$$
$$a_{21}x_1 + a_{22}x_2 + \cdots + a_{2n}x_n + b_2 = 0,$$
$$\cdots\cdots\cdots\cdots\cdots\cdots\cdots\cdots\cdots\cdots\cdots\cdots$$
$$(8)$$
$$a_{n-k,1}x_1 + a_{n-k,2}x_2 + \cdots + a_{n-k,n}x_n + b_{n-k} = 0,$$

并且诸方程是相容的和独立的(即其中任何一个都不是其他方程的推论). 这些方程中的每一个都表示一个 $n-1$ 维平面, 而它们全体则共同决定 $n-k$ 个这种平面的公共点.

方程 (8) 相容的意思是说, 一般地有满足这些方程的点, 即已知的 $n-k$ 个 $n-1$ 维平面相交. 没有一个方程是其他方程的推论的意思是说, 这些方程中的任何一个都不能排除. 否则方程组就要化成更少个数的方程, 因而决定的就是更高维数的平面了. 因此, 从几何上来说, 事情成为这样: k 维平面定义成由独立的方程表示的 $n-k$ 个 $n-1$ 维平面的交. 特别地, 如果 $k=1$, 则我们有 $n-1$ 个方程, 它们决定一个"一维平面", 即直线. 因此, k 维平面的所给的定义是解析几何的已知结果的自然的和形式的推广. 这个推广的好处在下列事实中已经可以发觉: 关于线性方程组的结论得到了使得这些结论更清楚的几何解释. 读者可以在第十六章里知道线性代数的问题的这种几何看法.

k 维平面的一个重要性质是它本身可以看作 k 维空间. 譬如说, 三维平面就是普通的三维空间. 这就可以像普通从 n 到 $n+1$ 的论证那样, 把在较低维数的空间中得到的许多结论搬到较高维数的空间中去.

如果方程 (8) 是相容的和独立的, 则在代数学中证明过, 从 n 个变数 x_i 中可以取出 k 个, 使得其余 $n-k$ 个变数可以用它们来

表示[1]. 譬如说:

$$x_{k+1}=c_{11}x_1+c_{12}x_2+\cdots+c_{1k}x_k+d_1,$$
$$x_{k+2}=c_{21}x_1+c_{22}x_2+\cdots+c_{2k}x_k+d_2,$$
$$\cdots\cdots\cdots\cdots\cdots\cdots\cdots\cdots\cdots\cdots$$
$$x_n=c_{n-k,1}x_1+c_{n-k,2}x_2+\cdots+c_{n-n,k}x_k+d_k,$$

这里 x_1, x_2, $\cdots$, x_k 可以采取任意的值,而其余的 x_i 则由它们来决定. 这说明 k 维平面上的点的位置已经由可以采取任意值的 k 个坐标决定. 那就是说,在这意义下 k 维平面有维数 k.

从各种维数的平面的定义可以纯代数地导出下列基本定理.

1) 通过不在一个 $k-1$ 维平面上的每 $k+1$ 个点,有而且只有一个 k 维平面.

这里显然与初等几何的熟知定理完全类似. 这个定理的证明要运用线性方程组的理论,而且比较复杂,因此我们不叙述它了.

2) 如果在 n 维空间里的 l 维和 k 维平面至少有一个公共点,而且这时 $l+k\geqslant n$, 则它们相交于维数不低于 $l+k-n$ 的平面.

作为特别情形, 由此得出, 三维空间中的两个平面假如不重合也不平行, 就相交于一条直线($n=3$, $l=2$, $k=2$, $l+k-n=1$). 但是在四维空间中, 两个二维平面可以只有一个公共点. 举例说, 由方程组

$$\begin{matrix} x_1=0 \\ x_2=0 \end{matrix}\Big\} \quad 和 \quad \begin{matrix} x_3=0 \\ x_4=0 \end{matrix}\Big\}$$

给定的两个二维平面就相交于有坐标 $x_1=0$, $x_2=0$, $x_3=0$, $x_4=0$ 的唯一的点.

所说定理的证明非常简单: l 维平面由 $n-l$ 个方程给定; k 维平面由 $n-k$ 个方程给定; 交点的坐标应该同时满足所有 $(n-l)+(n-k)=n-(l+k-n)$ 个方程. 如果没有一个方程是其余方程的推论, 则按照平面的定义, 在相交处的是一个 $l+k-n$ 维平面;

―――――――――

1) 在 x_i 中的这 k 个变数,一般说来不能随便选取. 举例说,在方程组 $x_1+x_2+x_3=0$, $x_1-x_2-x_3=0$ 中, x_1 的值是唯一确定的: $x_1=0$, 因而 x_2 和 x_3 显然就不能选取. 但是可以断定,从 x_i 中总可以选取必要的 k 个.

在相反的情形下得到的是更大维数的平面.

对于上面的两个定理还可以补充两个定理.

3) 在每个 k 维平面上至少有 $k+1$ 个不在较低维数的平面上的点. 在 n 维空间中至少有 $n+1$ 个不在任何一个平面上的点.

4) 如果直线与(任何维数的)平面有两个公共点, 则它整个处在这个平面上. 一般地, 如果 l 维平面与 k 维平面有 $l+1$ 个公共点不在 $l-1$ 维平面上, 则它就整个处在这个 k 维平面上.

我们注意到, n 维几何可以从公理出发而建立, 这些公理是 §5 里表述的公理的推广. 在这种观点下, 上面所说的四个定理就采用作为结合公理. 这正好表明公理的概念是相对的: 同一个断言在一种理论结构下是定理, 在另一种结构下可以是公理.

4. 我们得到了关于多维空间的数学概念的一般观念. 为了说明这个概念的现实的物理意义, 我们重新回到图象表示的问题. 例如我们希望表示气体压力对容积的相关性. 我们在平面上取坐标轴, 而且在一条轴上表出容积 v, 而在另一条轴上表出压力 p. 在这种约定下, 压力对容积的相关性就由某条曲线表出(根据熟知的**波义耳-马利奥特定理**, 在一定温度下对于理想气体这曲线是双曲线). 但是如果我们有更复杂的物理体系, 它的情况已经不是由两个条件(例如在气体情形的容积和压力)给定, 而是由譬如五个条件给定, 则它的状况的图象表示对应地就引向五维空间的观念了.

例如设谈的是三种金属的合金或者三种气体的混合. 混合物的情形由四个条件决定: 温度 T, 压力 p 和两种气体的百分含量 c_1, c_2 (第三个气体的百分含量将由于全部百分含量等于 100% 而决定, 因而 $c_3 = 100 - c_1 - c_2$). 因此这种混合物的状况由四个条件决定. 它的图象表示不是需要联合几个图表, 就是必须把这个状况设想成具有四个坐标 T, p, c_1, c_2 的四维空间的点. 这种想法确实在化学里利用了; 美国学者吉卜斯和苏联物理化学家库尔纳可夫院士的学派就研究了在化学问题里运用多维几何的方法. 在这里引入多维空间表明了保留方便的几何类比的倾向和从简单的图象表示方法出发的想法.

我们再从几何领域里引一个例子．球体由四个条件给定：球心的三个坐标和半径，所以球体可以看作四维空间里的点．因而将近四十年前由某些数学家所建立的球体的特殊几何可以看作是某种四维几何．

以上都说明了引入多维空间概念的一般的现实基础．如果某个图形或某个体系的状况等由 n 个条件给定，则这个图形、这种状况等就可以理解成某个 n 维空间的点．这种想法的好处就象普通的图象的好处一样：它们提供了在研究所讨论的现象时应用熟知的几何类比和方法的可能性．

因此在多维空间的数学概念里没有任何神秘之处．它只不过是数学家们所拟定的某个抽象概念，以便用几何的语言来叙述那些不能作普通意义下的简单几何表示的事物．这个抽象概念有十分现实的基础，它反映了现实而且是为科学的需要而产生的，因而并非无聊的概念游戏．它反映出的事实是：存在着由若干个条件决定的事物（例如球体或三种气体的混合物），因而所有这种事物的集合是多维的．在已知情形里的维数正是这些条件数．就象点在空间中移动时它的三个坐标都改变一样，球体在移动、扩大和缩小时改变它的四个"坐标"，即改变决定它的四个量．

在以下几段里我们还要谈到多维几何．而本段的要点在于说明它是叙述现实事物和现象的数学方法．关于我们的现实空间处在那种四维空间之中的观念——被某些小说家和心灵论者所利用的观念，是与四维空间的数学概念毫无关系的．如果在这里可以说到与科学的关系，那也只不过是科学概念的荒唐的曲解罢了．

5. 上面已经说过，多维空间的几何学最初是通过把普通的解析几何形式地推广到任意个变数而建立的．但是事情的这种处理，数学家们是不能完全满意的．要知道目的不仅在于推广几何概念，而且在于推广几何的研究方法．因而不依赖于解析工具而给出 n 维几何的纯几何的叙述就有了其重要性．这最先是由瑞士数学家史雷夫里在 1852 年做到的，他在他的工作中讨论了多维空间的正多面体的问题．当然，史雷夫里的工作没能得到同时代人的评价，

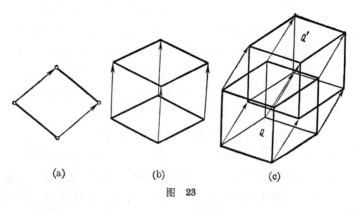

(a)   (b)   (c)

图 23

因为要理解它在某种程度上必须提高到几何学的抽象见解的高度上. 唯有数学的进一步发展才把这个问题完全弄清楚了，而且详尽地说明了解析的和几何的处理的相互关系. 由于没有可能深入这个问题，我们现在只举出 n 维几何的几何叙述的几个例子. 我们来讨论 n 维立方体的几何定义. 在平面上让线段向着垂直于它的方向移动一段等于它的长度的距离，我们就画出了正方形，即二维立方体(图 23 a). 完全同样地，让正方形向着垂直于其平面的方向移动一段等于其边长的距离，我们就画出一个三维立方体(图 23 b). 为了得到四维立方体，可以应用同样的作图：在四维空间里取一个三维平面和在其中的一个三维立方体，我们让这个立方体向着垂直于这个三维平面的方向移动一段等于棱长的距离(按照定义，直线垂直于 h 维平面，假如它垂直于处在这个平面上的每一条直线)，这个作图假定如图 23 c 所画. 图上画着两个三维立方体 Q 和 Q'——在最初位置和最终位置的已知立方体. 连结这两个立方体的对应顶点的线画成这样的线段，立方体的顶点就是沿着它们而移动的. 我们看到，四维立方体一共有 16 个顶点：立方体 Q 的八个顶点和立方体 Q' 的八个顶点. 其次，它有 32 条棱：变动的三维立方体在最初位置 Q 的 12 条棱和它在最终位置 Q' 的 12 条棱，还有 8 条"侧面的"棱. 它有 8 个三维面，这些面本身是立方体. 在三维立方体移动时它的每个面都画出一个三维立方体，因而得到 6 个立方体——四维立方体的侧面，此外它还有两个面：对应于变动的立方体的最初位置和最终位置的"前部的"面和"后部的"面。最后，四维立方体还有总数 24 个二维正方形面：立方体 Q 和 Q' 各有 6 个，还有 12 个是由立方体 Q 的棱在移动时画出的。

总之，四维立方体有 8 个三维面, 24 个二维面, 32 个一维面 (32 条棱)，最后还有 16 个顶点；每个面都是对应维数的"立方体"：三维立方体, 正方形, 线段, 顶点 (它可以看做零维立方体)。

同样地，让四维立方体"向第五维"移动，我们得到五维立方体, 而且只要重复这个作图, 就可以作出任何维数的立方体。n 维立方体的所有的面本身是较低维数的立方体：$n-1$ 维的、$n-2$ 维的等等, 最后是一维的, 即是棱。n 维立方体在每一维数有多少个面这个问题是一个有趣的和不难的问题。容易肯定, 它有 $2n$ 个 $n-1$ 维面和 2^n 个顶点。试问它有多少条棱？

我们再来讨论 n 维空间的一个多面体。在平面上的最简单的多边形是三角形——它有最小可能的顶点数。为了得到有最小顶点数的多面体, 只要取不在三角形平面上的一个点, 而且用线段连结它与这个三角形的每个点。得出的线段填满一个三棱锥 (图 24)。为了得到四维空间里的最简单的多面体, 我们这样地进行讨论。取某个三维平面和在其中的一个四面体 T。然后取不在已知三维平面中的一个点, 我们用线段连结它与四面体 T 的每个点。在图 24 的最右边假定画着这个作图。连结点 O 与四面体 T 的点的每一个线段, 与四面体都没有别的公共点, 因为否则它就将完全处在包含 T 的三维空间中了。所有这种线段是"引向第四维的"。它们填满了一个四维多面体——所谓四维单纯形。它的三维面是四面体：一个在底部, 还有 4 个是在底的三个二维面上的侧面, 一共是 5 个面。它的二维面是三角形, 一共有 10 个：四个在底部, 还有六个侧面。最后, 它有 10 条棱和 5 个顶点。

重复这种作图, 我们可以对于任何维数 n 得到最简单的 n 维多面体——所谓 n 维单纯形。从作图看出它有 $n+1$ 个顶点。可以肯定, 它的所有的面都是较低维数的单纯形：$n-1$ 维的, $n-2$

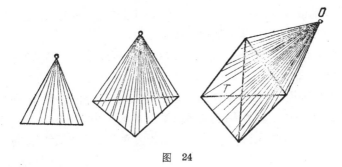

图　24

维的, 等等[1].

棱柱和棱锥的概念也容易推广. 如果我们让多边形从平面向第三维作平行移动, 则它就画出一个棱柱. 同样地, 让三维多面体向第四维移动, 我们就得到四维棱柱(假定这是如图 25 所画的). 四维立方体显然是四维棱柱的特殊情形.

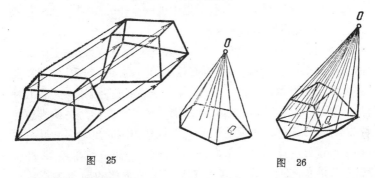

图　25　　　　　　　　　图　26

棱锥用下列方法作出. 取多边形 Q 和不在多边形平面上的点 O. 用线段连结多边形 Q 的每个点和点 O, 这些线段填满一个具有底部 Q 的棱锥(图 26). 同样地, 如果在四维空间中给了三维多面体 Q 和不与它在同一个三维平面上的点 O, 则连结多面体 Q 的点

---

1) 单纯形的任何 m 个顶点决定"张在它们之上"的 $m-1$ 维单纯形: 已知 n 维单纯形的 $m-1$ 维面. 所以 n 维单纯形的 $m-1$ 维面的个数就等于从它的所有 $n+1$ 个顶点中取 m 个的组合数, 即等于

$$C_{n+1}^m = \frac{(n+1)!}{m!(n-m+1)!}.$$

与点 O 的线段填满一个具有底部 Q 的四维棱锥. 四维单纯形不是别的, 正是以四面体为底的棱锥.

完全同样地, 从 $n-1$ 维多面体 Q 出发可以定义 n 维棱柱和 n 维棱锥.

一般地说, n 维多面体是 n 维空间的一部分, 它以有限个 $n-1$ 维平面的小块为界; k 维多面体是 k 维平面的一部分, 它以有限个 $k-1$ 维平面的小块为界. 多面体的面本身是较低维数的多面体.

n 维多面体的理论是普通的三维多面体的理论的富有具体内容的推广. 在一系列的情形里, 关于三维多面体的定理可以没有特别困难地推广到任何维数的情形, 但是也有一些问题, 它对于 n 维多面体是非常难以解决的. 其中可以提出沃洛诺依 (1868—1908) 的深入研究, 那是在与数论问题的联系中产生的; 苏联几何学家们继续了这些研究. 这些问题中的一个——所谓"沃洛诺依问题"——一直还没有完全解决[1].

在不同维数的空间之间有着本质的差别, 这可以举正多面体为例. 在平面上, 正多边形可以有任意的边数. 换句话说, 存在着无穷多种不同形状的正"二维多面体". 三维正多面体一共有五种形状: 四面体, 立方体, 八面体, 十二面体和二十面体. 在四维空间里有六种正多面体, 但是在任何更大维数的空间里它们一共只有三种了. 这三种是: 1) 四面体的同类物——正 n 维单纯形, 即各棱都相等的单纯形; 2) n 维立方体; 3) 八面体的同类物, 它可以用下列方法作出: 取立方体各面的中心作为这个多面体的顶点, 而它就张在这些顶点上. 在三维空间的情形, 在图 27 上画着这个作图. 我们看到, 对于正多面体说, 二维、三维和四维空间占有独特地位.

---

1) 指的是寻求这样的凸多面体, 把它们平行地沿着整个面放置而可以铺满整个空间. 在三维空间的情形, 这个问题由于结晶学的需要而由费德洛夫提出和解决了; 沃洛诺依和它的后继者们把同一个问题推广到 n 维空间的情形, 但是只是对于二维、三维和四维空间, 这个问题才得到最终的解决.

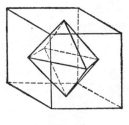

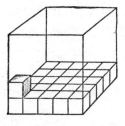

图 27   图 28

6. 我们再来讨论 n 维空间里的体积的问题. n 维立体的体积可以像在普通几何里那样地决定. 体积就是用来比较图形的数值特征, 并且在体积上要求两点: 1) 相等的立体有相等的体积, 即体积在图形作为刚体而移动时不改变; 2) 当一个立体从两个立体相加而成时, 它的体积等于它们的体积之和. 采用作为体积单位的是棱长等于 1 的立方体. 这以后就可以确定棱长为 a 的立方体的体积等于 a^n. 像在平面上和在三维空间中那样, 可以做到用一层一层的立方体来铺满一个立方体(图 28). 因为现在是向着 n 个方向放置立方体, 所以总数是 a^n.

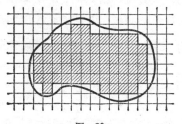

图 29

为了决定任何 n 维立体的体积, 人们把它近似地换成由非常小的 n 维立方体堆成的立体, 就像在图 29 上把平面图形换成由正方形组成的图形一样. 立体的体积就定义为这种阶梯状立体当组成它们的立方体无限制地变小时的极限.

完全同样地可以定义处在某个 k 维平面上的 k 维图形的 k 维体积. 从体积的定义容易得出它的一个重要性质: 当立体相似地变大时, 如果它的所有线性尺度都扩大到 λ 倍, 则 k 维体积扩大到 λ^k 倍.

如果立体剖分成平行的各层, 则它的体积就是各层体积的和

$$V = \sum V_i.$$

每一层的体积可以近似地表示成它的高 Δh_i 乘上对应截面的 $n-1$ 维体积("面积")S_i. 结果整个立体的体积就可以近似地表示成一个和式

$$V \approx \sum S_i \Delta h_i.$$

在所有 $\Delta h_i \to 0$ 时过渡到极限, 我们得用积分表示的体积

$$V = \int_0^H S(h) dh, \tag{9}$$

这里 H 是立体在垂直于所作截面的方向上的伸展度.

这完全类似于在三维空间中计算体积. 举例说, 棱柱的所有截面都相等, 因此截面的"面积"S 与 h 无关. 所以对于棱柱有 $V = SH$, 即棱柱的体积等于底"面积"和高的乘积. 我们再来决定 n 维棱锥的体积. 设给了具有高度 H 和底面积 S 的棱锥. 我们用平行于底面而且与顶点相距 h 的平面与它相截. 截下的是高 h 的一个棱锥. 我们把它的底面积记做 $s(h)$. 这个较小的棱锥显然与原来的相似: 它的所有尺度缩小的程度与 h 小于 H 的程度相同, 即缩小到 $\dfrac{h}{H}$. 因而它的底面的 $n-1$ 维体积(即"面积")就等于

$$S(h) = \left(\frac{h}{H}\right)^{n-1} S,$$

因为一个 $n-1$ 维图形在线性尺度改变 λ 倍时, 它的体积要乘上 λ^{n-1}.

根据公式(9), 整个棱锥的体积等于

$$V = \int_0^H S(h) dh,$$

于是

$$V = \int_0^H S \left(\frac{h}{H}\right)^{n-1} dh = \frac{S}{H^{n-1}} \int_0^H h^{n-1} dh$$

$$= \frac{S}{H^{n-1}} \cdot \frac{H^n}{n} = \frac{1}{n} SH,$$

即 n 维棱锥的体积等于底"面积"($n-1$ 维体积)乘高的乘积的 $\dfrac{1}{n}$. 当 n 等于 2 或 3 时, 我们就得到作为特别情形的熟知结果: 三角形

的面积(二维体积)等于底乘高的乘积的一半，三维棱锥的体积等于底面积乘高的乘积的三分之一.

球体可以近似地看做由具有公共顶点在球心处的很细的棱锥组成.这些棱锥的高都等于半径 R,而它们的底面积 σ_i 加起来则近似地等于整个球面 S. 因为每个棱锥的体积等于 $\frac{1}{n} R\sigma_i$, 所以在把这些体积加起来后,我们得到球体的体积

$$V \approx \frac{1}{n} R \sum \sigma_i \approx \frac{1}{n} RS.$$

在极限情形这给出精确的公式: $V = \frac{1}{n} RS$, 即球体的体积等于半径乘球面的乘积的 $\frac{1}{n}$. 当 n 等于 2 或 3 时, 这公式是大家熟知的[1].

让我们指出球的一个重要性质,一般说来,这在 n 维空间的情形可以像在三维空间的情形完全一样地证明: 在体积一定的所有立体中间, 球体(也唯有球体)有最小的表面体.

7. 我们在上面只谈到 n 维空间的初等几何,但是在其中也可以展开"高等"几何,例如曲线和曲面的一般理论. 在 n 维空间里的曲面可以有各种的维数: 一维"曲面"即曲线,二维曲面,三维曲面,…,最后是 $n-1$ 维曲面. 曲线可以定义为这种点的轨迹,点的坐标连续地依赖于某个变数——参数 t

$$x_1 = x_1(t), \ x_2 = x_2(t), \ \cdots, \ x_n = x_n(t).$$

曲线正是点在 n 维空间中随 t 的改变而移动的点的轨线. 如果我们的空间是为了表示某个物理体系的情况的,就像在第 4 段里所说的那样,则曲线将表出情况的连续顺序,或者是与参数 t(例如时间)有关的情况改变过程. 这就推广了利用曲线表达情况改变过程的普通的图象表示.

n 维空间里的曲线在每个点处不仅有切线("一维密切平面"),

---

1) 球体的体积的计算也可以应用公式(9)来实行; n 维球体的截面是 $n-1$ 维球体,因而 n 维球体的体积可以通过从 $n-1$ 到 n 的过程来计算.

而且还有从 2 到 $n-1$ 的所有各维密切平面. 这些平面中 每一个的旋转速度对曲线长度的增长速度的比值给出对应的曲率. 因此, 曲线有从一维到 $n-1$ 维的 $n-1$ 个密切平面和对应 的 $n-1$ 个曲率. 在 n 维空间里的微分几何显得比三维空间大为复杂, 所以我们没有可能在这里谈曲面的理论.

到此为止, 谈的都是直接推广普通的欧几里得几何的 n 维几何. 但是我们已经知道, 除欧几里得几何外, 还存在罗巴切夫斯基几何, 射影几何和其他的几何, 这些几何也很容易推广到任意的维数.

§8. 几何对象的推广

1. 在上一节里说到关于 n 维空间的现实意义时, 我们已经密切地接近了关于推广几何对象的问题, 接近了关于数学中一般的空间概念的问题. 但是在给出相应的普遍定义之前, 让我们再来讨论一些例子.

经验表明, 正常人的视觉是三色的(这是罗蒙诺索夫最先指出的), 即每一种颜色感觉——颜色 II——是三种基本的感觉的合成: 红色 K, 青色 3 和蓝色 C, 它们分别具有一定的强度[1]. 把以某种单位计算的这些强度记做 x, y, z, 就可以 写成 $II = xK + y3 + zC$. 就像点在空间中可以从上到下、从右到左、从前到后地移动那样, 颜色的感觉——颜色 II——也可以连续地随着组成它的红色、青色和蓝色部分的改善而向着三个方向改变. 所以按照类比就可以说, 所有颜色的集合是"三维的颜色空间". 强度 x, y, z 起着点——颜色 II 的坐标的作用. (与普通坐标的一个重要的不同在于强度不能是负的. 当 $x = y = z = 0$ 时我们得到完全的黑色, 它

---

1) 谈到的是颜色的感觉而不是光线. 颜色的感觉也是客观的现象——光线的作用. 同一个色感可以由不同的光波引起. 举例说, 青色不仅可以从光谱上纯粹的青光得到, 还可以从红光和蓝光的混合而得到. 另一方面, 患有 "色盲"的人(色盲者)只有两种基本的色感; 而在 "完全色盲"的情形, 就会只有一种基本的色感, 这是极为稀少的.

对应于完全没有光线.)

颜色的连续改变可以表示成"颜色空间"中的曲线，譬如虹霓的颜色就组成一条这种曲线；颜色曲线还表示由均匀色彩的对象在光线亮度连续改变下所引起的一系列的色感. 在这情形里改变的只是色感的强度，它的"色度"保留不变.

然后，如果给了两种颜色，例如红色 K 和白色 B，则把它们按不同的比例混合后[1)]，我们就得到从 K 到 B 的颜色的连续序列，它可以叫做线段 KB. 关于玫瑰色处在红色和白色之间的观念是有明白的意义的.

因此，在"颜色空间"里产生了关于最简单的几何图形和关系的概念. "点"是颜色，"线段"AB 是由颜色 A 和 B 混合而得到的各种颜色的集合；"点 D 在线段 AB 上"则表示颜色 D 是颜色 A 和 B 的混合. 三种颜色的混合给出平面块——"颜色三角形". 这一切都可以利用颜色的坐标 x, y, z 而写成解析式子，并且给定颜色直线和颜色平面的公式完全类似于普通解析几何里的公式[2)].

在颜色空间里，欧几里得几何的关于点和线段的位置的关系成立，关于这些关系的学问组成了仿射几何，因而可以说在所有可能的色感的集合里实现了仿射几何.（当然这并不完全正确，因为已经说过，颜色的坐标 x, y, z 不能是负的，所以颜色空间只对应于这样一部分空间，那里在已知坐标系里点的所有坐标都是正数或零.）

其次，我们有着关于颜色的差异程度的观念. 譬如说，明显地，淡玫瑰色比深玫瑰色更接近于白色，紫红色比蓝色更接近于红色，等等. 因此，我们有了关于颜色之间的距离作为它们的差异程度的定性的概念. 这种定性的概念可以给以定量的测度. 然而像在欧几里得几何里那样按照公式

---

1) 在色感保留不变的条件下以不同的比例混合极细的颜色粉，就可以得到这种混合色.

2) 举例说，如果颜色 $\varPi_0$ 和 $\varPi_1$ 由强度——坐标 x_0, y_0, z_0 和 x_1, y_1, z_1 决定，则处在 $\varPi_0$ 第 $\varPi_1$ 之间的颜色 $\varPi$ 就有坐标 $x=(1-t)x_0+tx_1, y=(1-t)y_0+ty_1, z=(1-t) \cdot z_0+tz_1$，这里 t 是颜色 $\varPi_1$ 在形成颜色 $\varPi$ 的混合物里的成分，$1-t$ 是颜色 $\varPi_0$ 的成分.

$$r = \sqrt{(x_0-x_1)^2 + (y_0-y_1)^2 + (z_0-z_1)^2}$$

来决定颜色之间的距离是不自然的．这样定义的距离不对应于现实的色感；在这种定义下将会得到一系列这种情况，与已知颜色有不同的差异程度的两种颜色，处在离它相同距离的地方．距离的定义应该反映出色感之间的现实关系．

因此，在颜色空间中要引出独特的测量距离法．这可以用下列方式做到．

当颜色连续地改变时，人们并不立刻感觉到这个改变，而要等到它达到某种程度，达到所谓区别阶段时．因此可以认为，恰好与已知颜色距离一个区别阶段的所有颜色都与已知颜色等距离．于是，我们自然就得出这样一个结论：在任何两种颜色之间的距离应该用正好可以插入它们之间的区别阶段的最小数来量出．颜色曲线的长度就用在这曲线上共有多少这种阶段来量出．两种颜色之间的距离由连结它们的最短线的长度决定．这就像曲面上的两点之间的距离用连结它们的最短线的长度量出一样．

因此，在颜色空间里的长度和距离是用很小的（如同无限小的）一步步来量出的．

结果在颜色空间里可以定义某种独特的非欧几里得几何．这个几何有十分现实的意义：它以几何的语言描述了颜色集合的性质，即光线的刺激对眼睛的作用的性质．

关于颜色空间的概念在将近一百年前就产生了．研究了这个空间的几何学的有很多物理学家，其中可以举出例如赫尔姆霍尔茨和马克斯维尔．这些研究还在继续着；它们不仅有理论价值，而且有实用价值．对于解决区别信号颜色的问题、纺织工业里的染色问题等等，这些研究给出了精确的数学原理．

2．我们来讨论在上一节里已经谈到过的另一个例子．

设我们研究某个物理化学体系，譬如气体的混合物、合金等等．设这个体系的状况由 n 个量决定（例如气体混合物的状况由压力、温度和组成它的气体的浓度决定）．那末就说这体系有 n 个自由度，这表示它的状况可以随着每一个决定这种状况的量的改

变而向 n 个独立的方向变动. 这些决定体系的状况的量就起着它的坐标的作用. 因而它的所有状况的集合可以看作 n 维空间——体系的所谓相空间.

状况的连续改变, 即在体系里发生的过程, 在这个空间中由曲线表出. 由这种或那种标志分出的状况的各别区域是相空间的区域. 隔开两个区域的状况组成这空间中的曲面.

在物理化学里特别重要的是体系的相空间的那样一些区域的形状和相互邻接, 这些区域定性地对应于不同的状况. 隔开这些区域的曲面, 对应于这种定性过程, 例如溶解、蒸发、沉淀物的沉淀等等. 具有两个自由度的体系的状况由平面上的点表出. 可以取均匀物质作为例子, 这种均匀物质的状况由压力 p 和温度 T 决定; 它们就是表示状况的点的坐标. 于是问题就化成划分区域的曲线, 这些区域定性地对应于不同的状态. 譬如在水的情形, 这种区域就是冰、液体水和蒸气的区域(图30). 隔开它们的曲线对应于溶解(凝固), 蒸发(凝结), 冰的升华(蒸气中冰晶的降落).

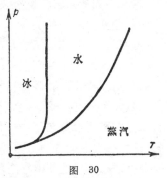

图 30

在研究多个自由度的体系时要用到多维几何的方法.

相空间的概念不仅在物理化学里应用, 还在力学体系里应用, 一般说来它可以在任何体系里应用, 只要这种体系的可能的状况组成一个连续集合. 在气体运动的理论里, 可以讨论例如物质微粒——气体分子的体系的相空间. 一个微粒的运动状况在每一时刻都由它的位置和速度决定, 这就给出了六个量: 三个坐标和速度的三个分量(沿三个坐标轴分解的). N 个微粒的状况由 $6N$ 个量给定, 而且因为分子非常多, 所以 $6N$ 是非常大的数. 这并不使物理学家在说到分子体系的 $6N$ 维相空间时感到任何微小的混乱.

在这个空间里的点表示具有各自的坐标和速度的分子全部的

状况．点的移动表示状况的改变．这种抽象的观点在很深入的理论推导里显得是非常便利的． 总之，相空间的概念已经牢牢地进入严密的自然科学的武器库而且应用在各种各样的问题里．

3. 以上所引的例子已经足以导向如何推广几何对象的结论．

设我们要研究这种或那种对象、现象或者状况的某个连续集合，例如所有颜色的集合或者分子组的状况的集合．在这种集合里存在的关系可以显得与普通的空间关系相类，例如颜色之间的"距离"或者相空间的区域的"相互位置"．在这种情况下，抛弃了被研究的对象的定量的特性而且只考虑它们之间的这些关系，我们可以把已知集合看作一种空间．这个"空间"的"点"就是这种对象、现象或者状况．在这种空间里的"图形"就是它的点的任何集合，例如虹霓颜色的"曲线"或者在水的状况"空间"里蒸气的"区域"．这种空间的"几何"就定义为在已知对象、现象或者状况之间存在的那些空间相类的关系．譬如说，颜色空间的"几何"就由颜色混合的规律和颜色之间的距离决定．

这种观点的现实意义在于，它使我们能够在研究各种各样的现象时利用抽象几何的概念和方法．因此，几何概念和方法的应用范围是大大地推广了．空间概念推广的结果，"空间"这个术语在科学里有了两重意义：一方面，这是普通的现实空间——物质存在的普遍形式；另一方面，这是"抽象空间"——某一类对象（现象、状况等等）的集合，在其中存在着空间相类的关系．

应该指出，如果我们对空间观念作若干简化，普通的空间也可以理解成某种状况的集合．那就是说，它可以理解成极其微小的物体——"质点"的所有可能的位置的集合．这个附注并非要求给出空间的定义，但是却以更清楚地指出两种空间概念的关系为目的．抽象空间的概念我们在下面还要说明，而关于抽象几何对普通的现实空间的关系则将在本章最后一节里谈到．

4. 抽象空间的概念在数学本身之中有着最广泛的应用．在几何学里大家讨论着这种或那种图形的"空间"，例如我们已经提到过的"球体空间"、"直线空间"等等．

特别地,这个方法显得在多面体理论里格外有用. 举例说, 在第七章§5(第二卷)里曾经提到过关于具有已知展开图的凸多面体存在的定理. 这个定理的证明就基于两个"空间"的讨论:"多面体空间"和"展开图空间". 把具有已知顶点数的凸多面体的集合看做一种空间, 其中的点表示多面体; 可能的展开图的集合对应地也解释成一个空间, 其中的点表示展开图. 用展开图粘成多面体就可确立多面体和展开图之间的对应, 即在"多面体空间"和"展开图空间"的点之间的对应. 问题就成为证明每个展开图都有多面体与它对应, 即一个空间的每个点都有另一个空间的点与它对应. 这正好可以用拓扑学的方法来证明.

同样地可以证明一系列别的关于多面体的定理, 并且这个"抽象空间的方法"在一系列的情形里(例如在具有已知展开图的多面体存在的定理里)显得是在这种定理的已知证明方法中最简单的. 但是可惜这个方法还十分复杂, 而且我们在这里也不能给出关于它的更精确的观念.

广义的空间概念还在分析、代数和数论里有着广泛的应用. 这首先是函数用曲线的普通表示. 一个变数 x 的值通常对应于直线上的点. 同样地, 两个变数的值对应于平面上的点, n 个变数的值对应于 n 维空间的点; 变数的一串值 $x_1, x_2, \cdots, x_n$ 表示具有坐标 $x_1, x_2, \cdots, x_n$ 的点. 大家说到这些变数的函数 $f(x_1, x_2, \cdots, x_n)$ 的"变数改变的区域"或者"定义区域"; 说到函数的间断点、曲线或曲面, 等等. 这种几何语言经常被使用着, 而且这不仅仅是表示的方法; 几何表示使分析的许多事实有了类似于普通空间的"直观性", 而且使得有可能应用推广到 n 维空间的几何证明方法.

在代数里谈到 n 个未知数的方程或者 n 个变数的代数函数时有着同样的情况. 在上一段里指出过, n 个未知数的线性函数在 n 维空间里决定平面, m 个这种方程决定 m 个平面, 而它们的每一个解表示所有这些平面的一个公共点. 若干个平面可以完全不相交, 可以相交于一个点, 可以相交于一条直线, 可以相交于一个二维平面以至一般的 k 维平面. 关于线性方程组是否有解的问题被表示为平面是否相交的问题. 这种几何的处理有一系列的优越性. 一般地说, 包含着关于线性方程和线性变换的学问的"线性代数", 通常在很大程度上是几何地叙述的, 在第十六章里就是这样做的.

5. 在所讨论的一切例子里都提到, 这种或那种对象的连续集合被解释成某种空间. 这些对象可以是颜色、这种或那种体系的状况、图形、变数值的全体. 在所有的情形里, 对象都由有限个条件给定, 因而对应的空间有对应于等于这些条件数的有限的维数.

然而在本世纪初, 在数学里开始讨论"无穷维的空间", 即这样一种对象的集合, 其中每一个对象都不能用有限个条件给定. 这首先是"泛函空间".

把函数的集合解释成某种空间的想法是分析学的新分支——泛函分析的基本思想之一, 而且在解决很多问题时显得是非常有效的. 读者将会在专门讲述泛函分析的第十九章里得到这个观念.

可以讨论一个或几个变数的连续函数. 也可以把各种间断函数的类看做"空间", 用与从属于问题的解的特征有关的某种方法定义函数之间的距离. 总之, 可能的"泛函空间"的个数是无限制的, 而且在数学里确实研究着很多这种空间.

完全同样地可以讨论"曲线空间"、"凸体空间"、"已知力学体系的所有运动的空间"等等. 在第七章 §5(第二卷)里曾经提到过这样一些定理, 在每一个闭凸曲面上至少存在三条闭测地线和每两个点都可以用无穷多条测地线连结它们. 在证明这些定理时利用到曲面上的曲线空间: 在第一个定理里是闭曲线的空间, 在第二个定理里是连结两个已知点的曲线的空间. 在连结两个已知点的所有曲线的集合里引进它的一种距离, 用这种方法就使这个集合变成了空间. 定理的证明基于拓扑学的一些深入的结果对这空间的应用.

现在让我们来表述一般的结论.

在数学里所谓"空间"一般地是指某种对象(现象、状况、函数、图形、变数的值等等)的任何集合，在这种对象之间有着类似于普通空间关系的关系(连续性、距离等等)．这时把对象的已知集合看作空间，除掉那些决定所考虑的空间相类关系的性质以外，抛弃了这些对象的所有性质．这些关系决定那种可以称为空间的结构或者"几何"的东西．对象本身占有这种空间的"点"的地位；"图形"是这空间的点的集合.

组成已知抽象空间的几何学的对象的是空间和其中的图形的那样一些性质，它们由所考虑的空间相类的关系决定．例如在讨论连续函数的空间时就完全不必研讨个别函数本身的性质．函数在这里只不过是点，因此"没有部分"，在这意义下除它与别的点的关系外没有任何结构，也没有任何性质；确切地说，这一切都被抛弃了，在泛函空间决定函数的性质的只是它们彼此间的关系——它们的距离和可以从距离导出的其他的关系.

对应于可能的对象集合的多样性和它们之间的各种关系的是在数学里研究的无限多的各种各样的空间．空间可以按照空间相类关系的类型来分类，这种关系是作为它们的定义基础的．我们不预备罗列抽象空间的一切不同样的类型，首先来提出两种最重要的类型：拓扑空间和度量空间.

6. 拓扑空间(参看第十八章) 是指任何元素——点的任何集合，在其中定义了一个点对于点集合的接触关系和对应地两个集合(图形)彼此接触或邻接的关系．这是在普通空间里图形的直观上明显的接触或邻接关系的推广.

罗巴切夫斯基就曾以杰出的智慧指出过，在图形的所有关系之中，最基本的是接触关系．"接触形成立体的特殊的属性，而且我们只保留立体的这个性质，而在论证中不考虑所有其他的性质(不管是实有的或例外的)，那时我们就把立体叫做几何体"[1]．举例说，圆周上的任意点邻接于圆的所有内点的集合；连通的整个立体的两部分彼此邻接. 拓扑学的进一步发展指明，接触性质正是所

---

1) 罗巴切夫斯基选集(Н. И. Лобачевский, Собрание сочинений)，第二卷，1949年版，第168页.

·155·

有其余的拓扑性质的基础.

接触概念表示了关于点对集合的无限接近的观念. 因而任何对象的每一个集合, 只要在其中有着关于连续性、关于无限接近的自然概念, 就是一个拓扑空间.

拓扑空间的概念是非常普遍的, 而关于这种空间的学问——抽象拓扑学——不是别的, 正是关于连续性的最普遍的数学分支.

一般的拓扑空间的严格的数学定义可以用下列方式给出.

一般的拓扑空间是指任何元素——"点"的集合 R, 假如在这集合中对于包含在其中的每个集合 M 都定义了接触点, 使得下列条件——公理成立:

1) 集合 M 的每个点都算做它的接触点. (认为一个集合与它的每个点接触是十分自然的.)

2) 如果集合 M_1 包含着集合 M_2, 则 M_1 的接触点的集合显然包含 M_2 的所有接触点. (简单地, 但是不大精确地说, 较大的集合不会有较少的接触点.)

在用这种方法定义某种类型的拓扑空间时, 通常还要对于这两个公理添加其他的公理.

利用接触概念容易定义一系列重要的拓扑概念. 这些概念也都是几何学的最基本和最普遍的概念, 它们的定义显得十分直观明白. 我们来举一些例子.

1) 集合的邻接 我们说集合 M_1 和 M_2 彼此邻接, 假如其中一个集合至少包含另一个集合的一个接触点. (在这个意义下, 例如圆周就邻接于圆的内部.)

2) 图形的连续性或者(像数学家们所说的)**连通性** 图形(即点集合) M 叫做连通的, 假如它不能分裂成两个彼此不邻接的部分.(举例说, 线段是连通的, 而去掉中点的线段是不连通的.)

3) 边界 集合 M 在空间 R 里的边界是指所有这种点的集合, 这些点既邻接于 M 本身, 又邻接于 M 的补集 $R-M$, 即空间 R 的其余的部分. (这显然是十分自然的边界的概念.)

4) 内点 集合 M 的点叫做内点, 假如它不在它的边界上, 即如果它不邻接于 M 的补集 $R-M$.

5) 连续映射或连续变换 集合 M 的变换叫做连续的, 假如它不破坏接触性. (大概不能给出连续变换的更自然的定义了.)

除此之外还可以列上其他重要的定义, 例如图形序列收敛于已知图形的概念或关于空间的维数的概念等等的定义.

我们看到, 通过接触性可以定义最基本的几何概念. 特别地, 拓扑学的意义在于: 它给出这些概念的严格的普遍定义, 给出严格地应用与直觉地清楚的连续性有关的想法的基础.

拓扑学是关于空间、其中的图形和它们的变换的那样一些性质的学问, 它们是用接触关系来定义的.

这个关系的普遍性和基本性使拓扑学成为最一般的几何理论, 它到处地深入到数学的各个领域, 只要那里提到连续性. 而正是由于它的普遍性, 拓扑学在其最抽象的部分已经在实质上超出了几何学的范围. 不过它的基础终究还是现实空间的性质的推广, 而且它的最有用的和有力的结果联系着从直观的几何观念里来的方法的应用. 举例说, 用多面体逼近一般图形的方法, 就由 П. C. 亚历山大洛夫发展了, 而且被他推广(虽然是以抽象的形式)到拓扑空间的非常一般的类型.

目前不论是研究什么对象的任何专家都发现了, 只要对于他说可以用十分自然的方式引入邻近、邻接的概念, 立即就在手边得到现成的、细致分支的拓扑工具, 用来做出甚至在它们的特殊现象里也远非显然的结论.

7. 度量空间 是指任意元素——点的集合, 在这种点之间定义了距离, 即每对点 X, Y 都有与它们对应的数 $r(X, Y)$, 使得下列条件——度量空间的公理成立:

1) $r(X, Y)=0$, 当且仅当点 X, Y 重合时.

2) 对于任何三个点 X, Y, Z,

$$r(X, Y)+r(Y, Z) \geqslant r(Z, X).$$

这个条件叫做"三角形不等式", 因为它完全类似于在欧几里得空间的点 A_1, A_2, A_3 之间的普通距离的熟知性质(图 31):

$$r(A_1, A_2) + r(A_2, A_3) \geqslant r(A_3, A_1).$$

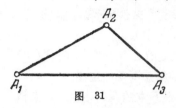

图 31

可以举出度量空间的下列例子：

1) 任何维数 n 的欧几里得空间；

2) 罗巴切夫斯基空间；

3) 具有内蕴度量的任何曲面(第二卷第七章 §4)；

4) 连续函数的空间 C, 其中的距离按下列公式定义：

$$r(f_1, f_2) = \max |f_1(x) - f_2(x)|;$$

5) 将要在第十九章里描述的希尔伯特空间, 它不是别的, 正是"无穷维的欧几里得"空间.

希尔伯特空间是在泛函分析里应用的最重要的空间; 它密切地联系着富里埃级数的理论, 而且一般地联系着函数展开成正交函数的级数的理论(在这里坐标 x_1, x_2, x_3, … 显得是这种级数的系数). 这个空间在数理物理里占有重要的地位, 而且在量子力学里具有很大的意义. 原来任何原子体系(例如氢原子)的所有(不仅是静止的)状态的集合, 从抽象的观点看来, 可以认为是希尔伯特空间.

在数学里讨论的度量空间的例子数还可以大大地加多; 顺便提一下, 在下一节里我们还要介绍一类度量空间, 称为黎曼空间. 但是从以上所引的例子已经足以看出度量空间的一般概念有何等宽广的内容了.

在度量空间里总可以定义全部拓扑概念, 而在拓扑概念之外还可以引出别的概念——"度量"概念. 例如曲线长度的概念就是一个. 在任何度量空间里定义长度完全象在普通的情形一样, 而且长度的基本性质在这时仍然保留着. 那就是说, 曲线的长度是指依次列置在曲线上的点 X_1, X_2, …, X_n 之间距离的和的极限, 取极限的条件是这些点在曲线上排得越来越密.

8. 除掉一般的拓扑空间和度量空间以外, 在数学里还讨论很多其他类型的空间. 特别说来, 在 §6 里我们已经介绍过一整类的这种空间. 这就是在其中给定了某个变换群的空间(例如射影空间和仿射空间）。 在这种空间里可以定义图形的"相等"。 当两个图形中的一个可以用已知群中的变换移到另一个图形上时，就说这两个图形是"相等的"。

我们不预备再进一步定义空间的可能类型了；它们是种类繁多的，而且读者可以去看几何学的各种现代分支的专门著作。

然而，如此地推广几何概念的范围有什么意义呢？ 为什么必须引入关于连续函数的空间的概念呢？ 难道不能用普通方法来解决分析的问题，而非要提高到这种抽象的结构不成？

这个问题的一般答案简单地说是这样，在讨论里引入了这种或那种空间，我们就打开了应用能给出很多东西的几何概念和几何方法的途径。

几何概念和几何方法的特点在于，它们在有限的步骤里立足在直观表象之上而且即使以抽象的形式也保持了它们的优点。那些分析学家通过细致的计算才达到的结果，几何学家常常可以立刻就掌握住。 作为原始的例子可以来看一下图象，它给出了量之间的这种或那种依赖关系的十分明白的情况。 几何方法可以描述成与解析方法不同的概括全部的综合方法。 当然，在抽象的几何理论里，直接的直观性是被排除了，但是还保留按照类比的直观想法，还保留几何方法的综合的特征。

读者已经熟悉了几何图的应用，熟悉了复数和复变数函数的几何表示，熟悉了证明代数基本定理的几何论证以及其他的几何概念和几何方法的应用。 读者处处可以注意到我们在这里以一般形式说的是什么。 我们在§7开端和本节第5段里都曾提出过运用多维几何的方法来证明的定理。 我们还要指出从分析中来的一个问题，它已经是在应用泛函空间的概念的基础上来解的了。

在拓扑学里证明了，如果在普通平面上取一个由圆形经过变形而得到的任意区域，然后使它任意地作连续变形，但是必须它整个处在原来的周界之内，则至少有这个区域的一个点在变换后还留在它原来所在的地方。 这个事实纯粹是拓扑的。

现在让我们来讨论离几何学十分远的一个问题：考虑一个函

数 $y(x)$, 它满足微分方程[1]

$$y'=f(x, y),\qquad(10)$$

而且在 $x=0$ 时取值 $y=0$.

明显地, 可以把这个方程换成求下列方程的解:

$$y=\int_0^x f(t, y(t))dt.\qquad(11)$$

自然产生这样的问题: 一般地说满足这个条件的函数 $y(x)$ 存在吗?

我们换一种方式来看这个问题, 我们把每一个连续函数 $y(x)$ 设想成某个抽象空间的点. 计算积分的结果

$$\int_0^x f(t, y(t))dt=z(x)$$

还是 x 的连续函数, 即正是我们的抽象空间的"点". 取不同的"点" y, 即取不同的函数 $y(x)$, 一般说来得到不同的点 z. 因而我们空间的点还是映射成它的点. 方程(11)的解的存在问题化成了这样的问题: 在我们的抽象空间里能否找到经过这种变换仍然留在它的原来"位置"的点?

从微分方程理论的自然的问题发现了关于抽象的泛函空间的性质的问题. 与前面提到过的理论的类比告诉我们, 谈到的显然是对应空间的拓扑性质.

在这个途径上利用必要的拓扑学的研究, 就可以得到关于微分方程解的存在的许多定理是最简短的证明, 特别地就能说明方程(10)对于任何连续函数 $f(x, y)$ 确实都有解存在.

§9. 黎曼几何

1. 前面叙述过的、同类现象的连续集合可以解释成某种空间的思想, 最初是由黎曼在他的讲演"关于作为几何学基础的假设"里指出的. 这篇讲演是他在 1854 年在哥丁根大学宣读的. 这是

---

1) 假定 $f(x, y)$ 是变数 x 和 y 的连续函数.

探索性的讲演，并非为了升到讲师或教授的职位而在数学系里宣读的报告或论文．黎曼在他的讲演里未加推演和数学证明而概括地树立了一种广泛的几何理论的初始观念，这种几何理论现在就叫做黎曼几何．据说，在听众中除掉当时已经年老的高斯外，没有任何人能听懂它．黎曼理论的形式的演算叙述在他的另一个应用于热传导问题的著作中．因而抽象的黎曼几何的产生是与数学物理密切相关的．黎曼的思想是几何学发展中继罗巴切夫斯基以后的极重要的一步．然而黎曼的工作并未立刻得到应有的估价．它的讲演和关于热传导的著作直到他死后的 1868 年才刊行．应该指出，在 1868 年出现了由贝尔特拉米给出的罗巴切夫斯基几何的第一个解释，而在 1870 年出现了由克莱因给的第二个解释．克莱因把关于各种几何(欧几里得几何、罗巴切夫斯基几何、射影几何、仿射几何等等)的普遍见解都表述成了关于在某个群的变换下不变的图形性质的学问．在同一个年代多维几何也在数学中终于得到了巩固．因此，十九世纪的 70 年代是在几何学历史中的那种突变的时刻，在过去五十年间形成的诸几何观念终于被广大的数学家们所理解而且牢牢地进入了科学领域．于是黎曼的工作有人继续了，而到十九世纪末，黎曼几何已经得到极大的发展而且应用于力学和物理学．到了 1915 年，爱因斯坦在他的广义相对论里把黎曼几何应用到万有引力的理论，这赋予黎曼几何以特殊的意义，结果使它继续有了急骤的发展和多种多样的应用．

2. 有如此光辉的前途的黎曼的思想是十分简单的，假如抛开了数学的探讨而且只注意它的基本的实质的话，这种简单性正是所有伟大的思想所共有的特色．难道从第五条公设的推导来考虑某种可能的几何的罗巴切夫斯基的思想不是简单的吗？难道有机体的演化的思想或者物质的原子结构的思想不是简单的吗？这一切都是简单的同时也是非常复杂的，因为新的思想首先必须为自己开拓广阔的道路，而不是安置在现成的框子里．其次，新思想的多方面的论证，发展和应用需要大量的工作、创造而且不能缺少专门的科学工具．对于黎曼几何这种工具就是它的公式；它们是复杂的,因而只便于专家们使用. 我们不拟讨论复杂的公式,而来注意黎曼思想的本质. 上面已经说过,黎曼开始是把现象的任何连续集合看做某种空间的. 在这种空间里,点的坐标是在其他现象中间区别对应的现象的量,例如决定颜色 $II = xK + y3 + zC$ 的强度 x, y, z. 如果这种量有 n 个,例如 $x_1, x_2, \cdots, x_n$,则谈到的就是 n 维空间. 在这个空间里可以讨论曲线而且引入用微小的(无限小的)步数来测量它们的长度,就象在普通空间里测量曲线的长度一样.

为了用无限小的步数来测量长度,只要给出决定任何已知点到任何与它无限邻近的点的距离的法则. 决定(测量)距离的这个法则叫做度量. 这个法则的最简单的情形是当它与欧几里得空间里的法则相同的情形. 这种空间在无穷小范围是欧几里得式的,换句话说,欧几里得几何的几何关系在其中成立,但是只在每一个无限小的区域内;正确地说,它们在任何充分小的区域内成立,但是并非精确地成立,而是区域越小,精确性越大. 当空间中的距离按照这种法则测量时,这空间就叫做黎曼空间;这种空间的几何叫做黎曼几何. 因此,黎曼空间是"在无限小范围里"欧几里得式的空间.

黎曼空间的最简单的例子是具有其内蕴几何的任何光滑曲面. 曲面的内蕴几何是二维的黎曼几何. 实际上,光滑曲面在其每个点邻近与切平面很少差异,而且当我们讨论的曲面区域越小时,这个差异也就越小. 所以在曲面的微小区域里的几何与平面上的几何很少差异,而且区域越小,这个差异也越小. 然而在较大的区域里,曲面的几何显得与欧几里得几何不同,这在第七章§4(第二卷)里已经指出过,而且也容易从球面和伪球面的例子看出. 黎曼几何不是别的,正是曲面的内蕴几何从二维到任何 n 维的推广. 类似于只从内蕴几何的观点来讨论的曲面,三维黎曼空间也是在微小区域内是欧几里得式的,而在较大的区域内可以与欧几里得空间不同,譬如说,圆周长度可以不与半径成正比;只是对于微小的圆周这长度才以较好的近似值而与半径成比例. 三角形各角的和不等于两直角(这时在作三角形时起着直线段作用的是最短距离线,即在连结已知点的所有曲线中间有最小长度的曲线).

可以设想现实空间只在与天文尺度相比不大的区域里才是欧几里得式的. 区域越小,欧几里得几何就越精确地成立,但是可以认为(而且它也如此地显得),在很大的尺度里的几何学已经与欧几里得几何有差异. 我们知道,罗巴切夫斯基就已提出了这个思想. 黎曼推广了它,使它不仅对于罗巴切夫斯基几何而且对于任何在无限小范围里是欧几里得式的几何,都有了意义,于是罗巴切夫斯基几何就显得是黎曼几何的特别情形了.

从以上所说的看出,黎曼几何是在由几何学发展所提出的三种思想的综合和推广的基础上产生的. 第一个是关于与欧几里得几何不同的几何可能存在的思想,第二个是关于曲面的内蕴几何的概念,第三个是关于任意维数的空间的概念.

3. 为了说明如何在数学上定义黎曼空间,我们首先回忆一下在欧几里得空间里测量距离的法则.

如果在平面上引进了直角坐标 x, y, 则按照毕达哥拉斯定理,坐标相差 Δx 和 Δy 的两点之间的距离由下列公式表达:

$$s = \sqrt{\Delta x^2 + \Delta y^2}.$$

在三维空间里,同理有

$$s = \sqrt{\Delta x^2 + \Delta y^2 + \Delta z^2}.$$

而在 n 维欧几里得空间里,距离由下列普遍公式决定:

$$s = \sqrt{\Delta x_1^2 + \cdots + \Delta x_n^2}.$$

由此容易得出,在黎曼空间里应该如何给定测量距离的法则. 这个法则应该与欧几里得的法则重合,但是只在每个点邻近的无限小区域里才是如此. 这导向这个法则的下列表述.

n 维黎曼空间是这样的,在它的任意点 A 邻近可以引进坐标 $x_1, x_2, \cdots, x_n$,使得从点 A 到无限邻近的点 X 的距离由下列公式表出:

$$ds = \sqrt{dx_1^2 + \cdots + dx_n^2}, \tag{12}$$

这里 $dx_1, \cdots, dx_n$ 是点 A 和 X 的坐标的无限小的差. 这还可以换一种精确的说法，那就是说：从点 A 到任何邻近的点 X 的距离由与欧几里得几何里相同的公式表出，只是具有比点 X 到点 A 的邻近程度为高的精确性，即

$$s(AX) = \sqrt{\Delta x_1^2 + \cdots + \Delta x_n^2} + \varepsilon,$$

这里 ε 是比第一项更为微小的量，而且当坐标差 $\Delta x_1, \cdots, \Delta x_n$ 越小时它也越小[1].

　　这就是黎曼度量和黎曼空间的数学定义。黎曼度量（即测量距离的法则）与欧几里得度量的差异在于这种法则只在每个已知点邻近成立。此外，这种法则得以简单地表出的坐标，对于不同的点必须取不同的[2]，一般的黎曼度量与欧几里得度量的差异我们以后还要把它弄确切。

　　黎曼空间在无限小范围内与欧几里得空间重合这个事实，可以用来在其中定义基本的几何量，就类似于在曲面的内蕴几何里用平面逼近曲面的无限小片段时所做的（第二卷第七章§4）。举例说，无穷小体积就可以像在欧几里得空间里一样来表出。有限区域的体积从无穷小体积求和而得出，即从体积的微分求积分而得出。曲线的长度由它的无限邻近的点之间的无穷小距离求和而决定，即由长度的微分 ds 沿曲线求积分而决定。这正是沿曲线使用微小（无穷小）尺度来决定长度的严格的解析表示。从同一个点引出的两条曲线之间的角也可以像的欧几里得空间里一样地来决定。其次，在 n 维黎曼空间里可以给定从 2 到 $n-1$ 的各种维数的曲面。这时容易证明，每个这种曲面同样地也是对应维数的一个黎曼空间，正像普通欧几里得空间里的曲面是二维黎曼空间一样。

　　还容易证明，黎曼空间总可以表示成充分大维数的欧几里得空间里的曲面，那就是说，对于每一个 n 维黎曼空间，在 $\dfrac{n(n+1)}{2}$

―――――――――

1) 通常公式(12)的精确意义由下列方式表出。设从点 A 引出曲线，因而曲线的点 X 的坐标作为某个变数 t 的函数 $x_1(t)$, $x_2(t)$, $\cdots$, $x_n(t)$ 而给定。于是这曲线在点 A 处的弧长的微分 ds 由公式(12)表出。

2) 如果可以在整个空间里引进坐标，使得对于任何一对邻近的点，这种测量距离的法则都成立，则空间就是欧几里得空间。

维欧几里得空间里有着 n 维曲面，它从其内蕴几何的观点看来与这个黎曼空间并无区别（至少在它的一定的有限部分里是如此）。

4. 为了在黎曼几何里得出各种几何量的解析表示，首先必须给出在黎曼空间里测量长度的法则的一般表达式，它必须不专门依赖于每个点的独特坐标. 可是公式(12)只是在点 A 的特别选取的坐标系里才对这个点成立的，因而当从一个点过渡到另一个点时必须改变坐标系，这当然是不方便的. 要消除这个不便原来也还容易，也就是说可以证明下面的事实.

设在黎曼空间的某个区域里引进了任何坐标 $y_1, y_2, \cdots, y_n$. 于是从具有坐标 $y_1, y_2, \cdots, y_n$ 的点 A 到具有坐标 $y_1+dy_1, y_2+dy_2, \cdots, y_n+dy_n$ 的点 X 的"无穷小距离"或者说"长度元素" ds 就由下列公式表出：

$$ds = \sqrt{\sum_{i,k=1}^{n} g_{ik}\, dy_i\, dy_k} \text{ 或者 } ds^2 = \sum g_{ik}\, dy_i\, dy_k, \tag{13}$$

这里系数 g_{ik} 是点 A 的坐标 $y_1, y_2, \cdots, y_n$ 的函数.

后一个公式右边的式子叫做坐标微分 $dy_1, \cdots, dy_n$ 的二次形式[1]. 它的展开式可以写成

$$\sum g_{ik}\, dy_i\, dy_k = g_{11}\, dy_1^2 + g_{12}\, dy_1\, dy_2 + g_{21}\, dy_2\, dy_1 + g_{22}\, dy_2^2 + \cdots.$$

因为 $dy_1\, dy_2 = dy_2\, dy_1$，所以不妨把第二和第三两项看做是相同的：$g_{12} = g_{21}$ 而且一般地 $g_{ik} = g_{ki}$；这是可以的，因为重要的只是它们的和 $(g_{ik}+g_{ki})\, dy_i\, dy_k$.

除掉所有微分 dy_i 都等于零的情形，二次形式(13)总是正的，因为显然有 $ds^2 > 0$.

逆命题也成立. 那就是说，如果在引进了坐标 $y_1, y_2, \cdots, y_n$ 的 n 维空间里，长度元素由公式(13)给定，并且公式右边的二次形式是正的（即除掉所有 $dy_i=0$ 的情形以外，总大于零），则这空间就是黎曼空间. 换句话说，在每个点 A 邻近可以引进新的特殊的坐标 $x_1, x_2, \cdots, x_n$，使得在新坐标里这个点处的长度元素由最简

---

1) 若干个量的二次形式是指这样一种代数式子，它对于这些量说是齐次的二次多项式.

单的公式(12)表出.

$$ds^2 = dx_1^2 + dx_2^2 + \cdots + dx_n^2.$$

因此, 黎曼度量(即在无穷小范围内是欧几里得式的长度的定义)可以用具有系数 g_{ik} 的任何正的二次形式(13)给定, 这里 g_{ik} 是诸坐标 y_i 的函数. 这就是给定黎曼度量的普遍方法.

在黎曼空间里的曲线是这样给定的, 点的所有 n 个坐标都随着在某个区间里改变的一个参数 t 而改变

$$y_1 = y_1(t), \ y_2 = y_2(t), \ \cdots, \ y_n = y_n(t) \quad (a \leqslant t \leqslant b). \quad (14)$$

曲线的长度由积分表出:

$$s = \int ds = \int \sqrt{\sum g_{ik} \, dy_i \, dy_k}.$$

在曲线由方程(14)给定的情形,

$$dy_1 = y_1' dt, \ \cdots, \ dy_n = y_n' dt,$$

因而

$$s = \int_a^b \sqrt{\sum g_{ik} y_i' y_k'} \, dt. \quad (15)$$

因为 g_{ik} 是坐标 $y_1, \cdots, y_n$ 的已知函数, 而这些坐标又以已知的方式按着公式 (14) 而依赖于 t, 所以公式 (15) 里在积分记号下的是对于已知曲线完全确定的 t 的函数. 因此, 这函数的积分有确定的值, 因而曲线本身就有确定的长度.

连结两个已知点 A, B 的最短曲线的长度采用作为这些已知点之间的距离. 这曲线——测地线——本身占有类似于直线段 AB 的地位. 可以证明, 在微小区域里任何两个点由唯一的最短线连结. 求测地线(最短线)的问题本身是使积分(15)具有极小值的问题. 这是读者在第八章(第二卷)里已经接触过的变分法的问题. 变分法的正常的应用就可以用来引出决定测地线的微分方程和对于任何黎曼空间确定测地线的一般性质.

让我们来证明前面指出过的基本断言: 黎曼度量在任何坐标里都由普遍公式(13)给定.

设在黎曼空间的某个区域里引进了任何坐标 $y_1, y_2, \cdots, y_n$. 我们在这个区域里取任意点 A, 而且设 $x_1, x_2, \cdots, x_n$ 是点 A 的特殊坐标, 使得在这些

坐标里点 A 处的长度元素由公式(12)表出,这就是说,

$$ds^2 = dx_1^2 + dx_2^2 + \cdots + dx_n^2. \tag{16}$$

坐标 x_i 由坐标 $y_j(i, j=1, \cdots, n)$ 表出的公式是:

$$x_1 = f_1(y_1, y_2, \cdots, y_n),$$
$$x_2 = f_2(y_1, y_2, \cdots, y_n),$$
$$\cdots\cdots\cdots\cdots\cdots\cdots\cdots$$
$$x_n = f_n(y_1, y_2, \cdots, y_n).$$

于是 $\qquad dx_1 = \dfrac{\partial f_1}{\partial y_1} dy_1 + \dfrac{\partial f_2}{\partial y_2} dy_2 + \cdots + \dfrac{\partial f_n}{\partial y_n} dy_n.$

对于 $dx_2,\ \cdots\cdots,\ dx_n$ 也有类似的式子. 把这些式子代入公式(16),于是在计算了右边的平方而且把具有 dy_1^2, dy_1dy_2, dy_2^2 等等的各项归并以后,我们就得到下列式子:

$$ds^2 = g_{11}\,dy_1^2 + 2g_{12}\,dy_1\,dy_2 + g_{22}\,dy_2^2 + \cdots\cdots + g_{nn}\,dy_n^2,$$

这里系数 g_{11}, g_{12}, $\cdots$, g_{nn} 都是由偏导数 $\dfrac{\partial f_i}{\partial y_j}$ 表出的式子(这些式子的形状对于我们说不是主要的). 但是这不是别的,正是写成展开式的公式(13),因而我们的断言证明了.

现在让我们来证明,反之,公式(13)决定黎曼度量,即当对于每个点都选取它的特殊坐标 x_i 时,总可以引向简单的形状(16). 设

$$ds^2 = \Sigma\, g_{ik}\, dy_i\, dy_k,$$

并且 g_{ik} 是坐标 y_1, $\cdots$, y_n 的函数而且右边的二次形式是正的,我们取任何点 A 而且只在这个点处讨论已知的二次形式. 于是系数 g_{ik} 都是已知数,而二次形式所依赖的变量是 dy_1, $\cdots$, dy_n. 从代数知道,每一个正的二次形式(具有任何的数字系数)都可以用线性变换化成平方和(参看第十七章)[1],即存在这样的变换

$$dy_1 = a_{11}\,dx_1 + \cdots + a_{1n}\,dx_n,$$
$$\cdots\cdots\cdots\cdots\cdots\cdots\cdots\cdots\cdots$$
$$dy_n = a_{n1}dx_1 + \cdots + a_{nn}dx_n,$$

当把这些式子代入公式(13)以后,我们得到

$$ds^2 = dx_1^2 + \cdots + dx_n^2.$$

如果我们按照下列公式把坐标 $y_1 \cdots$, y_n 换成 x_1, $\cdots$, x_n:

$$y_1 = a_{11}x_1 + \cdots + a_{1n}y_n,$$
$$\cdots\cdots\cdots\cdots\cdots\cdots\cdots\cdots$$

---

1) 我们这里的变数具有微分的形状是不要紧的,我们完全可以把它们看作某些独立的变数,

$$y_n = a_{n1}x_1 + \cdots + a_{nn}x_n,$$

则微分 dy_j 也正好由微分 dx_i 按照公式 (17) 表示. 因此, 这种坐标变换解决了所提出的问题: 在坐标 $x_1, \cdots, x_n$ 里, 在我们所取的点处的微分的平方 ds^2 由简单的"欧几里得式的"形式 (16) 表出. 因而也就证明了, 一般的公式 (13) 确实给定黎曼度量.

5. 欧几里得空间是黎曼空间的最简单的特殊情形[1]. 黎曼几何的主要任务是给出区别一般的黎曼空间与欧几里得空间的解析表示, 定义所谓非欧几里得的黎曼空间的测度. 这个测度就是空间的所谓曲率.

首先应该指出, 关于空间的曲率的概念, 完全与这空间在那样一个高维的包容它的空间里如何弯曲的观念无关. 曲率可以在已知空间本身之内定义, 而且可以在它的内蕴几何性质的意义下表出它与欧几里得空间的差异. 这必须理解清楚, 不要把关于空间的曲率的概念与它的任何构成法连在一起来看. 当说到我们的现实空间有曲率时, 这只是表明它的几何性质与欧几里得空间的性质有区别. 但是这完全不表示我们的空间处在某个更高维的空间里, 而它就在那里弯曲着. 这种观念与黎曼几何对现实空间的应用毫无关系, 而属于空洞的幻想的范围.

黎曼空间的曲率的概念推广了曲面的高斯曲率的概念到 n 维. 在第七章 §4 (第二卷) 里曾经说过, 高斯曲率表示曲面的内蕴几何对平面上的几何的差异程度, 而且可以从纯粹内蕴几何的观点来讨论. 它不是别的, 正是代表已知曲面的二维黎曼空间的曲率.

作为例子, 我们来回忆出现高斯曲率的两个内蕴几何的公式. 设在曲面上某个点 O 邻近有一个微小的三角形, 它的边是测地线; 设它的角是 α, β, γ. 面积是 σ. 量 $\alpha + \beta + \gamma - \pi$ 表示它的各角

---

1) 在欧几里得空间里, 长度元素在直角坐标里是由公式 (16) 表出的: $ds^2 = \Sigma\, dx_i^2$. 如果过渡到其他的坐标, 则根据第 4 段的结论, ds^2 由某个二次形式 (13) 表出. 因此, 在欧几里得空间里, 长度元素在任意坐标里的表达式也是一般的公式 (13). 然而, 欧几里得空间与任何其他空间有区别, 因为在欧几里得空间里可以引进这样的坐标 (这就是直角坐标), 使得公式 (16) 在同一些坐标里到处成立, 而不像在一般的黎曼空间里, 只是在这个或那个点的邻近才成立.

之和与平面上的三角形的各角之和的差别.

如果三角形向点 O 缩小,则 $\alpha+\beta+\gamma-\pi$ 对它的面积 σ 的比值趋向点 O 处的高斯曲率 K. 换句话说,对于微小三角形有

$$\frac{\alpha+\beta+\gamma-\pi}{\sigma}=K+\varepsilon,$$

这里当三角形向点 O 缩小时, ε 趋于零. 这正好表明,高斯曲率是曲面上的三角形的各角之和与平面上的三角形的各角之和的差异程度.

我们再来讨论曲面上有中心在点 O 处的圆(即在曲面上的距离的意义下与点 O 等距离的点的轨迹). 如果 r 是圆的半径, l 是圆周长度,则

$$l=2\pi r-\frac{\pi}{3}Kr^3+\varepsilon,$$

这里 K 还是点 O 处的高斯曲率, ε 表示与 r^8 相比是微小的量.

这里高斯曲率表出了微小圆周的长度与 $2\pi r$ 的差异程度,而这两者在欧几里得几何里是相等的.

黎曼空间的曲率起着类似的作用. 例如它可以用下列方式定义. 在已知的黎曼空间里有着一个光滑曲面 F,它由通过已知点 O 的测地线组成. 这个曲面的高斯曲率就采用作为空间在点 O 处向着曲面 F 的方向的曲率. 一般地说,这个曲率不仅在不同的点 O 处是不同的,而且对于通过同一个点 O 的不同的测地线曲面 F 也是不同的. 因此,空间在已知点处的曲率并不由一个数决定. 黎曼就已经引出过联系在同一个点处的不同曲面 F 的曲率的一般规律. 由于这个原因,空间在一点处的曲率由一组数——所谓曲率张量决定.

但是我们没有可能在这里说明这个原因,因为这需要引用大量的数学工具. 重要的是要理解曲率是黎曼空间的非欧几里得性的尺度;它在这空间内部决定它的度量与欧几里得空间的度量的差异程度. 例如它决定三角形各角之和与 π 的差异和圆周长度与 $2\pi r$ 的差异. 一般地说,它在不同的点处有不同的值,而在同一个

点处它并非由一个数而是由某一组数给定.

黎曼空间就其本身的性质说可以不是均匀的, 那时在这空间里就不能自由地移动图形而不改变它的各点之间的距离. 因而就发生这样的问题: 在何种黎曼空间里可以自由地移动图形并且具有与在欧几里得空间里相同的自由程度. 这种空间是最均匀的黎曼空间.

原来欧几里得空间是均匀的无曲率的空间(零曲率的空间). 另一类型的均匀空间是罗巴切夫斯基空间. 因此罗巴切夫斯基空间也像欧几里得空间一样是一般的黎曼空间的特别情形.

一般地说, 可以在其中自由地移动图形的空间都是常数曲率的空间. 在这种空间里, 曲率在所有的点处对于所有的测地线曲面有同一个值. (代替随点而变的"曲率张量", 这时曲率由对于所有的点都相同的一个数给定.)零曲率的空间是欧几里得空间, 负曲率的空间是罗巴切夫斯基空间, 正曲率的空间与 $n+1$ 维欧几里得空间里的 n 维球面有相同的几何.

6. 黎曼几何并不需要长久地等待应用, 我们已经说过, 黎曼自己就把它应用于解决热传导问题的形式的计算; 但是这只是应用它的公式, 而不是应用在无穷小区域里具有欧几里得式的距离测量的抽象空间的观念. 这种应用首先是对于颜色空间而给出的, 在颜色空间里利用黎曼度量, 邻近颜色之间的距离就能表示了; 颜色空间就能解释成为独特的三维黎曼空间.

黎曼几何在力学里也有重要的应用. 为了说明它的实质, 我们先来讨论点沿曲面的运动. 设想有个质点. 例如小弹子, 它可以自由地沿着光滑曲面移动, 但是不能离开曲面. 点好象是在曲面本身之内运动. 在曲面上可以引进某种坐标 $\dot{x}_1$, $\dot{x}_2$; 于是点的运动就由它的这些坐标对时间的依赖关系完全决定, 而速度则由坐标的改变速度, 即由它们对时间的导数 $\dot{x}_1$, $\dot{x}_2$ 来决定. 结果点好象在二维空间里运动, 但是这空间不是欧几里得空间, 而是有其自己的几何——曲面的内蕴几何的空间. 运动的规律可以变换成这样, 使得在其中只出现点在曲面上的坐标 x_1, x_2 以及它们的一阶和二阶导数.

如果有力作用在点上，则它的垂直于曲面的分力与曲面的反作用力抵消,因而只留下与曲面相切的分力；它已经是只沿曲面而作用了. 因此,作用于点上的力可以认为是在曲面本身之内作用的. 曲面的内蕴几何是黎曼几何的特殊情形. 因而点沿曲面的运动是在二维黎曼空间里的运动. 它的运动规律有与普通的运动规律相同的特性,不同的只是在其中考虑的是曲面的内蕴几何. 从第七章§4(第二卷)里提到过的下列事实,这变得格外清楚：在曲面上按照惯性而且没有摩擦而运动的点，以定常速度沿着测地线而运动. 因为测地线在曲面上起着直线的作用，所以所说的事实类似于惯性定律；这是同一个惯性定律,但是是关于曲面上的运动的，或者抽象地说是关于二维黎曼空间里的运动的.

当然,在这种抽象的观念里暂时还看不到任何优越之处,因为谈的只是沿普通曲面的运动.

当我们转到由两个以上的量给定其位置的力学体系时，这种抽象观点的效益立刻显现了. 那时用点在曲面上的运动来表示它们的运动变得不可能了. 在§7里谈到图表方法如何在多维空间的抽象观念中发展时,我们已经遇到过这种情况了.

总之,设给了一个力学体系,它的位形,即其各部分的位置,由 n 个量 x_1, x_2, $\cdots$, x_n 给定. 如果谈的是若干个质点的体系,则它们的位置就由给定它们的所有坐标(每个点三个坐标)来决定. 另一个例子是陀螺(一个轮子绕轴旋转，这轴本身又可以绕不动的点而转动). 陀螺绕轴的旋转由旋转角给定，而轴的倾斜又由两个角给定，这两个角是由轴与两个已知方向组成的. 得到的一共是决定这种陀螺的位置的三个量(图32).

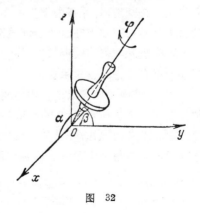

图 32

体系的每个位形——体系各部分的位置——可以理解成它的所有可能的位形的空间中的"点". 这就是所谓体系的位形空间[1]. 它的维数等于决定位形的量 x_1, x_2, $\cdots$, x_n 的个数. 这些量是点在位形空间里的"点"的坐标. 对于譬如说由三个质点组成的体系, 我们得到三个点的各三个坐标——一共是九个坐标. 对于陀螺的情形我们有三个坐标——三个角, 因而陀螺的位形空间是三维的.

体系的运动由点在位形空间里的运动表示. 这个运动的速度由坐标 x_1, x_2, $\cdots$, x_n 的改变速度决定.

关于这种空间, 它们的拓扑结构还将在第十八章里谈到. 而这里我们想要强调的是, 在位形空间里可以引进测量距离的特殊法则, 它是与体系的力学性质密切有关的. 那就是说, 如果体系的动能由下列公式表出:

$$T = \frac{1}{2} \sum_{i, k=1}^{n} a_{ik} \dot{x}_i \dot{x}_k,$$

这里 $\dot{x}_i$ 是对应的坐标的改变速度, 则无穷小距离的平方就由下列公式给定:

$$ds^2 = \sum_{i, k=1}^{n} a_{ik} \, dx_i \, dx_k.$$

因此, 位形空间变得是黎曼空间. 这时不仅体系的运动由点在位形空间里的运动表示, 而且描述体系运动的方程本身也与这个点的运动方程重合; 总之, 体系的力学作为点在位形空间里的力学而表出. 特别地, 体系按着惯性即无反作用力的运动(类似于陀螺的自由旋转), 就由点在这个空间里沿着测地线的等速运动表示.

这个表示在许多情形里显得是方便的, 而且它和它的某种推广和变形在理论力学里都要用到.

因此, 黎曼几何可以用作物理现象的抽象几何的描述方法. 这种描述完全不是任意的, 也不是数学的智力游戏, 它反映了所讨论的现象的现实的规律性, 只是以抽象的形式来反映它们罢了. 这就是物理现象的每一个数学描述的本质. 差别只在于这里应用的是

---

1) 不要把它与 §8 第 2 段里提出的"相空间"相混. 在相空间里, 点不仅由位置决定, 还由体系的点在每一时刻的运动速度决定.

更有力、更细致的抽象,但是实质还是一样的.

黎曼几何在相对论里得到最出色的应用. 但是关于这一点我们将在下一节里说到,因为在这时谈的是抽象空间对现实空间性质的关系的重要而又困难的问题.

7. 最近 30 年来,各种非欧几里得空间的几何学在各个方向得到重大的发展和推广,产生了包括黎曼几何作为特别情形的一些新的理论. 其中第一个是所谓芬斯勒几何,这种几何的观念在黎曼以前就已出现[1];然后是伟大的法国几何学家卡当的连结了黎曼几何与克莱因的爱耳浪根纲领的空间的一般理论,以及其他的理论. 因为不可能谈到几何学的这些新方向,我们只预备指出一下,它们主要是借助于专门适用于它们的解析工具而展开的. 很多苏联数学家参加了这些新方法的发展工作;其中有由拉舍夫斯基创立的所谓新的"半度量"几何,瓦格涅从空间曲线理论的最一般的问题扩展到非欧几里得几何在力学里的应用的研究,等等.

§10. 抽象几何和现实空间

1. 随着前面叙述的从罗巴切夫斯基开始的几何观念的发展,我们深入到抽象的空间之内,而且远离最初的几何对象——容纳一切现象的那个现实空间. 现在让我们回到普通意义下的这个空间,而且我们的任务是要说明,究竟是什么东西为了认识这个空间的性质而使抽象几何有了发展.

我们知道,几何学是从经验、从物体的空间的形式和关系的经验研讨,即从土地、器具容积等等的测量而产生的. 因此,从来源说它像力学一样是一种物理的理论. 欧几里得几何的公理是从长时期的经验得来的清楚地表述出来的结论;它们表出了自然的规律,因而它们可以叫做几何学的规律,正像力学的基本规律现在也

---

1) 芬斯勒是德国数学家,他在 1916 年开始上述几何的详细的研究.

常常叫做力学的公理--样[1]. 但是决不能断言,这些规律是绝对地精确的, 而且完全不需要随着新的经验资料而更加以精确化和加以概括; 空间的现实性质可以在某种程度上与欧几里得几何所给出的结论有差异.

这些论点我们早已提出过了,现在它们大概是十分明显了罢. 但是在一百年以前, 当罗巴切夫斯基的思想还没有获得普遍的承认时,却并不是这样. 在罗巴切夫斯基和高斯以前, 任何人也没有想到欧几里得几何可以是不完全精确的, 而空间的现实性质可以是另一些样子的. 罗巴切夫斯基是把它的几何当做现实空间的可能性质的理论来发展的. 后来黎曼和其他一些学者也提出了关于空间的可能性质的问题, 关于在精确测量时可能发生的测量长度的可能法则的问题. 一般地说, 抽象几何在其某些部分可以看作空间的可能性质的理论. 然而假如不是爱因斯坦 1915 年在他的广义相对论里证实了罗巴切夫斯基和黎曼的观念, 这一切还会留在假设的范围里. 相对论断言, 现实空间的几何确实与欧几里得几何有某些差异, 而且这正可以象罗巴切夫斯基所希望的那样以天文尺度发现.

在刚才关于空间所说的话里, 至少隐藏了三个难点. 为了说明这些难点,归根到底还是要引向抽象几何对物理几何(即现实空间的性质)的关系的问题.

第一个难点在于, 设想现实空间的性质如何地和在什么意义下与欧几里得几何所给的结论不同. 我们过分习惯于欧几里得几何了, 以致为了容易想像一些什么别的东西, 当然必须加以解释了.

第二个难点包括在"现实空间的性质"这句话本身之中. 空间

---

1) 抛弃了公理的最初内容的公理的抽象理解, 是在 50 年前才发生的, 它完全没有改变欧几里得几何公理反映自然规律这个事实, 在说到公理而不是说到几何学或力学规律时, 人们是希望把这些科学的逻辑的演绎结构提到第一位, 但是这些科学并不因此而失去其经验基础. 一个理论的某个命题叫做公理, 假如它被采用作为这理论的演绎结构的基础. 于是这理论的其他的命题(定理)就可以用逻辑推理的方法从基本的命题(公理)导出.

被孤立地理解成空的和均匀的．表面上看来在空间概念本身之中已经包括了关于它的均匀性的观念，而且空的空间即"真空"又能有些什么性质呢？我们说"空间的性质"时并未考虑到这些问题，但是只要略加考虑，上述难点就可以变得十分明显了．

第三个难点包括在这种或那种几何的真实性的概念之中．表面上看来事情是很简单的：合乎实际情形的几何才是真实的．这当然是对的．但是在另一方面我们却看到，譬如说圆内的几何可以理解成罗巴切夫斯基几何，因为圆内的每一个几何事实都可以叙述成罗巴切夫斯基几何的定理．因此，同一个几何事实既可以叙述成欧几里得几何的定理，也可以叙述成罗巴切夫斯基几何的定理．这说明两种几何都合乎实际情形．那末在什么意义下它们之中的那样一个是真实的呢？而且为什么我们仍然认为在圆内事实上成立的是欧几里得几何，而罗巴切夫斯基几何只是在其中有了表示、得到了解释呢？

很明白，这些问题确实有一定的困难，才会使某些伟大的数学家在当时被难住．

解说必须从所说难点中的第二个开始，因为只有理解了什么是"空间的性质"，才能来解决其他的难点．

2. 几何学的对象——"空间的性质"——由现实物体的性质、它们的物质关系和形式组成．在现实空间里，"位置"、"点"、"方向"等等都由物体决定．"这里"和"那里"、"向这里"和"向那里"等等也只有在与这个或那个物质对象的联系和关系中才有意义．"这里"可以是指"在地上"、"在这个房间里"等等的意义；总之，"这里"总是指由这些或那些物质特征决定的位置．同样地，譬如说直线并不实际存在，而存在的只是拉紧的线，或者尺的边沿，或者光线．而一般的直线，"直线本身"是反映了这些物质直线的公共的性质的抽象，正象我们说"一般的房屋"是反映了房屋的公共性质的抽象一样；"一般的房屋"并不能在各个现实的房屋之外而独立存在．

空间性质的这个客观的特点由辩证唯物主义的熟知命题表出．空间是物质存在的形式．对象的形式由其各部分的联系和关系决定. 空间的结构是一系列物体的关系和现象的规律性. 这就是空间关系、对象的空间顺序、它们的相互关系等等. 但是正像每一个形式都不能脱离内容一样，即使是在抽象方面和在一定的范围内，空间也不能脱离物质. 关于"孤立的"空间、没有物质的空间的观念是不能滥用的抽象. 现实的空间关系和形式："这里"、"在…之间"、"在…之内"、"直线"、"球"等等，总是物体的关系和形式. 而几何学是抽象地来讨论它们的. 从具体性得出的这种抽象是必要的，因为否则就不能认识在对象的各种具体关系中所共有的东西. 但是不能把这种抽象绝对化，不能用抽象的概念来代替客观的现实性.

在完全没有物质的踪迹的绝对空的空间里，无法区别任何位置、任何方向，因此也就没有位置，没有方向. 因而绝对空的空间变成什么也没有了. 即使在空的空间的抽象观念里，也隐含着在其中能区别不同的位置和方向的意思. 换句话说，在空间的抽象观念里就包含着位置、方向、距离的可区别性，这种可区别性在现实空间中存在就是由于这空间是不可分割地与物体相联系的.

总之，空间是物质存在的形式；因此，"空间的性质"是物质的性质，是物体的已知关系、相互位置、大小等等的性质.

其次，为了使得几何定理具有物理意义，必须知道在其中应该如何理解"直线"、"距离"和其他的几何概念. 在 §4 里我们看到，同一个几何定理许可不同的解释.

因此，在比较几何学与经验时，必须尽可能精确地确定几何概念的物理意义，因为几何学描述现实空间的性质是有条件的，这条件就是它的概念具有对应的物理意义. 没有这个物理意义，几何学的定理就只有抽象数学的、形式的特性了. 这已经包含了上面所说的第二个难点的解答了. 这个难点的产生，是因为想用"纯粹"空间、"自在"空间，来代替不可分割地与物质相联系的现实空间，然而前面那种空间只不过是抽象罢了.

3. 现在就容易理解另外两个难点如何解决了.

第一，怎么可以设想现实空间的性质与欧几里得空间不同呢？

设我们希望检验欧几里得几何的某个断言，例如三角形各角之和等于 180°，或者圆周长度等于 $2\pi R$. 为了检验第一个断言, 必须确定，讨论的是怎样从物理上决定的三角形，它们的角又如何决定. 设三角形的边是真空中的光线. 在这种情况下，很精确的实验会显示出三角形各角之和与 180° 的差异，这并不是什么不可思议的事. 同样可以设想，用同一个尺度来测量半径和圆周会得出一种结果，它并不是精确地满足关系 $l = 2\pi R$ 的. 比方说这在地球表面上就是这样，在地球表面上圆周长度并不与半径成正比，而是较慢地增长，而且当半径等于子午线的一半时达到其极大值. 对于这一点可能有异议：谁不知道在地球表面上起直线作用的是大圆弧，因而半径在这里有另一个意义，所以我们的结果并不与欧几里得几何矛盾. 然而，根据相对论，在较大质量的物体邻近，圆周长度对"实在的"半径的比值仍然与 2π 有一些差异，那就是说，均匀的球状物体的赤道对它的半径的比值有下列近似公式：

$$\frac{圆周长度}{半径} = 2\pi \left(1 - \frac{kM}{3Rc^2}\right),$$

这里 M 是物体的重量(以吨计算), R 是物体的半径(以公里计算), $c = 300,000$ 公里/秒是光速, k 是引力常数, 在所取的测量单位下等于 66.6×10^{-18}.

这样一来，我们看到，圆周长度对半径的比值不等于 2π, 而稍稍小些. 从计算知道，在太阳表面上这个比值与 2π 的差异接近于 0.000004, 而在平均密度有水的密度的 50,000 倍大的天狼星伴星的表面上，这差异已经达到 0.00014.

当然还可以反驳说，这一切仍然无法设想，在空间的直观表象中总还是欧几里得式的. 这种反驳不应该使我们动摇，首先因为科学的任务并不是为了给出现象的直观表象，而是为了得到理解它们的结果. 直观的表象是有限制的，不能超出使我们的器官获得感觉的惯常形象的范围. 所以我们如果不用一些什么模型来代替现象，就不能直观地设想紫外线、无线电波的传播、电子在原子里的运动以及很多其他的东西. 但是这完全不表明这些现象不能被我们所理解．相反地,例如无线电技术的成就就明白地指出,我们完全掌握了无线电波,因此也就是十分好地理解了它们．其次,什么可以设想、什么不可以设想这一问题的解决依赖于想象的习惯和训练．能够设想一种头朝下(相对于我们来说)走路的对蹠人吗? 现在我们可以设想这个,而在当时,对蹠人的"不可想象"正是反对地球的球形的论据哩．

4. 现在我们转到最后一个难点,即哪一个几何才算是真实的问题．在这个问题的提法中就已指出,圆内的几何事实既可以叙述成欧几里得几何的定理, 也可以叙述成罗巴切夫斯基几何的定理．因此,这两种几何都合乎实际情形,即它们都是真实的．而且在这里终究并无任何不可思议之处．同一个现象总可以用不同的方式来描述;同一个量可以用不同的单位来测量;同一条曲线可以用依赖于坐标系的选取的不同的方程来给定．完全同样地,从几何关系分出的已知部分(例如在所讨论的例子里的圆内的关系)可以用不同的方法来描述,但是我们提的问题不是关于几何事实的某个孤立的部分,而是关于最普遍的空间关系．空间是物质存在的普遍形式,因此,在提出关于空间性质的问题时,都不能人工地分出任何事实范围．

在几何量的问题的这种提法下,不能认为几何事实能够脱离与它有必要联系的其他现象而独立．举例说,线段的长度是用移动刚体尺的方法来决定的, 因而长度的测量必须与刚体运动相联系, 即与力学相联系．几何学不能与力学分离．然而在§4里指出过, 在圆内测量长度在罗巴切夫斯基几何的解释下是以完全另外的方式进行的;这时弦有了无穷的长度．显然,这样定义的测量不符合于关于测量的原来的观念,后者却是在被比较的现实物体的力学位移的基础上产生的．一般地说,在欧几里得几何的意义下相等的图形,按照欧几里得几何的来源,就是经过力学的运动可以彼此迭合的图形．在罗巴切夫斯基几何的解释里, 相等是另外定义的,在那里占有移动的地位的是另一种变换．因此,如果圆内的几何事实是在它们与力学的必要联系中考虑的, 则我们应该承认，在圆内实际上成立的正是(具有较大精确性的)欧几里得几何.

欧几里得几何是以刚体的普通力学运动作为移动的几何. 这就是为什么人们首先发现欧几里得几何而不是任何其他的几何的道理. 但是物理学的发展现在已经得出这样的结论，牛顿的力学定律连同欧几里得几何的规律都只是更精确和更普遍的规律的近似罢了. 在相对论里实现的几何规律从欧几里得几何过渡到黎曼几何的这种改变，不仅在力学里起作用；这在电磁现象和实验里也有着不更小的(假如不更大的话)意义. 几何学作为与物理学相联系的关于空间性质的科学，它依赖于物理学，而且只有在抽象中、在一定范围内才能离它而独立.

罗巴切夫斯基已经指出了几何学对物理学的依赖性和空间性质对物质的依赖性，它预见了几何学的规律在过渡到新的物理现象的领域里可能改变. 站在这个唯物主义观点的对立面，著名的数学家庞加莱在较近的时期还断言，这种或那种几何学的选择只是由单纯的想象或者象著名的唯心主义者马赫的所谓"思维的经济"所决定的. 在这个基础上，庞加莱甚至预言，要科学放弃光的直线传播定律，也要比放弃欧几里得几何更容易些，因为后者是"太简单了". 然而庞加莱只差三年没有能活到广义相对论的终于建立，在广义相对论里正好得到相反的结果：放弃了欧几里得几何，但是却保留了光的传播定律，当然是在更普遍的形式下，光是沿着测地线而传播的. 这并不是马赫主义者的观点的第一次失败. 在本世纪的前夕，马赫主义者和其他相近流派的唯心主义者断言，原子只是思维的符号或者这一类的什么东西，但是决不会是客观的现实性. 然而没有过去多少年，原子的现实性就被人用最可信的实验证明了. 不管这一切，几何学的唯心主义认识，也正像在其他科学中一样，仍然保留在某些资产阶级学者中间. 对于这些学者说，资产阶级的意识形态还是有力的客观真理.

总之，我们引向下面的结论. 从诸般事实分出的同一部分，一般地说可以作不同的描述，而且所有这种描述都是真实的，只要它们反映了现实性. 然而最具普遍性的几何事实决不能在与其他现象割裂的情况下讨论. 空间性质之所以可以确立, 就因为它是物质存在的普遍形式. 而在与物理学的联系中接受几何学时, 我们必须使它们彼此适应, 于是各种"几何"之间的实质的差别也就暴露了出来, 这种差别在与物理学割裂的时候可能只是由于较多或较少单纯性而有所不同罢了. 欧几里得几何的出现, 并非因为它比其他几何简单, 而是因为它对应于力学. 而现在就是由于物理学的发展, 在相对论里才转入更复杂的几何——黎曼几何.

一句话, 对于现实空间的性质说来, 真实的是这样的几何, 它充分精确地反映了最具普遍性的空间关系的性质, 因此它不仅符合纯几何的事实, 而且也符合力学以至于整个物理学.

5. 上面关于相对论说得不多, 同时没有提到它的主要内容. 在理解空间问题时, 它比罗巴切夫斯基和黎曼关于这个问题所想到的要走得远得多.

相对论的最主要的和最基本的命题是这样的, 空间与时间有不可分割的密切关系, 它们共同组成物质存在的统一的形式: 时空的四维流形. 世界上的事物由位置和时间刻画, 因此就要用到四个坐标: 三个空间坐标和第四个时间坐标——事物的时间. 在这意义下, 事物就组成四维的集合. 这是从其结构的观点看来的四维的集合, 舍弃了各个现象的性质而且首先考虑相对论. 它并不是以快速运动的理论、宇宙论、新的空间或时间的理论作为其基础和本质的, 它只不过是把空间和时间看作物质存在的统一形式的理论罢了.

当然, 在牛顿的力学里也可以把空间和时间统一在一个四维流形之中. 我们已经提到过, 多维空间的思想首先是拉格朗日考虑质点的运动时产生的, 他在空间坐标 x、y、z 之外添上了时间 t. 于是点的运动就由具有坐标 x、y、z、t 的四维空间中的曲线表出; 在点运动时, 位置 (x, y, z) 和时间 t 这四个坐标都改变. 然而空间和时间的这种统一具有纯形式的特点, 在这里并未在空间和时间之间建立任何内在的必要的联系. 当然, 在运动规律里, 每一个物体都有其空间位置对时间的依赖性．但是这牵涉的仅是每个已知的运动，不论是在力学里还是一般地在物理学里，在相对论以前都没有建立过空间和时间之间的任何一般的内在联系，总是单独地把事物和现象的空间关系、空间顺序与它们在时间里的关系和顺序区别开来．事物的时间的先后、时间间隔的延续性，都被认为是与什么东西也无关系地绝对的和确定的．简短地说，绝对的时间的概念在物理学中到处占统治地位．

爱因斯坦的伟大的发现，不仅形成了相对论的基石，而且是在空间和时间问题的一般物理和哲学认识里的转折点．这个发现指出，绝对的时间在现实世界中是不存在的．当爱因斯坦在 1905 年建立了他的理论[1]以后不久，闵科夫斯基指出，相对论的本质与其说是拒绝了绝对的时间，还不如说是确立了空间和时间的相互联系，因而就有了物质存在的统一的绝对形式：时空．而空间——空间坐标——从时间、从时间坐标 t 分出，在某种程度下是相对的，依赖于那种物质体系——"计算体系"的，现象的空间的和时间的顺序就是对于这体系而决定的．对于一个体系说是相同的事物，在对另一个体系来说时可以不是相同的．

在决定现象的顺序时，当然不会也不能有与计算体系的完全的依赖性．由直接的相互作用联系的事物的顺序自然对于所有的体系说都是同一个样子，因而作用总在它的结果之前．但是对于并不与相互作用联系的事物，在时间方面的顺序就显得是相对的了．因为空间的顺序（在其纯粹的形式里）是对于同时的事物说的，而同时性却是相对的，所以把纯粹的空间关系从时空关系的一般集合中分出来显得是相对的，依赖于计算体系的．在绝对意义下的空间显得似乎是四维时空流形被同时的（对于已知体系而说）事物所作的截面．

在我们的问题里不可能引入相对论原理的叙述，我们只能尽量用最简短的话以这样的形式来刻画它的原理，使得它们能够在

----

1) 爱因斯坦在 1905 年建立的理论叫做狭义相对论，这是对于爱因斯坦在 1915 年建立的"广义"相对论说的．

与抽象几何的思想的联系中最自然地被理解. 顺便说一下, 这个理解与爱因斯坦自己的出发点也有实质的区别.

宇宙可以看作是各种各样的事物的集合. 所谓事物, 在这里不仅是指在空间中伸展而且在时间中延续的现象, 而且是指任何瞬时而又点状的事物, 类似于点状灯火的瞬时爆发. 用几何的语言来说, 事物是宇宙的四维流形的点.

时空是物质存在的形式, 是这个宇宙流形的形式. 时空的结构, 它的"几何", 不是别的, 而是宇宙的某个一般的结构, 即根据我们的讨论是事物集合的"几何". 这个结构由事物的某些普遍的物质的相互联系和关系决定.

首先, 我们在上面已经对于空间关系解说过, 这应该就是物质的关系和相互联系. 对于现象在时间里的关系这也是对的. 以纯粹形式出现的空间的和时间的关系本身只是抽象罢了.

其次, 决定时空结构的事物的关系, 应该根据时空的普遍性而有普遍的特性.

事物的这种普遍的物质关系表示它们的因果联系. 每一个事物这样或那样地、直接或间接地作用于其他一些事物, 而它自己又经受其他事物的作用. 一些事物作用于另一些事物的这个关系就决定了时空的结构.

因此, 相对论许可给出下列定义. 时空是事物的集合, 这时我们舍弃了事物的所有具体的性质和关系, 只保留一些事物作用于另一些事物的普遍关系. 这里在一般的意义下, 这个关系本身也应该在从它的各种各样的具体形式的抽象中来理解.

在狭义相对论里, 时空算是最大限度均匀的. 这表明事物的流形许可作不破坏事物间的作用关系的变换, 而且这种变换的群在一定的意义下是最大可能的. 例如设有两对事物 A, B 和 A', B', 而且 A 不作用于 B, B 也不作用于 A; 对于 A' 和 B' 也有同样的情况. 于是就存在事物之间的这种对应, 它使 A 对应于 A', B 对应于 B', 而且这时对于任何一对事物, 作用(或者不作用)关系不被破坏, 即如果 X 作用于 Y, 则对应的事物 X' 也作用于

Y', 而且如果 X 不作用于 Y, 则 X' 也不作用于 Y'.

由此可见, 从狭义相对论的观点看来, 时空是一种四维空间, 它的几何由某个变换群决定. 这种变换不是别的, 正是著名的罗仑兹变换. 几何和物理的规律在这种变换下不改变. 这种看法对应于在 §6 里说过的、由克莱因在他的爱耳浪根纲领里提出的那种对几何学的看法.

6. 广义相对论跑得还要远些, 它放弃了关于时空的均匀性的观念. 它认为时空只是在充分小的区域里以一定的近似性而均匀的, 但是整个却是不均匀的, 根据爱因斯坦的理论, 时空的不均匀性由物质的分布和运动决定. 时空的结构本身又决定物体的运动规律, 而且这是在万有引力的现象里发现的. 广义相对论就其本质说是在时空结构与物质运动的联系中说明引力的引力理论.

只在微小的区域内以一定的近似性而均匀的时空的观念, 类似于只"在无穷小范围内"是欧几里得式的黎曼空间的观念. 从数学上看, 当然在实质上有改变的意义下, 广义相对论里的时空可以解释成一种黎曼空间.

那就是说, 在四维黎曼空间里, 在每个点邻近可以引进坐标, 使得线性元素的平方由公式 $ds^2 = dx_1^2 + dx_2^2 + dx_3^2 + dx_4^2$ 表出.

在时空里, 可以在每个事物的邻域里引进坐标, 使得线性元素由公式 $ds^2 = dx^2 + dy^2 + dz^2 - c^2 dt^2$ 表出, 这里 c 是光速, 它在测量单位的对应选取下可以认为就等于单位数. 公式中的 x, y, z 是空间的坐标, t 是时间. dt^2 前的负号形式地表示了时间坐标与空间坐标 (时间与空间) 的实质的、根本的区别.

在引力理论里起最重要作用的是关于时空的曲率的概念. 由爱因斯坦给出的这个理论的基本的方程, 正好联系了刻画时空的曲率的量与刻划物质的分布和运动的量. 这些方程同时是引力场的方程, 而且正像爱因斯坦在佛克的合作下所证明的, 从其中引出物体在引力场中的运动规律.

按照广义相对论, 时空的结构显得是复杂的, 而且即使在狭义相对论里可以允许的那种程度下, 空间也不能从时间分出. 然而以一定的近似性和在一定的假定下这是可以做到的. 在与宇宙尺度相比是微小的区域里, 空间以充分的正确性显得是欧几里得式的, 但是在较大的区域里却显示出与欧几里得几何的差异. 这个差异依赖于物质质量的分布和运动, 而且在巨大质量的星体邻近还达到值得注意的(虽然仍然是很小的)量, 而整个地都在宇宙尺度之内. 在一系列关于宇宙结构的假设中, 整个说来都近似地假定质量是均匀地平均分布的. 在一个这种假定的理论中, 由苏联物理学家兼数学家弗利德曼假定的空间的几何整个地重合于罗巴切夫斯基几何.

在相对论里, 抽象几何不仅是作为数学工具而得到其应用, 抽象空间的观点本身也给出了这个理论原理的最深入的表述方法. 在现实中开辟了由抽象几何来规划的可能性, 而且理论上的思维获得了辉煌的胜利. 从物体的空间关系和形式的经验研究生长起来的抽象几何, 现在与作为现成的数学方法的现实空间的研究相对立了. 这是科学的一般途径: 它从经验中的直接数据提高到理论上的推广和抽象, 它们重又回到经验, 作为更深入地认识现象本质的工具, 给出已知现象的解释和新现象的预言, 指出人类实践活动的方向, 而且在其中求得自己的证明和进一步发展的泉源.

文　　献[1]

А. Д. Александров, Геометрия. БСЭ, т. стр. 533—550.

Б. Н. Делоне, Краткое изложение доказательства непротиворечи вости планиметрии Лобачевского. Изд. 2-е, Гостехиздат, 1956.

П. А. Широков и В. Ф. Каган, Строение неэвклидовой геометрии, Гостехисдат, 1950.

包含罗巴切夫斯基几何的内容, 它的叙述易懂并且比较完全.

В. Ф. Каган, Геометрические идеи римана и их современное разви тие. ГТТИ, 1933.

Д. И. Блохинцев и С. И. Драбкина, Теория относительности А. Эйнштейна, Гостехиздат, 1940.

В. А. Фок, Современная теория пространства и времени. "При рода", №12, 1953.

─────────────

1) 还请参看第七章(第二卷)和第十八章的文献.

以尽可能易懂的形式讲述关于现实空间的几何学的现代观点原理的文章.

В. А. Фок, Теория пространства, времени и тяготения, Гостехиздат, 1955.

Н. В. 叶非莫夫: 高等几何学(分上、下两册), 高等教育出版社, 1956.

П. К. 拉舍夫斯基: 黎曼几何与张量分析, 高等教育出版社, 上册 1955, 下册 1958.

Э. Картан, Геометрия римановых пространств, ОНТИ, 1936.

为受过训练的读者广泛地讲述对象的专门著作。

裘光明 译

吴祖基 校

第十八章 拓 扑 学

§1. 拓扑学的对象

"附贴性是物体的一个特殊的属性. 如果我们把这个性质掌握, 而把物体其他的一切属性, 不问是本质的或偶然出现的, 均不予考虑, 那么就说所考虑的是几何物体."

这是罗巴切夫斯基在他的著作"新几何原本"[1]第一章开头的一句话.

当用图 (图 1) 来说明上面这句话的意思时, 罗巴切夫斯基继

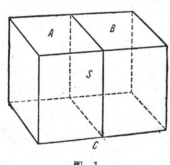

续写道: "两个物体 A, B 互相粘合时产生几何物体 C……; 反之, 每个物体 C 被任意的截面 S 划分为两部分 A, B".

这些关于附贴、近傍、无限邻近的概念, 以及在某种意义下与之对偶的物体的截断概念被罗巴切夫斯基拿来当作整个几何学的基础概念. 如果用现代眼光来看

图 1

的话, 实质上这也是拓扑学中基本的且占最主要地位的概念. 因此, 这位伟大几何学家的近代评论者们说: "罗巴切夫斯基在数学史上第一次试图从物体的拓扑性质出发来构筑几何学……[2]. 罗巴切夫斯基用物体附贴与截断的术语来决定曲面、曲线和点的概念", 他们这样的评论是完全正确的, 足以反映出附贴与截断概念

1) Н. И. 罗巴切夫斯基全集,第二卷,国立科学技术理论书籍出版社, 1949, 168 页.

2) "新几何原本"注解,同书,465 页.

的一些含有多样性内容的具体几何图像，这些可以在下列的图 2 里看到．这些图例是罗巴切夫斯基为着同样的目的而举出的，我们取自上面引到过的原书．

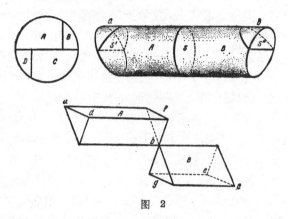

图 2

如果几何图形的变换不破坏图形各部分的附贴关系，则这个变换叫作连续变换；如果不仅仅附贴关系没有被破坏，并且也没有增添出新的附贴关系，则变换叫作是拓扑变换．因此，任何图形受到拓扑变换时，图形中互相附贴的部分仍然是互相附贴的，而不互相附贴的部分，仍然是不互相附贴的．简单地说，在拓扑变换之下既不会产生断裂，也不会产生粘合．特别，两个不同的点不能合为一点（在这个情形产生了新的附贴，图 3）．因此，如果把图形看作是由它的点所产生的，则拓扑变换不仅仅是连续的，并且是一点对一点的对应：图形中任意两个不同的点变为两个不同的点．于是，

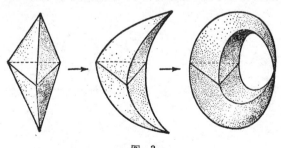

图 3

拓扑变换就是双边连续与双边一对一的变换.

从直观上来看,任意一个几何图形(曲线、曲面等等)的拓扑变换可以用下列方式来表示.

假设我们的图形是用某种柔韧的、可伸缩的物质,例如橡皮造成的,于是可以使图形作各种可能的连续形变. 这时,图形在它的某些部分扩伸了,而在另一些部分压缩了. 一般地说,大小与形状都将改变. 例如,我们可以把一个圆形的橡皮圈拉长为一个极其狭长的椭圆,也可以把它变为正多边形或非正多边形的形状,更可以把它变为形状非常奇怪的闭曲线. 图4里画出了一些,但我们不能够用拓扑变换把圆圈变成8字形曲线(要这样作,必须把两个点粘合,图5),或者线段(要达到这个目的,可以把圆周上的一个半圆与另一个半圆粘合,或者把圆圈在一点截断). 圆周是简单闭曲线,它只含有一环,与8字形曲线含有两环以及三瓣曲线(图5)含有三环不同. 圆周是简单闭曲线这一性质在拓扑变换之下是保持不变的,是所谓拓扑性质.

如果我们取一个球面来,譬如小橡皮球,则可以用拓扑变换来使它的形状大有改变 (图6). 但我们不能够用拓扑变换把球面变

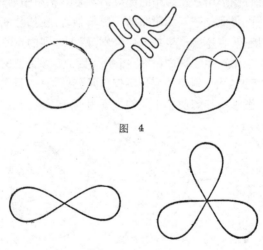

图 4

图 5

图 6

为正方形或者环面(面包圈的表面或救生圈那样的曲面, 图 7). 事
实上, 球面具有下列两个在任何拓扑变换之下保持不变的性质. 第
一个性质: 球面是闭曲面, 它没有边界(而正方形有边界); 第二个
性质: 球面上每一条闭曲线, 用罗巴切夫斯基的话来说, 是它的截
线. 如果沿着一条闭曲线切开我们的小橡皮球, 则球面将被分割
成两块互不联接的部分. 环面则不具有这个性质: 如果把环面沿
着它的一条子午线切开(图 7), 它不致于分成许多块, 只不过是变
成了一个弯曲的圆筒形(图 8), 而这个圆筒形又不难经过拓扑变
换(拉直)变为圆柱面. 因此, 与球面不同, 在环面上并不是每条闭
曲线都是截线. 因此, 球面不能拓扑地变为环面, 我们说, 球面与
环面是拓扑上不同的曲面, 或者说它们属于不同的拓扑类型, 或者
说这两个曲面互不同胚. 反之, 球面与椭球面以及一般的有界凸
闭曲面属于同一个拓扑类型, 也就是说, 互相同胚. 这就是说, 用
拓扑变换可以把它们之中的一个变为另一个.

图 7   图 8

§2. 曲　　面

上面已经说过, 几何图形在任何拓扑变换之下不变的性质叫

作拓扑性质. 拓扑学研究图形的拓扑性质, 不仅如此, 它还研究几何图形的拓扑变换以及任意的连续变换.

我们方才已举了一些拓扑性质的例子. 下面这些都是拓扑性质: 曲线或曲面的闭性质, 闭曲线是简单闭曲线的性质(也就是说, 只含有一环), 闭曲面被它上面任意闭曲线分割的性质(球面具有这个性质, 而环面不具有这个性质), 等等.

在曲面上引闭曲线, 使得把它们放在一起不组成曲面的划分, 也就是说, 不把曲面分割为不连接的部分. 在一个曲面上所能够

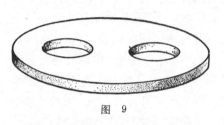

图 9

引的这样的闭曲线的最大数目, 叫作这个曲面的连通阶. 这个数目将使我们得到对于曲面拓扑结构的最重要的知识. 我们已经看到, 对于球面来说, 它等于零(球面上的任何闭曲线组成划分). 在环面上可以找到两条闭曲线, 它们合起来还不致于分割环面. 其中之一可取任意一条子午线, 另一则取任意的平行环 (图7). 但是在环面上不存在三条共同不分割这个曲面的闭曲线. 环面的连通阶等于 2. 像图 9 里的面包, 它的表面就是一个连通阶等于 4 的闭曲面, 等等. 一般地说, 在一个球面上开 $2p$ 个小圆洞(图 10 上是 $p=3$ 的情形), 而把这些圆洞配为 p 对, 在每一对上粘一个圆柱面(沿着边粘), 则得到

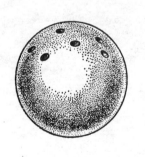

图 10

一个手柄. 这样我们就得到了一个带有 p 个手柄的球面, 或者叫作亏格为 p 的规范曲面. 这个曲面的连通阶等于 $2p$.

用罗巴切夫斯基的说法, 所有这些曲面都是空间的"截面": 它们每一个都把空间分为两个区域, 内部与外部, 而它们自己是这两个区域的公共边界. 这个性质又与另一个性质有关, 那就是这些曲面当中的每一个都具有两侧: 外侧与内侧(其中一侧可以用一种颜色涂满, 而另一侧则可用另一种颜色来涂).

但是与这些曲面并存的还有所谓单侧曲面, 对它们来说无从区别两侧. 最简单的例子就是熟知的"莫毕鄂斯带子". 把一个长方形纸条 $ABCD$ 的 AB 边与 CD 边粘合, 但粘时使顶点 A 合于顶点 C, 顶点 B 合于顶点 D, 我们就得到如同图 11 所画的曲面. 它叫作莫毕鄂斯带子. 不难看出, 在莫毕鄂斯带子上不能区分两侧, 不能用不同的颜色来涂满两个侧面: 沿着带子的中线运行, 从点 E 开始运行一周以后再回到点 E 时, 虽然不曾经过带子的边界, 但已到了与原来出发时不同的一侧. 顺便指出, 莫毕鄂斯带子的边界是由单独一条闭曲线所组成.

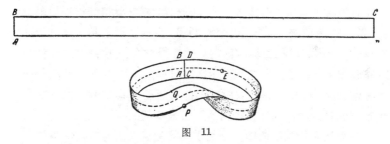

图 11

于是产生了这样的问题: 是不是存在单侧闭曲面, 也就是说, 不具有边界的单侧曲面? 这种曲面是存在的, 但如果把它们置放在三维空间里, 则必然会发生自己与自己相交的情况. 典型的单侧闭曲面的例子就如同图 12 里所画的, 叫作"单侧环面"或克莱茵曲面. 如果要避免自己交叉, 设想把两个莫毕鄂斯带子沿着边界粘合起来便得到克莱茵曲面(如同上面曾经提到过的, 莫毕鄂斯带子的边界只含有一条周线).

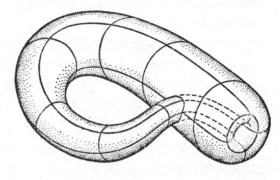

图 12

现在我们可以来陈述曲面拓扑学的基本定理应用于双侧曲面的情形:任何一个双侧闭曲面必同胚于某个亏格为 p 的规范曲面,也就是"具有 p 个手柄的球面". 两个双侧闭曲面同胚,当且仅当它们具有相同的亏格 p(相同的连通阶 $2p$),也就是说,它们同胚于具有同样多数目手柄的球面.

对于单侧曲面来说,也有"规范形式",类似于亏格 p 的双侧曲面所有的规范形式,但是比较难以表现出来. 要得到这种规范形式,取一个球面来,在上面开 p 个圆洞,在每个洞上粘一个莫毕鄂斯带子,使得带子的边界与圆洞口的边界粘合. 试图作这种粘合时将碰到困难,因为根本不可能在空间里具体地实现. 在施行这样的粘合时,必然又将导致曲面的自己交叉. 而这种交叉是在空间里实现单侧闭曲面的模型时所不可避免的.

不能认为单侧闭曲面只是数学里的趣谈,而与严肃的科学问题无关. 要证实这种想法的错误,只需以射影几何的产生为例证. 这是几何思想的一大成就. 这门学科的原理现在已被列入大学或师范学院的课程中. 射影几何学的实际应用起源于配景理论,是在文艺复兴时期(列昂纳都·达·芬奇)由于建筑、绘画与技术制图的需要而产生. 射影几何学最初一些定理的发现是十六—十七世纪的事,是由于纯粹实用上的需要而产生.射影几何的发展成为几何学在纯理论方面的一个最突出的推广. 特别,在它的基础之上,人们初次彻底地理解了罗巴切夫斯基的非欧几何学[1].

要从初等几何里所讨论的普通平面得到射影平面, 只需在平面上补充一些抽象的元素, 所谓非正常点或"无穷远点". 仅当作了这种补充以后, 从一个平面到另一个平面的射影(从射影灯到银幕的射影)才是从一个平面到另一个的一对一变换. 把平面补充以非正常点, 在解析几何里就相当于从通常的笛卡儿坐标过渡到齐次坐标. 也可以按照下述的方式来描写: 每一条直线补充了唯一的一个非正常点("无穷远点"); 两条直线具有相同的无穷远点当且仅当它们是平行的. 添加了唯一的无穷远点以后, 直线变成了闭曲线, 而所有各直线上无穷远点的全体按定义组成非正常的或无穷远直线.

因为平行的直线具有共同的无穷远点, 所以, 要表达出在平面上补充无穷远点的实际步骤, 只需考虑通过平面上某个定点的直线, 例如通过坐标原点 O 的直线(图13). 这些直线的无穷远点已经把平面上所有的无穷远点包罗无遗(因为每一条直线与通过点 O 的平行直线具有同一个无穷远点). 因此, 我们得到了射影平面的一个"模型". 这个模型是在一个以 O 为中心, 具有"无穷大"半径的圆里, 把圆

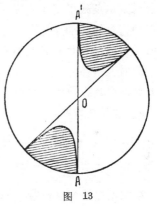

图 13

周上每一对对径点(同一条直径的两个端点)粘合为直线 AA' 唯一的"无穷远"点而得到的. 整个圆周就变成了无穷远直线, 但这时必须记牢, 圆周上的每一对对径点是看作互相等同的一点的. 由此立刻可以看出. 射影平面是闭曲面, 它没有边界.

如果在射影平面上考虑一条形状如双曲线 (见图13) 的二次曲线, 则很显然这条双曲线在射影平面上是一条闭曲线(只不过是

---

1) 例如参照第十七章 §6, 或 П. С. 亚历山大洛夫的小册子"什么是非欧几何"(1951).

被无穷远直线分割成两部分）．既然我们取作基本圆的圆周上每一对对径点是粘合为一的，则不难看出，在图 13 上用阴影表示的双曲线内部同胚于普通的圆，而射影平面上没有阴影的其余部分则同胚于莫毕鄂斯带子．因此，从拓扑的观点来看，射影平面是把圆形（在我们的情形是双曲线内部）与莫毕鄂斯带子沿着边界粘合以后所得的结果．由这里就立刻推知，射影几何所研究的基本对象——射影平面，是一个单侧的闭曲面．

除了极其重要的几何意义以外，射影平面的有趣之点还在于它突出地表现了近代几何思想的一个特点，这种特点是基于罗巴切夫斯基的发现而形成的．由于几何图形这个概念的特征，几何的思想总是抽象的．现在，它又进一步抽象化，如同我们所说的，在普通平面上补充进新的抽象元素——非正常点来．当然，这些抽象元素也反映了现实实际中的事物（每个"非正常点"不过就是一束平行直线的抽象化），但它们在我们的考虑中只是一种抽象的几何元素，这种元素只能不完全地（不能予以物理实现地）用粘合某个圆周上对径点后的结果来表示．在整个近代拓扑学里，类似的抽象构造具有很大的价值，特别是当从曲面进入到三维或高维流形时，情况是如此．

§3. 流　形

考虑下面的简单仪器，有时也叫作平面复摆（图 14）．它是由两条轴 OA 与 AB 在点 A 用铰链联牢而构成的．点 O 是固定不动的，轴 OA 可以在一个固定的平面里围绕着点 O 而转动，而轴 AB 也是在那一个平面里可以绕着点 A 而自由转动．我们这个系统的每一个可能的位置可由两个角度，φ 与 ψ，完全决定，这里 φ 与 ψ 是轴 OA 与 AB 同平面某个固定方向所成的角，例如，与横标轴的正方向所成的角．这两个在 O 与 2π 之间变动的角度可以看作环面上一点的"地理坐标"，这坐标是关于环面的"赤道"以及某一条"子午线"而取的（图 15）．

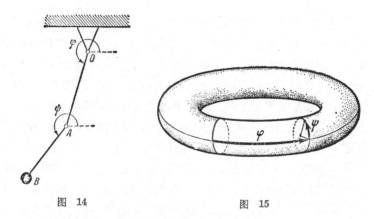

图 14   图 15

因此，可以说我们这个力学系统所有可能的状态所形成的集合是一个二维流形——环面．把每个角 φ 与 ψ 换为与之相当的、在某两个圆周上的点，在这些圆周上已确定了计算弧长的起点与方向(图 16)，则我们也可以说上述力学系统的每一个状态决定于在这两个圆周的每一个上取定一点(在一个圆周上取纬度 φ，在另一个上取径度 ψ)．换句话说，完全如同在解析几何里把平面上的点对应了一对数——坐标那样，在现在的情形我们把环面上的任意一点(因而平面复摆的任意位置)对应了它的一对地理坐标，也就是说，对应了一对点，其中每个各在一个圆周上．这件事实就表示说，平面复摆所有的状态所形成的流形，也就是说环面，是两个圆圈的拓扑乘积．

现在把我们的仪器作下述的改变：它仍然是由两条轴 OA 与 AB 组成，轴 OA 可以在某个固定的平面里围绕着点 O 而转动，AB

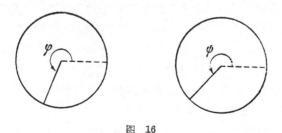

图 16

轴在点 A 与轴 OA 用铰链相接. 但这时, 无论点 A 在什么位置, 轴 AB 可以围绕着点 A 在空间里自由转动, 它可以取任何由点 A 出发的射线所取的方向. 这时, 我们的系统由三个参数决定, 其中一个仍然是轴 OA 与横标轴正方向的交角, 而其余的两个参数决定轴 AB 在空间里的方向. 后两个参数可以这样来给出: 以坐标原点 O 为中心引一个单位球面, 取球面平行于轴 AB 的半径 OB', 则点 B' 或它在球面上的那两个地理坐标就可作为是决定轴 AB 方向的参数. 于是, 我们这个新的铰链系统所有一切可能的位置所形成的集合是一个三维流形. 读者不难想到, 这个流形可以解释作圆周与球面的拓扑乘积. 这个流行是闭的, 也就是说没有边界, 因此, 不能在三维空间里把它用图形具体地表示出来. 若要把这个流形表达得比较直观一些, 考虑空间里夹在两个同心球中间的部分. 从它们的中心发出的每一条射线同它们各交于一点. 如果把这样的每一对点等同起来 (粘合为一点), 我们就得到一个三维流形, 正是圆周与球面的拓扑乘积.

我们可以把上述的仪器进一步复杂化, 不仅仅使由铰链接合于轴 OA 上的轴 AB 可以自由地绕着点 A 在空间里转动, 并且使轴 OA 也可以自由地绕着点 O 在空间里任意转动. 这个系统所有可能的位置所形成的集合将是一个四维闭流形——两个球面的拓扑乘积.

我们看到, 在考虑最简单的力学 (运动学的) 问题时, 将引出拓扑流形, 并且是三维或者更高维的. 实际上, 对于力学问题作较为详细的研讨时, 具有较大意义的流形 (一般说也是高维的), 是所谓动力系统的相空间, 其中不仅包括了所给的力学系统可能取的几何位置, 并且还包含了系统中各个点的运动速度. 我们只举最简单的例子. 设有一点在圆周上以任意速度运动. 这个系统的每一个状态可以由两个数据决定: 每一时刻点在圆周上的位置与速度. 这个系统所有的状态所形成的流形 (相空间), 显然是一个无穷圆柱面 (圆周与直线的拓扑乘积).

相空间的维数随着系统的自由度而增加. 有些系统的力学特

征可以由它的相空间的拓扑性质表现出来. 例如, 系统的周期运动相当于相空间内的闭曲线.

对于由力学、物理学、天文学(天体力学, 宇宙学)的问题所提出的动力系统的相空间而作的研讨, 使得数学家注意到高维流形的拓扑学. 正是因为这些问题才使得伟大的法国数学家庞加莱在上个世纪九十年代运用所谓组合方法来系统地建立了流形的拓扑学, 而这个组合方法至今仍然是拓扑学中的一个基本的方法.

§4. 组 合 方 法

在历史上, 关于拓扑学的第一个定理是欧拉定理或欧拉公式(似乎笛卡儿就已经知道这个结果). 定理的内容如下: 取任意一个凸多面体的表面来, 令 α_0 表示它的顶点的数目, α_1 表示棱的数目, α_2 表示面的数目, 则下面的所谓欧拉公式成立:

$$\alpha_0 - \alpha_1 + \alpha_2 = 2. \tag{1}$$

显然, 当凸多面体经受到任意的拓扑变换时, 公式仍然成立. 因此这个几何定理是属于拓扑学的. 当然, 经过拓扑变换以后, 棱不一定仍然是直的, 面也不见得仍然是平的, 不过对于弯曲面的数目、弯曲棱的数目以及顶点数目之间的关系(1)仍旧保持有效. 最重要的情形是各个面都是三角形, 这时叫作一个三角剖分(把我们的曲面剖分成直的或弯的三角形). 很容易把一般多面体的情形化为这个情形: 只需把各个面剖分为三角形(引每个面的一些对角线). 这样, 我们就可以限于三角剖分的情形. 曲面拓扑学的组合方法就在于把对于曲面的研究用对于它的三角剖分的研究来代替, 当然我们所感兴趣的只是不依赖于三角剖分的选取的那种性质. 既然是已给曲面的一切三角剖分所共有的性质, 因此也将表示曲面本身的某种性质.

欧拉公式提供给我们这样的性质之一, 现在我们详细地考虑它. 欧拉公式的左方, 也就是式子 $\alpha_0 - \alpha_1 + \alpha_2$ 叫作这个三角剖分的欧拉特征数, 其中 α_0 是这个三角剖分的顶点总数, α_1 是棱的总数,而 α_2 是三角形的总数. 欧拉定理说,对于同胚于球面的曲面,它们的任何三角剖分都具有等于 2 的欧拉特征数. 对于任何曲面(不仅是同胚于球面的曲面)来说, 它们的任何三角剖分都具有相同的欧拉特征数.

要想知道各种曲面欧拉特征数的数值也不困难. 首先, 对于圆柱面来说,这个数值为零. 事实上, 从球面的任意一个三角剖分里挖去两个不相邻接的三角形,但把它们的边仍旧留下,则显然我们得到同胚于圆柱侧面的曲面以及它的一种三角剖分. 这时, 顶点与棱的数目没有变动, 而三角形的总数少了两个,因此, 这个三角剖分的欧拉特征数等于零. 现在, 从球面的某个三角剖分里挖去 $2p$ 个两两互不相邻(没有公共边,也没有公共顶点)的三角形[1],这时, 欧拉特征数将比原来减少 $2p$. 不难看出, 如果把球面上这 $2p$ 个洞口分为 p 对, 在每一对洞口粘上一个弯曲的棱柱形手柄,则欧拉特征数仍然不变. 这是由于我们已看到棱柱形手柄的欧拉特征数等于零, 而在柱形的边上, 棱的总数又与顶点的总数相同. 于是,亏格为 p 的双侧闭曲面具有等于 $2-2p$ 的欧拉特征数(这个事实首先是法国海军上将德·容克艾证明的).

我们再引进三角剖分的一个重要性质, 它也满足所谓拓扑不变的性质(也就是说,如果曲面的某一个三角剖分具有这种性质, 则该曲面的任何三角剖分也都具有这种性质). 这个性质叫作可定向性. 在没有陈述它的意义之

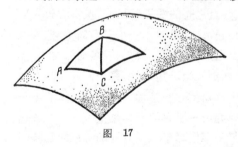

图 17

前, 注意每一个三角形是可以定向的, 也就是说, 在它的边界上确定一个环行的方向. 三角形的两种可能的定向可以由它顶点的排

---

1) 要使得能这样作,只需使所考虑的三角剖分是适当地"细小". 任意一个三角剖分如果还不满足这个要求,只需把它再重分若干次便可以使它合用.

列顺序来决定[1]. 设在某个曲面上已给两个相邻接的三角形,它们有一条公共边,但没有其他的公共点(图 17). 如果这两个三角形所取定的定向在公共边上所诱导的定向相反, 则我们说这两个三角形上所取的定向是相符的(在平面上或在任意双侧曲面上,这表示说,如果从曲面的某一侧来观察曲面,这两个三角形的周界按照相同的方向而环行, 也就是说或者都是顺时针方向. 或者都是逆时针方向). 如果能够把闭曲面某个三角剖分里所有的三角形都给以定向, 使得每两个具有公共边的三角形都具有相符的定向, 则这个三角剖分叫作可定向的. 下列的事实成立: 双侧曲面的任何三角剖分是可定向的,单侧曲面的任何三角剖分是不可定向的. 因此, 双侧曲面也叫作可定向曲面,单侧曲面也叫作不可定向曲面. 取莫毕鄂斯带子的任意一

个三角剖分来, 读者不难看出它的不可定向性. 若要得到射影平面的最简单的三角剖分, 只需在它上面任意引三条不交于一点的直线(图 18). 它们把射影平面剖分为四个三角形, 其中一个位于平面的有限

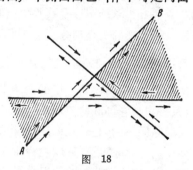

图 18

部分,而其他三个之中的每一个都被无穷远直线割断. 在图 18 里, 把通向无穷远的三个三角形之一用阴影描出. 在这个图上我们也就看出,任何把这四个三角形相符地予以定向的企图都是失败的. 特别, 如果采用图 18 上对四个三角形所取定的定向, 则它们的边界的代数和将是二倍的直线 AB, 而不是零; 但在相符的定向时, 这个代数和应当为零.

　　欧拉特征数以及可定向或不可定向性给出了关于闭曲面的所

---

　　1) 不难看出, 顶点的两种排列顺序决定同一个定向 (同一个环行的方向) 当且仅当它们之中的每一个可以经过一个"偶"置换而变为另一个. 例如, (ABC), (BCA), (CAB) 决定三角形的一种定向, 而 (BAC), (ACB), (CBA) 决定另一种. (关于置换的奇偶性,参照例如第二十章 §3.)

谓拓扑不变量的一个完全系. 意思是说, 两个曲面同胚当且仅当它们的三角剖分具有相同的欧拉特征数, 并且同为可定向或不可定向的.

组合方法不仅仅可用来研究曲面(二维流形), 并且可以用来研究任何维数的流形. 例如, 在三维流形的情形, 相当于剖分为三角形的将是剖分为四面体, 叫作三维的三角剖分或流形的单纯剖分. 三维三角剖分的欧拉特征数是了解为和数 $\alpha_0 - \alpha_1 + \alpha_2 - \alpha_3$, 这里 $\alpha_i(i=0, 1, 2, 3)$ 是这个三角剖分里 i 维元素的总数(也就是说, α_0 是顶点数, α_1 是棱数, α_2 是二维面数, α_3 是四面体数). 当维数 $n>3$ 时, 则把流形剖分为 n 维单纯形, 也就是说, 最简单的 n 维凸多面体, 类似于三角形($n=2$)与四面体($n=3$). n 维流形所剖分成的 n 维单纯形以及这些单纯形的各维面(也是单纯形)共同组成这个流形的三角剖分. 这时仍然可以讲欧拉特征数, 这时就了解为和数 $\sum_{i=0}^{n} (-1)^i \alpha_i$, 这里 α_i 是在三角剖分中所出现的 i 维元素的总数 $(i=0, 1, 2, \cdots, n)$. 与以前一样, 对于已给 n 维流形(以及一切与它同胚的流形)的任何三角剖分来说, 所得到的欧拉特征数是同一的, 也就是说, 欧拉特征数是拓扑不变量. 至于拓扑不变量的完全系(就如同欧拉特征数及可定向性对于曲面那样)将是怎样的, 就目前我们的知识水平来说, 即使对于三维流形也还不能设想.

组合方法对于近代拓扑学的价值是巨大的. 这个方法开辟了应用某些代数方法来解决拓扑问题的可能性. 精明的读者也许当前面在射影平面的三角剖分里讲到定向三角形边界的代数和时就已看到向代数过渡的可能性. 事实上, 如果三角形已定向, 也就是说, 确定了一种环行的方向, 则它的边缘将自然地取作它所有的、赋予一定定向后的边, 而每一边上的定向也正是按三角形的定向环行周界时所诱导的.

考虑在某个曲面的三角剖分里出现的全体三角形 T_i^2, $i=1$, $2, \cdots, \alpha_2$. 它们之中的每一个可以有两种定向. 三角形 T_i^2 取定可能的定向之一种以后记作 t_i^2, 而同一个三角形取另一种(相反的)定向时则记作 $-t_i^2$. 同样, 对于上述三角剖分中出现的全体一维元素(棱) $T_k^1 (k=1, 2, \cdots, \alpha_1)$ 也可以定向, 就是, 取定它的两种可能的方向之一. 线段 T_k^1 取定某个方向时记作 t_k^1, 则取定另一个方向时记作 $-t_k^1$. 于是, 如果三角形 T_i^2 的边是线段 T_1^1, T_2^1, T_3^1, 则定向三角形 t_i^2 的边缘将是赋予一定定向后的这三个边, 也就是说, t_i^2 的边缘是由有向线段 $\varepsilon_1 t_1^1, \varepsilon_2 t_2^1, \varepsilon_3 t_3^1$ 组成, 这里, 如果棱 T_i^1 的方向与 t_i^2 的方向一致, 则 $\varepsilon_i = +1$, 否则 $\varepsilon_i = -1$. t_i^2 的边缘记作 $\varDelta t_i^2$. 我们看到, $\varDelta t_i^2 = \sum \varepsilon_k t_k^1$, 但这个和式可以了解为展开在三角剖分所有的棱上而取的, 把那些不在三角形 T_i^2 的边上出现的棱 T_k^1 所对应的系数 ε_k 取作零.

很自然地可以进而考虑展开在三角剖分全体棱上的一般和式 $x^1 = \sum a_k t_k^{1\,1)}$. 这种和式的几何意义非常简单: 实际上和式中的每一项是取自三角剖分的某个线段, 但附加了一定的方向与一定的系数(一定的"重数"). 整个的代数和表示一条由线段所组成的途径, 在这条途径里每一个线段所出现的次数就

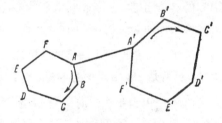

图 19

如同它前面的系数. 例如, 若我们先按箭头所指的方向走完多边形 $ABCDEF$ (图 19), 然后过线段 AA' 到多边形 $A'B'C'D'E'F'$ 上按箭头所指的方向走一圈, 再后, 通过线段 AA' 回到多边形 $ABCDEF$, 按箭头所指的方向再走一圈, 则我们将得到一个和式, 其中线段 AB, BC, CD, DE, EF, FA 的系数是 2, 线段 $A'B'$, $B'C', C'D', D'E', E'F', F'A'$ 的系数是 1, 而线段 AA' 根本不出现(它的系数为零, 因为在它上面按相对方向各跑了一次).

形式如 $x^1 = \sum a_k t_k^1$ 的和式叫作三角剖分的一维链. 从代数的观点来看, 它们是线性形式(一次的齐次多项式), 因而可以按照通

---

1) 系数 a_k 是整数.

常的代数运算法则相加、相减以及乘上任意的整数. 在一维链中特别重要的是所谓一维闭链. 在几何上, 它们表示闭途径(在图 19 里所牵涉到的正是这种闭途径).

为要得到闭链的纯代数的定义, 对于有向线段 $\overrightarrow{AB}$ 来说, 我们令终点 B 在线段 $\overrightarrow{AB}$ 的边缘上带正号出现(以 $+1$ 为系数), 起点 A 以负号出现(以 -1 为系数), 则线段 $\overrightarrow{AB}$ 的边缘可以写为

$$\Delta(\overrightarrow{AB}) = B - A.$$

有了以上的了解以后, 我们立刻可以注意到(在通常意义之下)组成闭途径的线段 $\overrightarrow{AB}$, $\overrightarrow{BC}$, $\overrightarrow{CD}$, $\cdots$, $\overrightarrow{FA}$ 的边缘之和等于零. 这就自然地引出一般一维闭链的定义: 一维链 $z^1 = \sum_k a_k t_k^1$ 是闭链, 假如它每项的边缘之和为零, 也就是 $\sum_k a_k \Delta t_k^1 = 0$. 不难验证, 两个闭链的和仍然是闭链. 闭链看作代数式而乘上任何整数以后仍然是闭链. 这就使得我们能够说闭链 z_1^1, z_2^1, $\cdots$, z_s^1 的线性组合就是形如 $z = \sum_{\nu=1} c_\nu z_\nu^1$ 的闭链, 这里 c_ν 是整数.

类似于三角剖分上一维链的概念, 可以讲这个三角剖分的二维链, 也就是, 形如 $x^2 = \sum_i a_i t_i^2$ 的式子, 其中 t_i^2 是三角剖分里的定向三角形. 因为每个定向三角形的边缘是一维闭链, 所以链 $\sum_i a_i \Delta t_i^2$ 是闭链. 我们正是把这个闭链当作链 $x^2 = \sum_i a_i t_i^2$ 的边缘 Δx^2.

利用链的边缘这个概念可以进一步陈述同调的概念: 三角剖分里的闭链 z^1 叫作在这个三角剖分里同调于零, 假如它是这个三角剖分里某个二维链的边缘, 在一切凸闭曲面的三角剖分里, 或更一般些说, 在同胚于球面的一切曲面的三角剖分里, 任何一维闭链同调于零. 从几何上来看, 这是很清楚的: 凸闭曲面上的每一个闭多边形必然是某一块曲面的边界. 但对于环面来说则不然: 环面上的子午线以及赤道都不是这个曲面上任何一块区域的边界. 如果取环面的任意一个三角剖分, 则在这个三角剖分里可以找到类似于子午线与赤道的闭链, 这种闭链不同调于零.

在前面所作的射影平面的三角剖分里，我们将看到一种新现象．如果把直线，例如直线 AB（图 18）看作是这个三角剖分里的闭链，则它并不同调于零．但是，同一条直条，如果取 2 为系数，则同调于零．因此，在链的定义里引入异于 ± 1 的整数作系数，最初看起来似乎是形式的、不必要的，但现在就知道并不如此．这样作能够使我们抓着曲面以及一般流形的重要几何性质，在现在这个情形涉及到的是所谓挠系数的性质，就是在流形上存在那样的闭链，它本身不同调于零（不是某一块面积的边缘），但如果乘以某个适当的整数系数以后，就同调于零．

最后，与上面所说有关的一个极其重要的概念是闭链的同调独立性（或同调无关性）．闭链 $z_1, \cdots, z_s$ 叫作在三角剖分里是同调独立的，假如它们的任意线性组合 $\sum c_i z_i$ 仅当所有的 c_i 都为零时方才在这个三角剖分上同调于零．在环面上，作为同调独立闭链的例子，可以取任意一条子午线及赤道，把它们看作环面的某个三角剖分上的闭链．

整个组合拓扑学的基本概念——边缘、闭链、同调的概念——我们上面只是在一维的情形给了定义，但是这些定义可以逐字逐句地推广到任何维数．例如，二维链 $z^2 = \sum a_i t_i^2$ 叫作是一个闭链，假如它的边缘 $\varDelta z^2 = \sum a_i \varDelta t_i^2$ 等于零．三维链是形如 $x^3 = \sum a_h t_h^3$ 的式子，其中 t_h^3 是定向的三维单纯形（四面体）．

如同在三角形的情形一样，三维单纯形（四面体）的定向可以由顶点排列的顺序来给定．顶点的两种顺序排列如果能够用一个偶置换互相变换，则决定同一个定向．三维定向单纯形 $t^3 = (ABCD)$ 的边缘是二维链（闭链）
$$\varDelta t^3 = (BCD) - (ACD) + (ABD) - (ABC)$$
（图 20）．三维链的边缘就定义作它的每个单纯形的边缘冠以这个单纯形在该三维链里出现的系数以后所作的和式．读

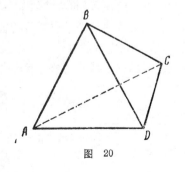

图 20

者不难验证，任何一个三维链的边缘是二维闭链（这只需对于三维单纯形来加以证明就够了）. 我们说，二维闭链在流形里同调于零，假如它是流形里某个三维链的边缘. 如此类推. 注意，根据前面所说可定向与不可定向三角剖分的定义[1]立刻推出，在所有的可定向三角剖分里必定存在异于零的闭链（曲面的情形是二维闭链），而在不可定向的三角剖分里就没有这样的闭链. 这个结果也可以立刻推广到任何维数的流形.

以上所引入的概念，使我们可以定义任意维数流形的一维、二维、…等等的连通阶. 在每个流形的任意一个三角剖分里，同调独立的一维、二维、…闭链的最多个数，与该三角剖分的选择无关，叫作流形的一维、二维、…连通阶，或叫作一维、二维、…伯蒂数.

亏格为 p 的可定向闭曲面的一维伯蒂数等于 $2p$（也就是如同在§2里所定义的连通阶）. 射影平面的一维伯蒂数等于零（在射影平面里，任何不伸张到无穷远的闭链必包围一块面积，也就是同调于零. 而伸张到无穷远的闭链，例如射影直线，当取它二次即二倍时同调于零）. 一切不可定向曲面的二维伯蒂数等于零（在这种曲面上没有任何异于零的二维闭链）.

一切可定向二维曲面的伯蒂数等于 1. 事实上，如果把可定向曲面的某个三角剖分里的每一个三角形予以适当的定向，则得到一个闭链（所谓曲面的基本闭链）. 不难验证，一切二维闭链都可以从把基本闭链乘上一个整数系数而得到. 这个结果立刻可以推广到 n 维流形上去. 还可以注意的是连通流形（也就是不分解为一块以上的流形）的零维伯蒂数算作是 1.

各个维数的伯蒂数与欧拉特征数之间存在着一个奇妙的公式，这是欧拉定理的推广，为庞加莱所证明. 这个著称的欧拉-庞加莱公式具有下列的简单形状：

$$\sum_{r=0}^{n} (-1)^r \alpha_r = \sum_{r=0}^{n} (-1)^r p_r.$$

---

1) 在前面，这个定义是对于曲面的三角剖分而给的，但立刻可以推广到任意维数流形的三角剖分上.

这里,左方是流形任意一个三角剖分的欧拉特征数,右方的数p_r是这个流形的r维伯蒂数. 特别,对于可定向曲面,我们方才已经看到$p_0=p_2=1$,$p_1=2p$,而p是曲面的亏格. 从这里就得到关于可定向曲面的欧拉定理:

$$\alpha_0 - \alpha_1 + \alpha_2 = 2 - 2p.$$

§5. 向 量 场

考虑在某个平面区域G里给出的最简单的微分方程

$$\frac{dy}{dx} = F(x, y), \tag{2}$$

它的几何涵义是在区域G的每一点(x, y)给定了一个方向,这个方向的角系数等于$F(x, y)$. 这里$F(x, y)$是点(x, y)的连续函数,就是通常所谓在区域G里给定了一个连续的方向场. 我们可以很容易地把它变为一个向量场,例如,只要沿着每个以上所给定的方向取一个单位长度的向量. 微分方程 (2) 的积分问题实际上就是,如果这是可能的,把已给的平面区域分解为两互不相交的曲线(方程的"积分曲线"). 使得在区域的每一点,切于在这一点给定的方向有唯一的一条积分曲线通过.

例如,考虑方程

$$\frac{dy}{dx} = \frac{y}{x}.$$

它在平面上每一点$M(x, y)$所确定的方向显然是射线$\overrightarrow{OM}$的方向(这里,O是坐标原点). 积分曲线是通过点O的直线. 通过平面上异于O的点有唯一的积分曲线. 至于坐标原点,则是这个微分方程的一个奇点(所谓"结点"),所有的积分曲线都通过这一点.

如果我们取微分方程

$$\frac{dy}{dx} = -\frac{x}{y},$$

则可以看出,它在每个异于O的点$M(x, y)$所确定的方向垂直于$\overrightarrow{OM}$. 在这个情形,积分曲线是以点O为中心的圆,点O仍然是微分方程的奇点, 但是属于另外一种类型, 它不是"结点", 而是所谓"中心". 还存在其他类型的奇点(见第五章, §6), 图21, 22上画出了一些. 微分方程 $\frac{dy}{dx} = \frac{y}{x}$ 没有闭积分曲线, 但微分方程 $\frac{dy}{dx} = -\frac{x}{y}$ 只有闭积分曲线. 也有那种积分曲线, 螺旋式地绕紧奇点, 这种奇点叫作焦点.

对于很多实用部门来说, 极其重要的情形是所谓极限圈, 这是一条闭积分曲线, 而其他的积分曲线螺旋式地围着它逐渐绕紧. 积分曲线相互之间相对位置的分布情况, 积分曲线与奇点之间相对位置的分布情况, 都还有许多其他的情形存在. 凡是涉及微分方程积分曲线的形状与分布以及奇点数目、性质、相互分布位置等的问题, 都是属于微分方程定性理论的. 如同它的名称所表现的, 微分方程的定性理论把直接对微分方程施行积分而得出"有限形式"解案的企图权且撇开一旁, 正如有些用近似方法求数值积分的情况. 定性理论的基本对象, 实质上是微分方程的方向场以及积分曲线系的拓扑学.

首先是由于力学、物理与技术科学中问题的刺激才使得人们以定性的方式来接近微分方程, 这中间包含闭积分曲线的存在问题, 特别是一切有关极限圈的存在、数目与产生的问题. 最初, 这些问题的产生是由于庞加莱关于天体力学与宇宙学的研究. 如同前面曾经说过, 这些也正是促使这位法国几何学者从事拓扑学研究的动机. 在苏联学者所创始的、属于振动论与无线电技术的卓越的研究工作中, 微分方程论的拓扑问题占据了中心的位置之一. 我所指的是 Л. И. 曼德尔斯塔姆的学派以及由那里传下来的 А. А. 安德洛诺夫学派, 它们各自为成为微分方程定性理论的研究中心, 并且可以说也是微分方程拓扑理论研究工作的主要中心之一. 另一个在相当大的程度上用拓扑方法来研究微分方程定性理论的工作中心是莫斯科大学的 В. В. 斯捷巴诺夫与 В. В. 涅梅茨基学派. 在列宁格勒, 斯维尔德洛夫以及卡桑的数学家们关于微分方程定性理论的工作当中, 拓扑方法也占有一个突出的地位.

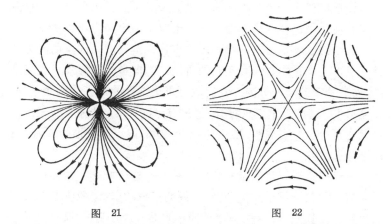

图 21   图 22

微分方程论不仅导致了平面上向量场的研究，并且也导致了高维流形上向量场的研究．由多个微分方程所构成的最简单的方程组就已经几何地解释为高维欧氏空间里的方向场．引入所谓方程的初积分，就意味着在所有的积分曲线中划分出那些位于某个流形上的曲线来，而流形是由初积分决定的．任何动力体系（在它的古典意义之下），一般地说，都导致了一个由它所有可能的状态全体所组成的高维流形（见§3），并且导致了微分方程组，其积分曲线填满了由动力系统一切可能运动状态全体所形成的相空间，每一个单独的运动由这样或那样的初始条件决定．因此，在这个情形，基本的研究对象也是流形上的方向场及轨线系．大量的实际应用，特别是近几年来出现的，使得微分方程的定性理论在极其广泛的方面得到显著的发展．因此，作为这个理论的基础的拓扑学也是如此．近代拓扑学的迅速成长，以致过去半个世纪里在整个数学发展中占颇大的比重，也正应当归功于这些力学的、物理学的与天文学的课题所产生的推动力．读者如果愿意知道微分方程论中拓扑问题在物理与技术方面的具体情况，可以参照 A. A. 安德洛诺夫与 C. Э. 海金合写的名著"振动论"．

作为在高维流形上向量场理论中所解决的具体问题的一个例子，考虑关于这种向量场奇点的代数总数问题．

设已给任意一个平滑流形．为简单起见，就假设是一个平滑的闭曲面．假定在流形的每一点已给定了一个与它相切的向量，并且无论按长度或按方向都随着该点连续地变动．向量场的奇点就是流形上那样的点，对于它们所给定的向量是零向量，也就是说，没有一个确定的方向．我们假定每个这样的奇点是孤立点，在闭流形上，这就表示说只有有限多个奇点(否则，这种点的一部分将聚在某个极限点周围，由于连续性，这极限点本身也是奇点，但却不是孤立点).

对于孤立奇点可以定义它的指数——这个概念在某种意义之下类似于代数方程根的重数. 为了说明指数的定义，把所考虑的奇点用某个闭曲线 C (在平面上就简单地是一个小圆) "孤立起来"，也就是说，流形上这样的一条闭曲线，它不通过任何奇点，但包围了我们所考虑的那个奇点作为唯一的一个奇点在内部．在曲线 C 上的每一点，场的方向是唯一确定的．为简单起见，假设我们这个奇点的被 C 所围的邻域是一个平面区域(在一般的情形，我们所留意的邻域以及它之上的场可以映在平面上)．若沿着曲线按正方向而环行一周，则场的向量与某固定方向的交角比开始时增加的值必可写为 $2k\pi$ 的形状，这里 k 是一个完全确定的整数．这个整数就叫作奇点的指数，也叫作向量沿着曲线 C 的旋度．注意，这个整数值不依赖于把奇点孤立起来所用的闭曲线的选择．在图 21、22 上所画奇点的指数分别为 $+3$ 与 -2．类似地，但比较复杂一些，可以定义在任意 n 维 $(n>2)$ 流形上向量(方向)场奇点的指数．德国数学家 H. 霍甫在 1926 年证明了下列美妙的定理：如果在流形上所给的是只有有限多个奇点的连续向量场，则这些奇点的指数之和，或者所谓奇点的代数总数，不依赖于向量场的选择，并且总是等于流形的欧拉特征数．

从霍甫定理可以推知，仅在欧拉特征数为零的流形上才可能给出不具有奇点的向量场；并且可以证明，在这样的流形上一定也可以造出不具有奇点的向量场．因此，在所有的闭曲面当中，只有在环面以及所谓单侧环面(克莱茵曲面)上存在不具有奇点的向量场*.

与向量场理论密切联系的是流形自己映入自己的连续映象的理论, 特别是关于这种映象的不动点存在与否的问题. 点 x 叫作映象 f 的不动点, 假如它在映象 f 之下的象与它本身重合, 也就是说

$$f(x) = x.$$

为要把这种联系说清楚, 考虑一个最简单的情形——把圆 K 用连续映象 f 映入自己的情形. 把圆内的每一点 x 与它的象 $f(x)$ 联结, 我们得到一个向量 $\boldsymbol{u}_x = xf(x)$. 这个向量为零, 当且仅当 $f(x) = x$. 也就是说, x 是映象 f 的不动点. 我们来证明这样的点的确存在. 设若不然, 让我们来求沿着圆 K 的圆周 C 上述向量场的旋度.

当把向量场连续地变动时, 显然它在圆周 C 上的旋度也连续地变动. 旋度既然是一个整数, 所以它也只能保持为常数. 从这里就已经可以推出向量场沿着圆周 C 的旋度等于 1. 事实上, 因为圆 K 内每一点的象依然属于 K, 所以对于圆周 C 上的点 x 来说, 向量 $\boldsymbol{u}_x$ (由于我们的假设, 必不为零) 指向圆内部, 因此与半径 Ox 交于锐角, 而半径 Ox 可以看作点 x 的、指向圆心 O 的向量.

对于在圆周 C 上的一切点 x, 令 $\boldsymbol{u}_x$ 受到这样的连续变动, 使得它们每一个都逐渐地转动了一个锐角而达到最后与半径所代表的向量重合. 我们方才讲过, 经历这样的变动时, 向量场沿着圆周 C 的旋度不变, 但变动的结果, 使得原来的向量场变为由半径组成的向量场, 而后者的旋度显然是 1. 因此, 我们原来的向量场沿着圆周 C 的旋度也是 1.

由于所考虑的向量场是连续的, 所以它在两个以 O 为中心而半径相差很小的同心圆上所得到的旋度值相等[1]. 因此, 这个向量场沿着圆 K 内一切以 O 为中心的圆周所取的旋度都具有相同的

　＊ 克莱茵曲面上的向量场正负方向不分, 因为它是无向曲面的一种.——校者注

　1) 由假设映象 f 没有不动点, 因此向量场到处有定义且异于零. 这就有可能来说, 向量场沿着圆 K 内任意一条闭曲线的旋度.

值 1. 但因为由假设, 向量 u_a 在圆内每一点有定义并且异于零, 特别在原点 O 也是如此, 因此, 沿着以 O 为中心而且半径适当小的圆周, 向量场所取的旋度值为零. 得到矛盾! 于是推知, 把圆映入自己的连续映象必定至少有一个不动点, 这个定理是那个非常重要的布劳埃耳不动点定理的一个特别情形. 布劳埃耳定理说, 任意一个把 n 维球体映入自己的连续映象必定至少有一个不动点.

这样或那样类型的关于不动点存在的定理, 近年来已有详细的研讨, 它们组成流形拓扑学的一个主要部分.

§6. 拓扑学的发展

在上个世纪末, 拓扑学中或多或少得到一些发展的唯一分支是闭曲面的拓扑学. 这个理论的建立与十九世纪里复变函数论的发展相联系. 作为在十九世纪的数学史上最突出成绩之一的复变函数论, 曾经循着好几条不同的道路而发展起来. 黎曼的几何方法, 从掌握所研究对象的本质这一点来看, 是最有成效的方法之一. 确凿地说明了在复变函数的一般理论里不能只限于考虑单值函数之后, 黎曼方法引入了所谓黎曼曲面. 对于最简单的情形, 象复变数的代数函数, 则相应的这种曲面必然是可定向闭曲面. 在某种熟知的意义之下, 研究这种曲面的拓扑性质就等价于研究所给的代数函数. 黎曼思想的进一步发展归功于庞加莱、克莱茵以及他们的后继者. 结果建立了函数论、闭曲面的拓扑学以及非欧几何(罗巴切夫斯基平面上运动群的理论)之间意想不到的深刻联系[1]. 于是, 属于数学中完全不同分支的重大问题, 第一次把拓扑学有机地包含进去.

当这些问题进一步发展后, 单单考虑曲面的拓扑学便感到不足, 而有必要解决 n 维拓扑学中一定的问题. 第一个遇到的这种问题是空间维数的拓扑不变性. 问题在于证明当 $n \neq m$ 时, n 维欧

---

1) 参照 A. И. 马库西维契"解析函数论" 1950.

氏空间不能够拓扑地映满 m 维欧氏空间. 这个困难的问题首先为布劳埃耳在 1911 年予以解决[1]. 因为要解决这个问题而发明了一些新的拓扑方法, 这些方法使得高维流形的连续映象理论以及高维流形上的向量场理论迅速地开始发展. 在所有这些研究工作里, 需要用到所谓点集拓扑学的最基本概念. 拓扑学的这一分支, 是由上世纪末叶康托尔所建立的集合论而产生的点集拓扑学所研究的对象, 也就是说, 所考虑的几何图形类是极其广泛的, 即便不包括位于欧氏空间里的一切集合, 至少也包括了欧氏空间中的一切闭集. 对于新的点集拓扑学的迅速发展, 各国学者都起了作用, 特别应该指出的是波兰的拓扑学派.

在苏维埃拓扑学家的工作里, 点集拓扑学的发展得到本质上全新的方向, 特别是杰出的、但不幸夭折的苏联数学家 Π. C. 乌利逊 (1898—1924) 所建立的一般维数论, 使最一般的点集都能按基本的特征——维数来分类. 这种分类极其有成效, 并引起了以全新的一种观点来研究最广义的几何形状[2]. 乌利逊在他的维数理论中所发展的思想, 也成为使 Л. A. 刘斯铁尔尼克(与 Л. Г. 史尼雷尔曼合作的)在变分学方面卓越的工作所赖以产生的基础.

在这些工作里除了其他结果以外, 还对庞加莱关于在一切同胚于球面的曲面上是否必然存在三条无重点闭测地线的问题给予了彻底的解决.

另一方面, 在维数理论的基础上, Π. C. 亚历山大洛夫把组合拓扑学里的代数方法移植到点集论的领域里来, 而后者又引出了拓扑学研究的新方向. 在这方面, 直到最年轻一代的数学家, 苏联

---

1) 实际上, 为了复变函数论的发展还必须解决一个更难些的问题, 那就是证明 n 维区域在 n 维空间里的拓扑象必然是一个区域. 这个问题也为布劳埃耳解决了.

2) 乌利逊对于维数以归纳的方式所下的定义可以看作是罗巴切夫斯基把截断作为基本几何运算这种想法的一个最完全的发展. 这个定义可以比较近似地陈述如下: 集合是 0 维的, 假如它可以表示为两两互不附贴的适当小子集之和, 集合是 n 维的, 假如它可以用 $(n-1)$ 维子集"切"为适当小的两两互不附贴的子集之和, 并且用小于 $(n-1)$ 维的集合是不可能作到的(在 §7 里将给出, 从近代拓扑学眼光来看较为精确的关于附贴性的定义).

都始终领先[1].

至于组合拓扑学本身, 大约在 1915 年前后, 美国的拓扑学者魏布伦、比尔可夫、亚历山大、莱夫舍茨等人开始了一系列的研究. 例如, 亚历山大证明了伯蒂数的拓扑不变性以及他自己的基本对偶定理, 后者是 Л. С. 邦特里雅金进一步深入研究的出发点; 莱夫舍茨给出了关于流形上任意自我连续映象的不动点代数总数的著名公式, 并建立了连续映象一般代数理论的基础, 后来又为霍甫进一步发展; 比尔可夫在科学上的功绩是把动力系统的理论在它的拓扑方面与度量方面作了本质的推进, 等等. 流形拓扑学以及连续映象的理论在霍甫的工作里得到深远的发展, 和一些别的结果一样, 他证明存在无穷多个实质上互异的从三维球面到二维球面的连续映象. 所谓两个连续映象实质上互异, 是指不能经过连续地变动把它们中的一个变为另一个. 这样, 霍甫就奠定了一个新方向的基础, 就是所谓同伦论. 近年来, 在同伦论里, 或者更一般地说, 在整个组合拓扑学里, 由新兴法国拓扑学派 (莱雷, 谢尔) 工作的影响而获得了巨大的跃进.

如同前面所指出, 乌利逊的基本的研究工作是苏维埃数学家在拓扑学领域里从事活动的开端. 这些研究属于点集拓扑学的范围, 不过在二十年代末, 苏维埃拓扑学家们已经把组合拓扑学也包含在自己的兴趣范围之内. 这个过程的进行是非常独特的, 是由于把组合方法用来研究闭集, 也就是说, 由非常广义的对象而发生的. 在这个基础上产生了本世纪最突出的几何发现之一——Л. С. 邦特里雅金一般对偶律的陈述与证明. n 维欧氏空间中闭集的拓扑结构与它余集的拓扑结构之间的关系可以说已经详尽无遗地包含在这个深刻的对偶律里了. 与他的对偶律相关联, Л. С. 邦特里雅金建立了交换群的一般特征标理论. 这又引导他对一般拓扑群

---

1) 这里应该指出 Л. С. 亚历山大洛夫的所谓维数的同调理论, 与之有关的为 Л. С. 邦特里雅金所构出的有趣的例子, 以及在 М. Ф. 波克斯坦、В. Г. 保尔强斯基, 特别是 К. А. 西特尼可夫的工作中关于维数的同调理论进一步的发展. П. С. 邦特里雅金的对偶律, 我们即将谈到.

与古典的连续李群进行研究. 这个领域由于 Л. С. 邦特里雅金的工作而完全改变了面貌. 此外, Л. С. 邦特里雅金与他的学生 (В. Г. 保尔强斯基, М. М. 波斯特尼可夫等人)对于流形的拓扑学以及它们的连续映象作了许多卓越的工作. 在这些工作里, 一种所谓 ▽ 同调的新方法得到应用. ▽ 同调是 А. Н. 阔尔莫果洛夫与亚历山大分别独立地引入组合拓扑学的. 这个现在在整个同调论里占头等地位的方法, 也使得 Л. С. 邦特里雅金对偶律得以在完全不同的方向继续发展, 因而引出 А. Н. 阔尔莫果洛夫(与亚历山大)的、Π. С. 亚历山大洛夫的以及 К. А. 西特尼可夫的对偶律, 这些都是近代拓扑学中突出的结果. 在 Л. А. 刘斯铁尔尼克关于变分学的最近工作里, 这个方法也得到重要的应用.

§7. 度量空间与拓扑空间

在这一章的开始, 我们曾经谈到把(图形各部分的)附贴关系作为基本的拓扑概念, 把连续映象定义作保持附贴关系的变换, 但是我们并没有给出这个基本概念的精确定义. 若要把这个定义给得足够广泛, 也只有依赖集合论的概念. 本节的目的正在于此, 引入拓扑空间的概念就使这个问题圆满解决.

集合论所能够给出的关于几何图形的概念, 其广泛的程度与一般性是所谓"古典"数学所达不到的. 几何学的, 特别是拓扑学的研究对象现在变成了任意的点集, 也就是说, 任意一个以 n 维欧氏空间中的点作为元素的集合. n 维空间的点与点之间有确定的距离. 点 $A = (x_1, x_2, \cdots, x_n)$ 与点 $B = (y_1, y_2, \cdots, y_n)$ 之间的距离按定义等于非负实数

$$\rho(A, B) = \sqrt{(x_1 - y_1)^2 + (x_2 - y_2)^2 + \cdots + (x_n + y_n)^2}.$$

距离概念使得我们可以第一步先定义集合与点的附贴, 然后定义两个集合之间的附贴. 我们说点 A 是集合 M 的附贴点, 假如在集合 M 里存在与点 A 的距离小于任意预先给定正数的点. 显然, 集合中的每一点是附贴点, 但不属于集合的点也可以是附贴

点. 例如, 取数轴上的开区间 $(0, 1)$, 也就是说, 位于 0 与 1 之间的一切点; 点 0 与 1 本身并不属于这个区间, 但在区间 $(0, 1)$ 中存在着任意地接近于 0 与 1 的点. 如果一个集合包含了它所有的附贴点, 则这个集合叫作闭集. 例如, 数轴上的区间 $[0, 1]$, 所有满足不等式 $0 \leqslant x \leqslant 1$ 的点, 组成一个闭集.

平面上的或者三维空间里的或者更高维空间里的闭集可以是构造极其复杂的集合. 正是这种集合在 n 维空间的点集拓扑学里将被作为首要的研究对象. 我们说两个集合 P 与 Q 互相附贴, 假如它们之中至少有一个包含了另一个的附贴点. 根据这个定义, 两个相交的(具有公共点的)集合总是互相附贴的. 从上面的定义可知, 两个闭集仅当具有公共点时才附贴; 又如区间 $[0, 1]$ 与 $(1, 2)$ 则是附贴的, 虽然它们不具有公共点. 但区间 $[0, 1]$ 中的点 1 同时也是区间 $(1, 2)$ 中的附贴点. 其次, 我们说集合 R 被它的子集 S 分割("截断"), 或者说 S 是集合 R 的"截面", 假如 R 中所有的不属于 S 的点全体所形成的集合 $R-S$ 可以分解为两个互不附贴集合的和.

于是, 罗巴切夫斯基关于附贴与截断的想法就在近代拓扑学里得到高度精确与广泛的表达. 我已经看到, 乌利逊怎样以这些想法为基础而定义了任意集合的维数(见 211 页注释). 现在这个定义也得到完全精确的涵义. 对于连续映象或变换来说, 情况也是如此. 把集合 X 映入集合 Y 的映象 f 叫作是连续的, 假如 f 保持附贴性, 也就是说, 如果集合 X 中的点 A 是 X 中某个子集 p 的附贴点, 则点 A 的象 $f(A)$ 是集合 p 的象 $f(p)$ 的附贴点. 最后把集合 X 一对一地映满集合 Y 的映象叫作是拓扑的, 假如这个映象自己以及它的逆映象 (把 Y 映满 X) 都是连续映象. 这些定义使得我们在第一节里所说的事情得到完全确切的基础.

但是点集拓扑学广泛的程度决不限于只考虑由通常意义的点所构成的几何图形. 距离概念不仅仅可以在欧氏空间里的点与点之间引入, 并且可以在其他的、看起来与几何毫不相干的那种对象上引进.

例如，考虑在区间 (0, 1) 上定义的连续函数全体所形成的集合，定义函数 f 与 g 之间的距离 $\rho(f, g)$ 为式子 $|f(x)-g(x)|$ 当 x 遍及整个区间 $(0,1)$ 时所取的最大值. 这个"距离"满足空间中两点之间距离的一切基本性质：两个函数 f 与 g 之间的距离 $\rho(f,g)$ 等于零，当且仅当这两个函数重合，也就是说，当 $f(x)=g(x)$ 对于一切 x 成立；其次，距离显然是对称的，也就是说，$\rho(f, g)=\rho(g, f)$；最后，它满足所谓三角形公理，即对于任意三个函数 f_1, f_2, f_3，我们有 $\rho(f_1, f_2)+\rho(f_2, f_3) \geqslant \rho(f_1, f_3)$. 通常说，引进距离定义使我们的函数集合成为度量空间（一般记作 C）. 所谓度量空间，一般了解如下. 由某种叫作点的对象所构成的集合，如果对于每两点定义了一个非负实数叫作距离，满足刚才所说的"距离公理"，则我们说这个集合具备了上述的距离以后，形成一个度量空间.

对于任何度量空间，我们可以考虑它子集的附贴点，考虑子集之间的附贴，因此一般地说，可以考虑拓扑概念（闭集，连续映象，以及由这些最简单的概念所演出的概念）. 这种方式为拓扑的想法或一般地说几何的想法开辟了广阔而丰富的应用领域. 初看起来，好象这些领域与几何的想法完全无关，我们举例说明之.

仍然取微分方程 (2)：

$$\frac{dy}{dx}=F(x, y).$$

如果对于 $0 \leqslant x \leqslant 1$，$y=\varphi(x)$ 是方程的解，并且当 $x=0$ 时 $y=0$，则显然函数 $\varphi(x)$ 满足积分方程

$$\varphi(x)=\int_0^x F(x, \varphi(x))dx. \tag{3}$$

现在考虑积分 $G(f)=\int_0^x F(x, f(x))dx$，这里 $0 \leqslant x \leqslant 1$，而 $f(x)$ 是任意一个在闭区间 $(0, 1)$ 上定义的连续函数. 这个积分也是在区间 $(0, 1)$ 上定义的某一个连续函数 $g(x)$. 这样，式子 $G(f)=\int_0^x F(x, f(x))dx$ 对于每个函数 f 对应了一个函数 $g=G(f)$，换句

话说，我们有一个映象 G 将度量空间 C 映入自己，并且容易看出来，这个映象是连续的，这时，作为方程 (2) 或与之等价的方程 (3) 的解，函数 $\varphi(x)$（可能有好几个）将有些什么特征性质呢？显然可以看出，在我们的映象 G 之下它变为自己，也就是说，是映象 G 的不动点。映象 G 的确存在这样的不动点——这可以从 1926 年 П. C. 亚历山大洛夫与 В. В. 涅梅茨基所证明关于度量空间自我连续映象不动点的一个非常一般的定理推出. 近年来，以这种或那种函数为点的度量空间（这种空间叫作函数空间）已成为数学分析中经常应用的工具；以一部分拓扑方法，但主要是用广义的代数方法来研究函数空间正是泛函分析的内容（见第十九章）.

如引言里所指出的，泛函分析在近代数学里占有极其重要的地位，这是由于它与其他数学分支的联系很广泛，并且由于它对自然科学的价值，首先是对于理论物理、函数空间拓扑性质的研究与变分学、偏微分方程论有密切的联系（Л. A. 刘斯铁尔尼克、莫尔氏、莱雷、晓德尔、M. A. 克拉斯诺塞尔斯基）. 函数空间中自我连续映象的不动点存在问题在这些研究工作中很有地位.

函数空间与更一般些的度量空间的拓扑学，就其一般性的程度来说还没有达到近代拓扑理论的最后界限，问题在于度量空间中的基本拓扑概念——附贴性——是依靠点之间的距离而引进的，但距离本身并不是拓扑概念. 因此就产生了直接用公理法来定义附贴性，这样就引出了拓扑空间的概念——近代拓扑学中最一般的空间概念.

拓扑空间是由任意属性的元素（叫作拓扑空间的点）所组成的一个集合，并对于它的每个子集以这种或那种方式给出了它的附贴点，这时，还必须添加一些自然的条件，叫作拓扑空间的公理（例如，集合的每一点是它的附贴点，两个集合和集的附贴点必为这两个集合中之一的的附贴点，等等）. 近年来，拓扑空间的理论已经研究得很深入，它的发展，苏维埃数学家 П. C. 乌利逊、П. C. 亚历山大洛夫、A. H. 吉洪诺夫等人起了首要的作用. 在拓扑空间论最新的具有原则性意义的结果中，应该指出青年数学家 Ю. M. 斯米尔诺夫所发现的拓扑空间可度量化的必要与充分条件；也就是说，在这种条件之下，拓扑空间的每两点之间可以定义距离，使得空间原来具备的"拓扑结构"可以看作是由这个距离概念所诱导的；换句话说，使得在所得到的度量空间里，任意子集的附贴点也正好是在原先给的拓扑空间里这个子集的附贴点。

文　献

П. С. Александров, Комбинаторная топология. Гостехиздат, 1947.

这是一本有系统的、包罗较广的专著，对读者的水平有较高的要求。

П. С. Александров, Теоремы двойственности в комбинаторной топологии, т. Изд-во АН СССР, 1947.

伟大的十月社会主义革命三十周年纪念文集。

П. С. 亚历山大洛夫，集与函数的泛论初阶，高等教育出版社，1955.

这本书是点集拓扑学(度量与拓扑空间)的导论。

П. С. 亚历山大洛夫，拓扑对偶定理，科学出版社，1959.

可以作为学习组合拓扑学的第一本书，它把读者引向拓扑学一个重要分支(对偶定理)中最近的研究工作。

П. С. Александров и В. А. Ефремович, Очерк основных пенятий топологии, М. Л., 1936.

这是一本介绍组合拓扑学的书，对于曲面拓扑学有较详尽的叙述。

Л. С. 邦特里雅金，组合拓扑学基础，科学出版社，1954.

对于 n 维组合拓扑学的基本内容，作了扼要而又完整无遗的叙述。

孙以丰　译

秦元勋　校

第十九章 泛函分析

泛函分析在二十世纪中的产生和发展，实质上受着两个因素的推动．一方面，出现了用统一的观点来理解十九世纪数学各个分支(常是很少相互联系)所积累的大量实际材料的必要性．由此泛函分析的基本概念从不同的方面和不同的联系中产生了，而且这些概念随后就固定下来．泛函分析的许多基本概念自然地出现在变分学发展的进程中，出现在关于振动的问题(从具有穷个自由度体系的振动到连续介质的振动的过渡)中，出现在积分方程理论中，出现在常、偏微分方程理论(边界问题、关于固有值的问题等等)中，出现在实变数函数论的发展中，出现在算符法*中，出现在函数逼近论问题的研究中，等等．泛函分析使得人们能用统一的观点来理解在这些领域中可利用的许多结果，并且常常促成新结果的获得．由此建立起来的概念和方法，最近几十年来已被用于理论物理学的新分支——量子力学中．

另一方面，与量子力学有关的数学问题的研究，表现为泛函分析进一步发展中的转折点，它们已经形成且在当代继续形成泛函分析发展的基本方向．

泛函分析离它的完备还很远．然而无疑地，在它的进一步发展中，近代物理学的问题和要求将对于它有这样的意义，就像古典力学对于微积分在十八世纪中的产生和发展一样．

我们不想在这一章里介绍泛函分析的一切基本问题．许多重要的分支这一章还没有谈到．我们现在只就一些拣选过的问题，给读者介绍一些泛函分析的基本概念，并且尽可能地阐明前面提到的关于它们的联系．这些问题的实质二十世纪初在希尔伯特——泛函分析创始人之一——的经典著作中已有了根本性的讨

---

* 即运算微积．——译者注

论. 从那时起, 泛函分析有力地发展了, 并且广泛地被应用于几乎所有的数学分支中: 被应用于偏微分方程论中、概率论中、量子力学中、量子场论中等等. 很遗憾, 泛函分析这种进一步的发展没有能在这里反映出. 为了描述一下这种进一步的发展, 必须写出许多文章. 因此, 我们就限于讨论其中一个最古老的问题——固有函数理论.

§1. n 维 空 间

以下我们将要利用关于 n 维空间的基本概念. 虽然在线性代数及抽象空间的两章中已经引入了这些概念, 我们认为, 用今后将要遇到的形式在这里简短地重复一下这些概念还是有用的. 为了阅读这一段, 读者只要知道解析几何概要就够了.

我们知道, 在三维空间几何中, 点是由三个数 (f_1, f_2, f_3)——点的坐标——给出的. 由这个点到坐标原点的距离等于 $\sqrt{f_1^2 + f_2^2 + f_3^2}$. 假如用向量的端点来表示点, 向量是由坐标原点引向这个点, 那么向量的长也等于 $\sqrt{f_1^2 + f_2^2 + f_3^2}$. 由坐标原点引到两个不同的点 $A(f_1, f_2, f_3)$ 及 $B(g_1, g_2, g_3)$ 的两个向量间夹角的余弦由以下公式决定:

$$\cos \varphi = \frac{f_1 g_1 + f_2 g_2 + f_3 g_3}{\sqrt{f_1^2 + f_2^2 + f_3^2} \sqrt{g_1^2 + g_2^2 + g_3^2}}.$$

从三角学我们知道 $|\cos \varphi| \leqslant 1$. 因此有不等式

$$\frac{|f_1 g_1 + f_2 g_2 + f_3 g_3|}{\sqrt{f_1^2 + f_2^2 + f_3^2} \sqrt{g_1^2 + g_2^2 + g_3^2}} \leqslant 1,$$

意即永远有

$$(f_1 g_1 + f_2 g_2 + f_3 g_3)^2 \leqslant (f_1^2 + f_2^2 + f_3^2) \cdot (g_1^2 + g_2^2 + g_3^2). \qquad (1)$$

最后这个不等式带有代数的特性, 并且对于任何六个数 (f_1, f_2, f_3) 及 (g_1, g_2, g_3) 都对, 因为任何六个数可以当做空间中两点的坐标. 不等式 (1) 是从纯几何学的考虑得来且与几何学密切相关的, 这使人能把它了解得更清楚.

在一系列几何学的关系的解析提法中, 常常可以看出来: 当用 n 个数来代替三个数时相应的事实也对. 举例说, 前面引入的不等式 (1) 可以推广到 $2n$ 个数 $(f_1, f_2, \cdots, f_n)$ 及 $(g_1, g_2, \cdots, g_n)$ 的场合. 这意思是对于任何 $2n$ 个数 $(f_1, f_2, \cdots, f_n)$ 及 $(g_1, g_2, \cdots, g_n)$, 与(1)类似的不等式也对, 就是

$$(f_1 g_1 + f_2 g_2 + \cdots + f_n g_n)^2 \leqslant (f_1^2 + f_2^2 + \cdots + f_n^2)(g_1^2 + g_2^2 + \cdots + g_n^2).$$

$$(1')$$

这不等式, 以(1)为其特殊情形, 可纯解析地证明[1]. 类似地, 把三个数与三个数间许多其它关系推广到 n 个数上面, 数与数间的关系(数量关系), 与几何学的这种联系, 当引用 n 维空间概念时, 就显得特别突出. 这个概念已在第十六章中引进. 我们在这里扼要地将它重复一下.

n 个数的总体 $(f_1, f_2, \cdots, f_n)$ 称为 n 维空间的点或向量(我们将常使用后一叫法). 向量 $(f_1, f_2, \cdots, f_n)$ 将在以后简短地用一个字母 f 来表示.

像在三维空间里向量的加法一样, 向量

$$f = \{f_1, f_2, \cdots, f_n\} \text{ 及 } g = \{g_1, g_2, \cdots, g_n\}$$

之和定义为向量 $\{f_1 + g_1, f_2 + g_2, \cdots, f_n + g_n\}$, 且用 $f + g$ 来表示.

向量 $f = \{f_1, f_2, \cdots, f_n\}$ 与数 λ 的乘积定义为向量

$$\lambda f = \{\lambda f_1, \lambda f_2, \cdots, \lambda f_n\}.$$

向量 $f = \{f_1, f_2, \cdots, f_n\}$ 的长与三维空间中向量的长类似, 定义为 $\sqrt{f_1^2 + f_2^2 + \cdots + f_n^2}$.

n 维空间中两个向量 $f = \{f_1, f_2, \cdots, f_n\}$ 及 $g = \{g_1, g_2, \cdots, g_n\}$ 间的角度 φ 由它的余弦给出, 也完全像在三维空间中向量间的角度那样定义. 就是说, 它由下列公式定义:

$$\cos \varphi = \frac{f_1 g_1 + f_2 g_2 + \cdots + f_n g_n}{\sqrt{f_1^2 + f_2^2 + \cdots + f_n^2} \sqrt{g_1^2 + g_2^2 + \cdots + g_n^2}}[2]. \tag{2}$$

两向量的纯积是指这两个向量的长与其间角度余弦的乘积.

---

1) 参阅本书第 55 页.

2) $|\cos \varphi| \leqslant 1$ 由不等式(1')推出.

依照这个方式，假如 $f=\{f_1, f_2, \cdots, f_n\}$ 及 $g=\{g_1, g_2, \cdots, g_n\}$，则因向量的长分别等于

$$\sqrt{f_1^2+f_2^2+\cdots+f_n^2} \quad 及 \quad \sqrt{g_1^2+g_2^2+\cdots+g_n^2},$$

所以，它们的纯积 (f, g) 由下列公式给出：

$$(f, g)=f_1g_1+f_2g_2+\cdots+f_ng_n. \tag{3}$$

特别地，两向量直交性表现为等式 $\cos\varphi=0$，即 $(f, g)=0$.

借助于公式 (3)，读者可以看出，在 n 维空间中纯积具有以下性质：

1. $(f, g)=(g, f)$.

2. $(\lambda f, g)=\lambda(f, g)$.

3. $(f, g_1+g_2)=(f, g_1)+(f, g_2)$.

4. $(f, f)\geqslant 0$，此处等号仅当 $f=0$，即 $f_1=f_2=\cdots=f_n=0$ 时成立.

向量 f 与其自身的纯积 (f, f) 等于向量 f 的长的平方.

纯积的 n 维空间的研究中是很有用的工具. 我们在这里将不一般地研究 n 维空间的几何，而仅限于研究一个例子.

作为这样的例子，考虑 n 维空间中的毕达哥拉斯定理：斜边的平方等于直边的平方和. 为了证明这一定理，我们选取在平面上这个定理的这样一种证明方式，使得这种证明方式易于被搬到 n 维空间的情形中.

设 f 及 g 是平面上两个互相垂直的向量. 考虑在向量 f 及 g 上构成的直角三角形(图1). 这个三角形的斜边的长等于向量

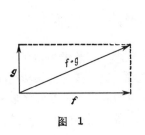

图 1

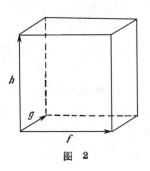

图 2

$f+g$ 的长. 依我们的表记法用向量方式来写毕达哥拉斯定理. 因为向量长的平方等于向量与其自身的纯积, 所以用纯积这名词可将毕达哥拉斯定理写做

$$(f+g, f+g)=(f, f)+(g, g).$$

从纯积的性质立刻得到证明. 事实上,

$$(f+g, f+g)=(f, f)+(f, g)+(g, f)+(g, g).$$

而右端中间两项由于向量 f 与 g 的直交性等于 0.

在上面所引的证明中, 我们仅利用了向量的长、向量的直交性定义和纯积的性质. 因之, 如果我们假定 f 及 g 是 n 维空间中的两直交向量, 证明中没有什么需要改变的地方. 就这样毕达哥拉斯定理对于 n 维空间的直角三角形得到了证明.

假如在 n 维空间中给了两两直交的向量 f, g 及 h, 则这些向量的和 $f+g+h$ 代表在这些向量上形成的长方体的对角线(图2), 并且有等式

$$(f+g+h, f+g+h)=(f, f)+(g, g)+(h, h).$$

它的意思就是: 长方体对角线的长的平方等于它的棱边的平方和. 这个论断的证明完全类似于上面所引的毕达哥拉斯定理的证明, 我们把它留给读者. 完全一样, 假如在 n 维空间中有 k 个两两直交的向量 $f^1, f^2, \cdots, f^k$, 则一样简单地可证明等式

$$(f^1+f^2+\cdots+f^k, f^1+f^2+\cdots+f^k)$$
$$=(f^1, f^1)+(f^2, f^2)+\cdots+(f^k, f^k), \tag{4}$$

它的意思是说: 在 n 维空间中, "k-维长方体"的对角线平方也等于它的棱边平方和.

§2. 希尔伯特空间(无穷维空间)

与 n 维空间的联系 n 维空间的概念, 在数学和物理学的一系列问题的研究中是很有用的. 转过来, 这个概念又推动空间概念的进一步发展和它在数学各个部门中的应用. 在线性代数和 n 维空间几何学的发展中, 关于弹性系统微小振动的问题起过很大

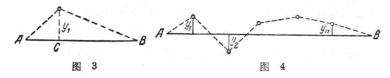

图 3   图 4

的作用.

考虑这种问题的下述典型例子(图 3). 设 AB 为柔韧的线, 在点 A 及 B 之间拉紧. 设想在线的某点 C 处系一个重荷. 假如把它从平衡的位置放开, 它就开始以频率 ω 振动. 当已知线的张力、质量 m 和线的位置时, 就可以计算频率的大小. 在每一时刻, 系统的位置由一个数决定, 即由从质量 m 的位置到线的平衡位置的离差 y_1 决定.

在线 AB 上配置 n 个重荷于点 $C_1, C_2, \cdots, C_n$. 在此情形中我们认为线无重量. 这意思是说, 它的质量是这样小, 与所配置的重荷的质量相比较, 我们可以将它忽略. 这个系统的位置由 n 个数 $y_1, y_2, \cdots, y_n$(即所系重荷到平衡位置的离差)给出. 数 $y_1, y_2, \cdots, y_n$ 的总体可看做 n 维空间中的向量(这在许多关系中都是有用的).

上例中引入的微小振动的研究, 恰当地显现出与 n 维空间几何学基本事实的联系. 例如, 确定这一系统的振动频率的问题可化归为确定 n 维空间中某一椭球体的轴的位置问题.

现在考虑在点 A 及 B 间拉紧的弦的微小振动问题. 在此情形中, 我们把理想化的弦看作一条柔韧的线, 即质量为有穷的连续地沿线分布的线. 特别是, 在均匀的弦这名称下, 我们理解为具定常密度的弦.

因为质量是沿着弦连续分布的, 所以弦的位置不能由有穷多个数 $y_1, y_2, \cdots, y_n$ 给出, 而须给出弦的每点 x 的离差 $y(x)$. 依此方式, 在每个时刻弦的位置由某一函数 $y(x)$ 给出.

在坐标为 $x_1, x_2, \cdots, x_n$ 的点处有 n 个系重的线的位置, 由具 n 个连结点的折线图象描绘(图 4). 假如系重的数目增大, 则相应地折线的连结点数增大. 假如系重的数目无穷增大, 而且相邻接的重荷间距离趋于 0, 则在极限情形我们得到的就是质量沿着线连续分布的情形, 也就是理想化的弦的情形. 描绘带重荷的线的位置的折线, 在此情形中化为描绘弦的位置的曲线(图 5).

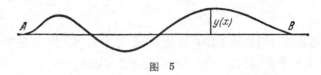

图 5

像这样, 我们看到, 在带重荷的线的振动与弦的振动间存在着密切的联系. 在第一种问题中, 系统的位置由点或 n 维空间中的向量给出. 因之, 在第二种问题中, 很自然地, 给出弦的位置的函数也可以看成某一无穷维空间中的向量或点. 一系列的类似问题[1] 化归到这样地考虑空间的观点上, 而空间的点(向量) 则代表定义在某区间上的函数.

以上所考虑的关于振动问题的例(在 §4 中我们还要回转来考虑它)向我们指明, 无穷维空间中的基本概念应当怎样引入.

希尔伯特空间 在这里我们考虑应用最广且最重要的无穷维空间概念之一, 就是希尔伯特空间.

n 维空间中的向量定义为 n 个数 f_i 的总体, 此处 i 从 1 变到 n. 类似地, 无穷维空间中的向量定义为函数 $f(x)$, 此处 x 从 a

---

[1] 作为一个这样的问题的例, 考虑由相互链式连接的电流回路产生的电振动(图 6).

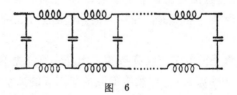

图 6

这样的电路状态由 n 个数 $u_1, u_2, \cdots, u_n$ 表示, 此处 u_i 是在第 i 个回路的蓄电器上的电动势. n 个数的总体 $(u_1, u_2, \cdots, u_n)$ 可看作 n 维空间中的向量.

设有一个双线制线路, 即由两个导线组成的, 具有沿着导线分布的一定的最终电容及电感. 这种线路的电状态由一个函数 $u(x)$ 表现出来, $u(x)$ 给出沿线分布的电压. 这个函数是定义在某区间 (a, b) 上的函数的无穷维空间的向量.

变到 b.

向量的加法和数与向量的乘法定义为函数的加法和函数与数的乘法.

n 维空间中的向量 f 的长由公式 $\sqrt{\sum\limits_{i=1}^{n} f_i^2}$ 定义. 因为对于函数说积分起着求和的作用, 所以希尔伯特空间中的向量 $f(x)$ 的长由公式

$$\sqrt{\int_a^b f^2(x)\, dx} \tag{5}$$

给出.

在 n 维空间中点 f 及 g 间的距离定义为向量 $f-g$ 的长, 即 $\sqrt{\sum\limits_{i=1}^{n}(f_i - g_i)^2}$. 类似地, 在泛函空间中元素 $f(t)$ 及 $g(t)$ 间的"距离"等于 $\sqrt{\int_a^b [f(t)-g(t)]^2\, dt}$.

表达式 $\sqrt{\int_a^b [f(t)-g(t)]^2\, dt}$ 称为函数 $f(t)$ 及 $g(t)$ 的均方差. 就像这样, 以均方差作为希尔伯特空间中两元素间距离的量度.

转到两向量间角度的定义上来. 在 n 维空间中向量 $f=\{f_i\}$ 及 $g=\{g_i\}$ 间的角度 φ 由下列公式定义:

$$\cos\varphi = \frac{\sum\limits_{i=1}^{n} f_i g_i}{\sqrt{\sum\limits_{i=1}^{n} f_i^2}\ \sqrt{\sum\limits_{i=1}^{n} g_i^2}}.$$

在无穷维空间中求和由相应的积分来代替, 而希尔伯特空间中两向量 f 及 g 间的角度 φ 由类似的公式定义:

$$\cos\varphi = \frac{\int_a^b f(t) g(t)\, dt}{\sqrt{\int_a^b f^2(t)\, dt}\ \sqrt{\int_a^b g^2(t)\, dt}}. \tag{6}$$

假如右端的绝对值不大于 1, 即假如

$$\left| \int_a^b f(t) g(t)\, dt \right| \leqslant \sqrt{\int_a^b f^2(t)\, dt}\ \sqrt{\int_a^b g^2(t)\, dt}, \tag{7}$$

则表达式 (6) 可看成某角度 φ 的余弦. 不等式 (7) 事实上对于任意

两个函数 $f(t)$ 及 $g(t)$ 成立. 它在分析中起重要作用, 被称为柯西-布涅科夫斯基不等式. 现在我们来证明它.

设 $f(x)$ 及 $g(x)$ 是两个定义在 (a, b) 上不恒等于零的函数, 取任意数 λ 及 μ 并组成表达式

$$\int_a^b [\lambda f(x) - \mu g(x)]^2 dx.$$

因为在积分号下函数 $[\lambda f(x) - \mu g(x)]^2$ 非负, 故有下列不等式成立:

$$\int_a^b [\lambda f(x) - \mu g(x)]^2 dx \geqslant 0,$$

即

$$2\lambda\mu \int_a^b f(x)g(x)dx \leqslant \lambda^2 \int_a^b f^2(x)dx + \mu^2 \int_a^b g^2(x)dx.$$

为简短计引入表记法

$$\left| \int_a^b f(x)g(x)dx \right| = C, \quad \int_a^b f^2(x)dx = A,$$

$$\int_a^b g^2(x)dx = B. \tag{8}$$

用这些表记法, 不等式可改写为下列形式[1]:

$$2\lambda\mu C \leqslant \lambda^2 A + \mu^2 B. \tag{9}$$

这不等式对于任何数值 λ 及 μ 保持真确, 特别是可令

$$\lambda = \sqrt{\frac{C}{A}}, \quad \mu = \sqrt{\frac{C}{B}}. \tag{10}$$

把 λ 及 μ 的值代入不等式(9)得

$$\frac{C}{\sqrt{AB}} \leqslant 1.$$

按(8)式将 A, B, C 所代表的积分代入, 最后得柯西-布涅科夫斯基不等式.

在几何学中向量的纯积定义为它们的长同它们之间角度的余弦的乘积. 向量 f 及 g 的长在我们的情形中等于

$$\sqrt{\int_a^b f^2(x)dx} \quad \text{及} \quad \sqrt{\int_a^b g^2(x)dx},$$

---

1) 考虑到 λ 或 μ 的符号的任意性, 我们可以取积分的绝对值作为 C.

而它们之间角度的余弦由下列公式定义：

$$\cos\varphi = \frac{\displaystyle\int_a^b f(x)g(x)dx}{\sqrt{\displaystyle\int_a^b f^2(x)dx}\sqrt{\displaystyle\int_a^b g^2(x)dx}}.$$

这些表式相乘，我们得到希尔伯特空间中的两向量的纯积公式：

$$(f, g) = \int_a^b f(x)g(x)dx. \tag{11}$$

从这公式看出，向量 f 与其自身的纯积是它的长度的平方。

假如非零向量 f 及 g 的纯积等于 0，那末它的意义是 $\cos\varphi = 0$，就是用我们的定义来说，它们所给的角度 φ 等于 $90°$。因之向量 f 及 g 称为直交的，这时

$$(f, g) = \int_a^b f(x)g(x)dx = 0.$$

在希尔伯特空间中，像在 n 维空间中一样，毕达哥拉斯定理真确（参见§1）。设 $f_1(x), f_2(x), \cdots, f_N(x)$ 表两两直交的函数，而

$$f(x) = f_1(x) + f_2(x) + \cdots + f_N(x)$$

为它们的和，则 f 的长度平方等于 $f_1, f_2, \cdots, f_N$ 的长度平方和。

因为在希尔伯特空间中向量的长借助于积分而给出，故在这种情形中毕达哥拉斯定理由下列公式表出：

$$\int_a^b f^2(x)dx = \int_a^b f_1^2(x)dx + \int_a^b f_2^2(x)dx + \cdots + \int_a^b f_N^2(x)dx. \tag{12}$$

这个定理的证明与上面所述（§1）n 维空间中同一定理的证明没有什么不同。

直到现在我们还没有给出确切的定义，什么函数应当看成希尔伯特空间中的向量。作为这种函数，当取所有使得积分 $\int_a^b f^2(x)dx$ 有意义的函数。可以设想限制在连续函数上是很自然的，对于连续函数 $\int_a^b f^2(x)dx$ 显然永远存在。假如在广义的意义上理解积分 $\int_a^b f^2(x)dx$，例如在所谓勒贝格积分（参见第十五章）意义上，则希尔伯特空间理论才获得最大的完整性和自然性。

积分(以及相应地考虑的函数类)概念的这个推广对于泛函分析是如此必要,正好像严格的实数理论之对于微积分基础. 就这样, 在二十世纪初创造的、与实变函数论发展相关的、平常积分概念的推广,对于泛函分析及与它有关的数学分支显得非常重要.

§3. 依直交函数系的分解

直交函数系的定义和例 假如在平面上取任何二互相直交具单位长的向量 e_1 及 e_2(图 7),则在同一平面上任意向量 f 可以依照这两向量的方向分解, 就是把它表作下列形式:

$$f = a_1 e_1 + a_2 e_2,$$

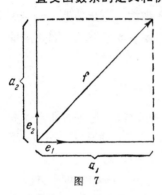

图 7

这里 a_1 及 a_2 是数, 等于向量 在轴 e_1 及 e_2 的方向上的投影. 因为 f 在轴上的投影等于 f 的长和 f 与轴间角度的余弦的乘积,所以回忆一下纯积定义,我们可写

$$a_1 = (f, e_1), \quad a_2 = (f, e_2).$$

类似地, 假如在三维空间中取任何三个互相直交具单位长的向量 e_1, e_2, e_3, 则在此空间中任意向量 f 可表作下列形式:

$$f = a_1 e_1 + a_2 e_2 + a_3 e_3,$$

此处 $\qquad a_k = (f, e_k) \quad (k = 1, 2, 3).$

在希尔伯特空间中也可考虑这空间中的两两直交的 向 量 系, 即函数 $\varphi_1(x), \varphi_2(x), \cdots, \varphi_n(x), \cdots$.

函数的这种系称为直交函数系, 直交系在分析学中起很大作用. 我们在数学物理、积分方程、逼近计算、实变函数论等等不同的问题中遇到它们. 涉及这种系的概念的整理及 统 一 是 一 种 刺激,这种刺激在二十世纪初导致希尔伯特空间一般概念的创立.

我们来给一个确切的定义. 函数系

$$\varphi_1(x), \ \varphi_2(x), \ \cdots, \ \varphi_n(x), \ \cdots$$

称为直交的, 假如这个系的任二函数相互直交, 即假如

$$\int_a^b \varphi_i(x)\varphi_k(x)\,dx = 0 \quad \text{对于 } i \neq k. \tag{13}$$

在三维空间中我们要求系中向量的长度等于 1. 回忆一下向量的长的定义, 我们看出, 在希尔伯特空间中这个条件可写成:

$$\int_a^b \varphi_k^2(x)\,dx = 1. \tag{14}$$

满足条件(13)及(14)的函数系称为直交且就范的.

下面举出这种函数系的若干例子.

1. 在区间 $(-\pi, \ \pi)$ 上考虑函数序列

$$1, \ \cos x, \ \sin x, \ \cos 2x, \ \sin 2x, \ \cdots, \ \cos nx, \ \sin nx, \ \cdots.$$

这序列中每两函数相互直交. 这可由相应的积分的简单计算来核验. 在希尔伯特空间中, 向量的长的平方是函数平方的积分. 依此, 序列

$$1, \ \cos x, \ \sin x, \ \cos 2x, \ \sin 2x, \ \cdots, \ \cos nx, \ \sin nx, \ \cdots$$

中的向量的长的平方是积分

$$\int_{-\pi}^\pi dx = 2\pi, \ \int_{-\pi}^\pi \cos^2 nx\, dx = \pi, \ \int_{-\pi}^\pi \sin^2 nx\, dx = \pi,$$

就是说, 我们的向量序列是直交的, 但不是就范的. 序列中的第一个向量的长等于 $\sqrt{2\pi}$, 而所有其余的具有长度 $\sqrt{\pi}$. 将每个向量除以它的长, 我们就得到直交就范三角函数系

$$\frac{1}{\sqrt{2\pi}}, \ \frac{\cos x}{\sqrt{\pi}}, \ \frac{\sin x}{\sqrt{\pi}}, \ \frac{\cos 2x}{\sqrt{\pi}}, \ \frac{\sin 2x}{\sqrt{\pi}}, \ \cdots,$$

$$\frac{\cos nx}{\sqrt{\pi}}, \ \frac{\sin nx}{\sqrt{\pi}}, \ \cdots$$

这个系在历史上是最早的和最重要的直交系的例子之一. 它出现在欧拉、伯努利、达朗贝尔的工作中, 与弦的振动问题有联系. 它的研究在整个分析学[1] 的发展中起根本的作用.

---

1) 参见第十二章(第二卷)§1.

直交三角函数系与振动弦的问题相关联地出现不是偶然的. 关于介质的微小振动的每个问题化归为描述所给的系的所谓固有振动的某直交函数系(参见 §4). 例如与关于球的振动问题相联系出现所谓球函数, 与关于圆膜或圆柱的振动问题相联系出现所谓圆柱函数等等.

2. 可以举直交函数系的一例, 它的每个函数表现为多项式. 作为这种例出现的有勒让德多项式序列

$$P_n(x) = \frac{1}{2^n n!} \frac{d^n (x^2-1)^n}{dx^n},$$

就是说, $P_n(x)$ 是(除去一常数因子不计)$(x^2-1)^n$ 的 n 阶导数. 写出这序列的开头若干个多项式:

$$P_0(x) = 1;$$

$$P_1(x) = x;$$

$$P_2(x) = \frac{1}{2}(3x^2-1);$$

$$P_3(x) = \frac{1}{2}(5x^3-3x).$$

显然, 普遍地 $P_n(x)$ 是 n 次多项式. 让读者自己证明, 这些多项式是区间 $(-1, 1)$ 上的直交序列.

著名的俄国数学家 П. Л. 车比雪夫在十九世纪后半叶发展了直交多项式(也就是所谓具有权的直交多项式)的一般理论.

依函数直交系的分解 和在三维空间中每个向量可以表成相互直交具单位长的三个向量的线性组合形式

$$\boldsymbol{f} = a_1 \boldsymbol{e}_1 + a_2 \boldsymbol{e}_2 + a_3 \boldsymbol{e}_3$$

相类似, 在泛函空间中发生将任意函数依直交就范函数系展为级数的问题, 就是把函数 f 表成下列形式:

$$f(x) = a_1\varphi_1(x) + a_2\varphi_2(x) + \cdots + a_n\varphi_n(x) + \cdots \qquad (15)$$

的问题. 在这里, 级数(15)到函数 f 的收敛性是在希尔伯特空间中元素间距离的意义上来理解的. 这意思就是从级数部分和 $S_n(t) = \sum_{k=1}^{n} a_k\varphi_k(t)$ 到函数 $f(t)$ 的均方差趋于 0(当 $n \to \infty$), 即

$$\lim_{n \to \infty} \int_a^b [f(t) - S_n(t)]^2 dt = 0. \qquad (16)$$

这样的收敛性称为"平均收敛性".

依这个或那个函数直交系的分解常常在分析学中遇得到，这样的分解常常是解决数学物理问题的重要方法. 例如, 若直交系是区间 $(-\pi, \pi)$ 上的三角函数系

$$1, \cos x, \sin x, \cos 2x, \sin 2x, \cdots, \cos nx, \sin nx, \cdots,$$

则这样的分解就是函数的成为三角级数的古典分解[1]：

$$f(x) = a_0 + a_1 \cos x + b_1 \sin x + a_2 \cos 2x + b_2 \sin 2x + \cdots.$$

假定分解 (15) 对于希尔伯特空间中的任意函数 f 为可能的, 我们来找出这一分解的系数 a_n. 为此, 将等式的两端与我们的系中同一函数 φ_m 求纯积. 我们得到等式

$$(f, \varphi_m) = a_1(\varphi_1, \varphi_m) + a_2(\varphi_2, \varphi_m) + \cdots + a_m(\varphi_m, \varphi_m)$$
$$+ a_{m+1}(\varphi_{m+1}, \varphi_m) + \cdots,$$

由于当 $m \neq n$ 时有 $(\varphi_m, \varphi_n) = 0$, 又 $(\varphi_m, \varphi_m) = 1$, 由上式可知, 系数 a_m 的值为

$$a_m = (f, \varphi_m) \quad (m = 1, 2, \cdots).$$

我们看出, 像在普通三维空间中一样(参见这段的开始), 系数 a_m 等于向量 f 在向量 φ_m 方向上的投影.

借助于纯积的定义得到函数 $f(x)$ 依直交就范函数系 $\varphi_1(x)$, $\varphi_2(x), \cdots, \varphi_n(x), \cdots$ 的分解：

$$f(x) = a_1 \varphi_1(x) + a_2 \varphi_2(x) + \cdots + a_n \varphi_n(x) + \cdots, \qquad (17)$$

它的系数由下列公式定义：

$$a_m = \int_a^b f(t) \varphi_m(t) dt. \qquad (18)$$

作为例, 考虑上面所引直交就范三角函数系：

$$\frac{1}{\sqrt{2\pi}}, \frac{\cos x}{\sqrt{\pi}}, \frac{\sin x}{\sqrt{\pi}}, \frac{\cos 2x}{\sqrt{\pi}}, \frac{\sin 2x}{\sqrt{\pi}}, \cdots,$$

---

1) 将振动分解成为调和的组成部分, 这样的分解常在许多物理问题中遇到. 参见第六章(第二卷)§5.

则
$$f(x) = \frac{a_0}{2} + \sum_{n=1}^{\infty} a_n \cos nx + b_n \sin nx,$$

此处
$$a_0 = \frac{1}{\pi} \int_{-\pi}^{\pi} f(x) dx, \quad a_n = \frac{1}{\pi} \int_{-\pi}^{\pi} f(x) \cos nx \, dx,$$

$$b_n = \frac{1}{\pi} \int_{-\pi}^{\pi} f(x) \sin nx \, dx.$$

我们对于函数的三角级数展开的系数计算已有公式, 只要这个展开是可能的[1].

我们决定了函数 $f(x)$ 依直交函数系的展开的系数形式——在这种展开是存在的假定下. 但是无穷直交函数系 φ_1, φ_2, $\cdots$, φ_n, $\cdots$ 对于希尔伯特空间中任意函数依这个系展开可以显现为不充分. 为使这种展开是可能的, 直交函数系应满足补充的条件, 所谓完备性条件.

直交函数系称为完备的, 假如对于它不可能再加一个不恒等于零而与系中的所有函数直交的函数.

容易举出不完备的直交系例子. 为此, 取任何直交系, 例如还取三角函数系而去掉这个系中一个函数, 例如 $\cos x$. 所余的无穷函数系

$$1, \sin x, \cos 2x, \sin 2x, \cdots, \cos nx, \sin nx, \cdots$$

像先前一样也是直交的, 但不是完备的, 因为被我们去掉的函数 $\cos x$ 与系中所有的函数直交.

假如函数系不完备, 则不可能将希尔伯特空间中的一切函数依它展开. 事实上, 假如我们企图把一非零而与系中的所有函数直交的函数 $f_0(x)$ 依这样的系展开, 则由于公式(18), 所有的系数都变成等于 0, 而同时函数 $f_0(x)$ 又不等于 0.

有以下的定理: 假如在希尔伯特空间中给了完备直交就范函数系 $\varphi_1(x)$, $\varphi_2(x)$, $\cdots$, $\varphi_n(x)$, $\cdots$, 则所有的函数 $f(x)$ 都可依这个系中的函数展开成级数[2]

$$f(x) = a_1 \varphi_1(x) + a_2 \varphi_2(x) + \cdots + a_n \varphi_n(x) + \cdots,$$

---

1) 关于三角级数参见第十二章(第二卷)§7.

2) 和前面一样, 这个级数与它的和的关系按公式(16)的意义来了解.

在这里展开式系数 a_n 等于向量在直交就范系中的元素上投影：

$$a_n = (f, \varphi_n) = \int_a^b f(x)\varphi_n(x)dx.$$

§2 中的毕达哥拉斯定理(在希尔伯特空间中)使得我们能找到系数 a_k 与函数 $f(x)$ 间的有趣的关系。用 $r_n(x)$ 表 $f(x)$ 与它的级数的首 n 项和的差，即

$$r_n(x) = f(x) - [a_1\varphi_1(x) + \cdots + a_n\varphi_n(x)].$$

函数 $r_n(x)$ 与 $\varphi_1(x)$, $\varphi_2(x)$, $\cdots$, $\varphi_n(x)$ 直交。事实上，核验出来它与 $\varphi_1(x)$ 直交，即 $\int_a^b r_n(x)\varphi_1(x)dx = 0$. 我们有

$$\int_a^b r_n(x)\varphi_1(x)dx = \int_a^b [f(x) - a_1\varphi_1(x) - a_2\varphi_2(x) - \cdots - a_n\varphi_n$$

$$- a_n\varphi_n(x)]\varphi_1(x)dx = \int_a^b f(x)\varphi_1(x)dx - a_1\int_a^b \varphi_1^2(x)dx \text{ }^{1)}.$$

因为 $a_1 = \int_a^b f(x)\varphi_1(x)dx$ 而 $\int_a^b \varphi_1^2(x)dx = 1$，故推知

$$\int_a^b r_n(x)\varphi_1(x)dx = 0.$$

如此，在等式中

$$f(x) = a_1\varphi_1(x) + a_2\varphi_2(x) + \cdots + a_n\varphi_n(x) + r_n(x) \qquad (19)$$

右端各个项相互直交。意谓，由于在 §2 陈述的毕达哥拉斯定理，向量 $f(x)$ 的长度平方等于等式(19)右端各个项的长度平方和，即

$$\int_a^b f^2(x)dx = \int_a^b [a_1\varphi_1(x)]^2 dx + \cdots + \int_a^b [a_n\varphi_n(x)]^2 dx + \int_a^b r_n^2(x)dx.$$

因为函数系 φ_1, φ_2, $\cdots$, φ_n, $\cdots$ 是就范的[等式(14)]，故

$$\int_a^b f^2(x)dx = a_1^2 + a_2^2 + \cdots + a_n^2 + \int_a^b r_n^2(x)dx. \qquad (20)$$

级数 $\sum\limits_{k=1}^{\infty} a_k\varphi_k(x)$ 平均收敛。这就是说

$$\int_a^b [f(x) - a_1\varphi_1(x) - \cdots - a_n\varphi_n(x)]^2 dx \to 0,$$

即

$$\int_a^b r_n^2(x)dx \to 0.$$

但从公式(20)我们得到等式

$$\sum_{k=1}^{\infty} a_k^2 = \int_a^b f^2(x)dx \text{ }^{2)}, \qquad (21)$$

---

1) 其他的积分等于零，因为函数 $\varphi_n(x)$ 相互直交。

2) 几何上这意谓希尔伯特空间向量的长度平方等于在相互直交方向完备系上向量的投影平方和。

它断定了函数平方的积分等于函数依封闭(完备——译者)直交函数系的展开的系数平方和. 假如条件(21)对于希尔伯特空间中的任意函数都成立, 则它称为完备性条件.

再来注意下面的重要情况. 怎样的数 a_k 可以取为希尔伯特空间中的函数的分解的系数? 等式(21)断言, 为了这, 级数 $\sum\limits_{k=1}^{\infty} a_k^2$ 必须收敛. 原来这个条件是充分的, 即, 为了使数 a_k 序列是依希尔伯特空间中直交函数系的分解的系数序列, 必要且充分条件是: 级数 $\sum\limits_{k=1}^{\infty} a_k^2$ 收敛.

注意, 假如定义希尔伯特空间为一切依勒贝格意义平方可积的函数的总体(参见 227 页), 则上述这个根本定理成立. 假如在希尔伯特空间中例如仅以连续函数为限, 则什么数可作为分解的系数, 关于这问题的解答是不必要地繁复的.

这里所引进的考虑, 是导致在希尔伯特空间的定义中使用推广意义上的(依勒贝格)积分的必要理由之一.

§4. 积 分 方 程

在这一节中我们介绍给读者泛函分析的重要分支之一, 也是历史上最早的分支之一, 就是在泛函分析进一步发展中起如此根本作用的积分方程的理论. 在积分方程理论的发展中, 除去数学的内部要求[例如偏微分方程边界问题(第二卷第六章)]外, 还有大量的各种物理问题. 除微分方程而外, 在二十世纪积分方程显现为各种物理问题的数学研究的重要工具之一. 在这节中我们陈述积分方程论中某些知识. 我们在这里陈述的那些事实密切地联系着并在很大程度上(直接或间接)产生于弹性体系微小振动的研究.

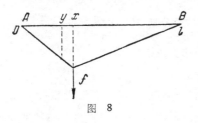

图 8

关于弹性体系微小振动的问题 回到在§2中考虑的关于微小振动的问题. 试求描述这种振动的方程. 为了假设的简单, 我们以线形弹性体系的振动为对象, 譬如说, 长 l 的弦(图 8)或弹性枢轴(图 9)可作为这种体

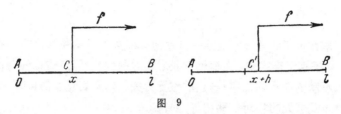

图 9

系的例. 假设在平衡位置时我们的弹性体位置在 Ox 轴的线段 Ol 上. 在点 x 处施加单位力. 在这一力的作用下, 体系的所有点得到某一离差. 在点 y 处产生的离差(图 8)用 $k(x, y)$ 来表示.

函数 $k(x, y)$ 显现为两点函数: 点 x, 在该处施力, 和点 y, 在该处我们计量离差. 它被称为影响函数.

从能量守恒定律, 可以导引出影响函数 $k(x, y)$ 的重要性质, 即所谓互易原理: 在点 x 处施力在点 y 处产生的离差等于在点 y 处施同一大小的力在点 x 处产生的离差. 换言之, 这意谓

$$k(x, y) = k(y, x). \tag{22}$$

例如, 对于弹性枢轴沿轴的方向的振动试求影响函数[在图 8 上画出了其他的(横断方向的)位移]. 考虑长为 l 的枢轴 AB, 固定其端点(图 9). 在点 C 处施以沿方向 B 作用的力 f. 在这一力作用下枢轴变形了, 而点 C 移至位置 O', 点 C 的位移大小用 h 表示. 先求 h, 借助于 h 我们又可以求在任意点 y 处的位移. 为此要利用虎克定律, 定律断定, 力与相对伸长(即位移与长的比)成比例. 类似的关系对于压缩也成立.

在力 f 作用下, 枢轴的 AC 部分伸长了. 由于这力产生的反作用表以 T_1. 在这时候部分 CB 被压缩了, 产生了反作用 T_2. 根据虎克定律

$$T_1 = \varkappa \frac{h}{x}, \quad T_2 = \varkappa \frac{h}{l-x},$$

此处 $\varkappa$ 是表示枢轴的弹性特征的比例系数. 根据作用在点 C 处诸力平衡的条件, 我们有

$$f = \varkappa \frac{h}{x} + \varkappa \frac{h}{l-x}, \quad 即 \ f = \frac{\varkappa l h}{x(l-x)}.$$

由此有
$$h = \frac{f}{\varkappa l} x(l-x).$$

为了求在位于线段 AC 上某一点 y $(y < x)$ 处产生的位移，我们指出，从虎克定律推知，在枢轴伸长时相对的伸长(即点的位移与由点到不动的端点的比率)与点的位置无关．用 k 表点 y 的位移，令在点 x 及 y 处的相对位移相等，则得
$$\frac{k}{y} = \frac{h}{x},$$

由此当 $y < x$ 时
$$k = h \frac{y}{x} = \frac{f}{\varkappa l} y(l-x).$$

类似地，假如点 y 位于线段 CB 上 $(y > x)$，得
$$k = h \frac{l-y}{l-x} = \frac{f}{\varkappa l} x(l-y).$$

忆及影响函数 $k(x, y)$ 是在点 x 处施加单位力的作用下点 y 处的离差，得知当弹性枢轴沿轴的方向振动时影响函数具有下列形式：
$$k(x, y) = \begin{cases} \dfrac{1}{\varkappa l} y(l-x) & \text{于 } y < x \text{ 时,} \\[2mm] \dfrac{1}{\varkappa l} x(l-y) & \text{于 } y > x \text{ 时.} \end{cases}$$

可用或多或少相似的方式求得关于弦的影响函数．假如弦的张力为 T 而长为 l，则在点 x 处施加单位力的作用下，弦获得在图 8 上描绘的形式，且在点 y 处的位移 $k(x, y)$ 由下列公式给出：
$$k(x, y) = \begin{cases} \dfrac{1}{Tl} x(l-y) & \text{于 } x < y \text{ 时,} \\[2mm] \dfrac{1}{Tl} y(l-x) & \text{于 } x > y \text{ 时,} \end{cases}$$

这与前面得到的关于枢轴的影响函数相一致．

在以下情形中，通过影响函数可以表现体系对平衡位置的离差，即在体系上作用着连续分布的以 $f(y)$ 为密度的力的情形．因为在长为 $\varDelta y$ 的区间上作用着力 $f(y)\varDelta y$，我们可近似地把它看成集中在点 y 处，所以在这力作用下在点 x 处产生离差

$k(x, y)f(y)\Delta y$. 在整个荷载作用下离差可近似地看作等于和数

$$\sum k(x, y)f(y)\Delta y.$$

在 $\Delta y \to 0$ 的极限情形下，可以看出，在沿着体系分布的力 $f(y)$ 作用下，点 x 处的离差 $u(x)$ 由下列公式给出：

$$u(x) = \int_a^b k(x, y)f(y)dy. \tag{23}$$

假设我们的弹性体系没有受到外力作用. 假如把它从平衡位置移动开来，则它开始运动. 这种运动称为体系的自由振动.

现在借助于影响函数 $k(x, y)$ 来描述所考虑的弹性体系所服从的方程. 为此，用 $u(x, t)$ 来表示点 x 在时刻 t 距平衡位置的离差. 于是，点 x 处在时刻 t 的加速度等于 $\dfrac{\partial^2 u(x, t)}{\partial t^2}$.

假如 ρ 是物体的线密度，即 ρdy 是长度元素 dy 的质量，则依照力学基本规律我们获得运动方程，只要在公式(23)中用质量与加速度的乘积 $\dfrac{\partial^2 u(x, t)}{\partial t^2} \rho dy$ 加以变号来代替力 $f(y)dy$.

照这样，自由振动的方程具有形式

$$u(x, t) = -\int_a^b k(x, y)\frac{\partial^2 u(y, t)}{\partial t^2} \rho dy.$$

在振动理论中，所谓弹性体系调和振动起很大作用，这振动即是这样的运动，对于它

$$u(x, t) = u(x)\sin \omega t.$$

它们标示下述特性：每个固定点作出调和振动（依正弦规律运动），以 ω 为频率，这个频率对于所有点 x 是相同的.

我们还看到，每个自由振动是调和振动的组成部分.

命 $\qquad\qquad u(y, t) = u(y)\sin \omega t,$

将它代入自由振动的方程中并消去 $\sin \omega t$. 于是我们得到决定函数 $u(x)$ 的下列方程：

$$u(x) = \rho\omega^2 \int_a^b k(x, y)u(y)dy. \tag{24}$$

这样的方程称为关于函数 $u(x)$ 的齐次积分方程.

显然, 对任意的 ω, 方程(24)有我们不感兴趣的解 $u(x)=0$, 它与静止状态相应. 使方程(24)有异于零解的那些 ω 值称为体系的固有值.

因为不是对于每个 ω 值都有异于零的解, 体系能作自由振动仅依赖于特定的频率, 其中最小的称为基本音频, 而其余的称为泛音频.

可以证明, 每个体系有固有频率的无穷序列, 就是所谓频率谱

$$\omega_1, \ \omega_2, \ \cdots, \ \omega_n, \ \cdots.$$

方程(24)的非零解 $u_n(x)$, 对应于频率 ω_n, 给出相应的固有振动形式.

例如, 假设弹性体系表现为弦, 紧拉在点 O 及 l 之间且固定在这两点, 则对于这样的体系可能的固有振动等于

$$a\frac{\pi}{l}, \ 2a\frac{\pi}{l}, \ 3a\frac{\pi}{l}, \ \cdots, \ na\frac{\pi}{l}, \ \cdots,$$

此处 a 是系数, 与密度及弦的张力有关, 即 $a=\sqrt{\dfrac{T}{\rho}}$. 基本音谱为 $\omega_1=a\dfrac{\pi}{l}$, 而泛音频为 $\omega_2=2\omega_1$, $\omega_3=3\omega_1$, $\cdots$, $\omega_n=n\omega_1$. 相应的调和振动形式由下列等式给出:

$$u_n(x)=\sin\frac{na\pi}{l}x.$$

而对于 $n=1,\ 2,\ 3,\ 4$ 在图 10 中有描绘的图形.

我们已考虑过弹性体系的自由振动. 假如在运动的同时有调和的外力作用在弹性体系上, 则当我们决定在这一力作用下的调和振动时, 对于函数 $u(x)$ 得到所谓非齐次积分方程

$$u(x)=\rho\omega^2\int_a^b k(x,\ y)u(y)dy+h(x). \tag{25}$$

积分方程性质 在上面我们已看到了积分方程的例:

$$f(x)=\lambda\int_a^b k(x,\ y)f(y)dy \tag{26}$$

及

$$f(x)=\lambda\int_a^b k(x,\ y)f(y)dy+h(x), \tag{27}$$

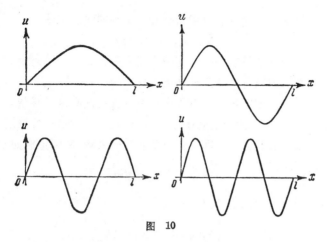

图　10

其中第一个是从关于弹性体系自由振动问题的解决得来的，而第二个是从强迫振动，即在外力作用下振动的研究中得来的.

在这些方程中未知函数为函数 $f(x)$. 已知的函数 $k(x, y)$ 称为积分方程的核.

方程(27)称为非齐次线性积分方程,而方程(26)称为齐次的. 它是于 $h(x)=0$ 时从非齐次方程得到的.

显然,齐次方程永远有零解, 即解 $f(x)=0$. 在非齐次与齐次积分方程解之间存在着密切联系. 指出下列的定理作为例: 假如齐次积分方程仅有零解, 则对应的非齐次方程对于所有的函数 $h(x)$ 是可解的.

假如对于 λ 的某个值齐次方程有不恒等于 0 的解 $f(x)$, 则这个 λ 值称为固有值, 而对应的解 $f(x)$ 称为固有函数. 我们从上面看到, 当积分方程描述弹性系统的自由振动时,则固有值与体系的振动频率密切相关(即 $\lambda=\rho\omega^2$). 固有函数给出对应的调和振动的形式.

对于振动问题从能量守恒定律推出

$$k(x, y)=k(y, x). \qquad (28)$$

满足条件(28)的核称为对称的.

对于具对称核的方程, 固有函数及固有值拥有一系列的重要

性质. 可证明: 这样的方程永远有一系列的实固有值

$$\lambda_1, \ \lambda_2, \ \cdots, \ \lambda_n, \ \cdots.$$

对每个固有值有一个或若干个固有函数相应. 同时对应于不同的固有值的固有函数永远是相互直交的[1].

照这样, 对于每个具对称核的积分方程固有函数系是直交函数系. 一个问题发生: 当这个系完备, 也就是当希尔伯特空间中的每个函数可依积分方程固有函数系展开成级数, 特别是假如方程

$$\int_a^b k(x, \ y)f(y)dy = 0 \tag{29}$$

仅当 $f(y) \equiv 0$ 时满足, 则积分方程

$$\lambda \int_a^b k(x, \ y)f(y)dy = f(x)$$

的固有函数系是直交系[2].

照这样, 每个平方可积函数 $f(x)$ 可在这情形中依固有函数展开成级数. 从考虑这些或那些积分方程中, 为了各种重要直交系的封闭性, 我们获得普遍而有力的方法, 即函数依直交函数展开成级数的可能性的证明. 用这些方法可证明三角函数系、圆柱函数系、球函数系及其他重要函数系的完备性.

在振动情形中, 任意函数可依固有函数展开成级数, 这一现象意味着任意振动可展开为调和振动的和. 这样的展开成为一种方法, 广泛地应用于关于力学及物理学不同领域中的振动(弹性体振动、声学的振动、电磁波等等)问题的解决中.

线性积分方程理论的发展, 对于线性运算子一般理论的创立起了推动的作用, 线性积分方程理论有机地进入到后一理论中. 在近数十年中, 线性运算子理论一般方法也有力地促进了积分方程

---

1) 最后的论断将在下一节(第 246 页)中证明.

2) 在 $k(x, y)$ 是弹性体系的影响函数时, 条件(29)有着普通的物理意义. 在这件事情上[参考公式(23)], 我们已见到, 在沿体系分布的力 $f(y)$ 作用下, 体系距平衡位置的离差由公式

$$u(x) = \int_a^b k(x, y)f(y)dy$$

表达. 照这样, 条件(29)意味着: 每个异于零的力把体系自平衡位置带出来.

理论进一步的发展.

§5. 线性运算子及泛函分析
进一步的发展

在前一节中我们看到, 弹性体系振动问题导致寻找积分方程固有值及固有函数的问题. 注意这些问题也可以与线性微分方程[1] 固有值及固有函数的寻求相联系, 许多其它物理问题也归结为线性微分或积分方程固有值及固有函数的计算问题.

再举一个例. 在现代的无线电技术中广泛地应用一种传播高频电磁振荡的所谓波导, 就是空心的金属管, 在它里面传播电磁波. 大家都知道, 沿着波导只能传播波长不太长的电磁振荡. 临界波长的寻求化归为某个微分方程固有值的问题.

除此之外, 在线性代数、常微分方程理论、稳定性问题等中也会遇到固有值问题.

从统一的一般观点考虑所有这些相互类似的问题的必要性产生了. 这样的观点显现为线性运算子的一般理论. 与在不同的具体问题中固有函数及固有值有关的许多问题, 只有在运算子一般理论的观点下才能彻底理解. 照这样, 在这个方向和一系列其它方向中, 运算子一般理论本身成为在产生它的领域的研究中很有成效的工具.

在运算子理论的进一步发展过程中, 在量子力学里广泛利用运算子理论中的方法表现为本质的阶段. 所谓自共轭运算子理论已成为量子力学的基本数学工具. 在量子力学中产生的数学问题的提法已经成为且将继续成为对于泛函分析进一步发展的刺激.

在微分和积分方程中, 已经证实, 对于这些方程解的实用逼近法的发展, 运算子观点是非常有用的.

运算子理论的基本观点 转过来阐述与运算子理论有关的基本定义和事实.

---

1) 参见第二卷第六章 §5.

在分析学中我们遇到了函数概念. 在最简单形式中, 它是对应关系: 对于每个数 x(自变数的值)有一数 y(函数值)与它相对应. 随着分析学进一步的发展, 产生了考虑属于更普遍类型的对应关系的需要.

例如, 在变分学(第二卷第八章)中考虑到更一般的对应关系: 对于每个函数有数来与它对应. 假如对每个函数有数来与它相应, 那么我们说, 我们得到一个泛函数. 对每个函数 $y=f(x)(a\leqslant x\leqslant b)$, 令被它描绘的曲线轨迹的长度来与它相对应, 可做为泛函数的例子. 假如对每个函数 $y=f(x)(a\leqslant x\leqslant b)$, 令它的定积分 $\int_a^b f(x)dx$ 与它相对应, 我们就得到泛函数的又一个例子.

假如把 $f(x)$ 看成无穷维空间中的点, 那么泛函数是无穷维空间中点的函数而不是别的. 从这个观点看, 变分学中所研究的就是关于无穷维空间点的函数的极大或极小值的寻求问题.

为了定义什么是连续泛函数, 必须定义无穷维空间中两点邻近的意义是什么. 在§2中我们给出了两个函数[无穷维空间中的点 $f(x)$ 及 $g(x)$]间距离为 $\sqrt{\int_a^b [f(x)-g(x)]^2 dx}$. 无穷维空间中距离的这种定义方式常被使用, 但当然这并不是唯一可能的定义方式. 在其它问题中表明函数间距离的其它定义方式更好. 举一个例: 在函数逼近理论(参见第二卷第十二章§3)中的问题里, 函数间距离的定义由标示两个函数 $f(x)$ 及 $g(x)$ 相近度的下列公式给出:

$$\max|f(x)-g(x)|.$$

在变分学中研究泛函数时, 要用到函数间距离的其他定义方式.

函数间距离不同的定义方式把我们引到不同的无穷维空间.

这样, 不同的无穷维(泛函)空间由函数储备及其间距离的定义互相区别. 例如, 假定取所有的平方可积函数的总体并定义距离为 $\sqrt{\int_a^b [f(x)-g(x)]^2 dx}$, 那么我们就得到在§2中引入的希

尔伯特空间; 假定我们取所有的连续函数总体并定义距离为 $\max|f(x)-g(x)|$, 那么我们得到所谓空间 (C).

当考虑积分方程时, 我们碰到形如

$$g(x)=\int_a^b k(x, y)f(y)dy$$

的表式. 对于给定的核 $k(x, y)$, 所写的等式显示一个规律: 对于每个函数 $f(x)$ 有另一函数 $g(x)$ 与之相对应.

这样的对应, 对于一个函数 f 使另一函数 g 来对应, 称为运·算子·.

假如给了一个规律, 按照这个规律, 对每个函数 f, 有函数 g 与之相对应, 那么就说, 我们得到希尔伯特空间中线性运算子 A. 不是对希尔伯特空间中的所有函数的对应关系也可给定. 在这情形中, 使得函数 $g=Af$ 存在的那些 f 的集合称为运算子 A 的定义域·(类似于普通分析学中函数的定义域). 这个对应关系和平常一样表记为

$$g=Af. \tag{30}$$

运算子的线性意味着: 对于函数 f_1 及 f_2 的和有 Af_1 与 Af_2 的和与之相对应, 而对于函数 f 被数 λ 相乘有函数 λAf 与之相对应, 即

$$A(f_1+f_2)=Af_1+Af_2 \tag{31}$$

及

$$A(\lambda f)=\lambda Af. \tag{32}$$

有时对线性运算子同时要求连续性, 就是, 要求在函数序列 f_n 到函数 f 的收敛下序列 Af_n 收敛于 Af.

举若干线性运算子的例.

1°. 对每个函数 $f(x)$, 使函数 $g(x)=\int_a^x f(t)dt$, 即函数 f 的不定积分与之相对应. 这个运算子的线性从积分的下列通常性质引出, 即从这引出: 和的积分等于积分的和, 又常数因子可以移到积分符号外面.

2°. 对于每个可微分函数 $f(x)$, 使它的导数 $f'(x)$ 与之相对

应. 这个运算子通常用字母 D 来表达, 即

$$f'(x) = Df(x).$$

注意这个运算子不是对于希尔伯特空间中的所有函数有定义, 而仅对于有属于希尔伯特空间的导数的函数有定义. 这些函数组成(如上述)所给运算子的定义域.

3° 例 1° 及 2° 是在希尔伯特空间中线性运算子的例子. 我们在本书其它章节里曾遇到过有穷维空间中线性运算子的例子. 在第三章(第一卷)中研究过仿射变换. 假如平面上或空间中仿射变换使坐标原点留在原处, 那么它是在二维的或相应地在三维的空间中线性运算子的例子. 在第十六章中引进了 n 维空间中的线性变换, 它是 n 维空间中的线性运算子.

4° 在积分方程中, 我们已在实质上遇到非常重要且在分析学中有广泛应用的泛函空间中的线性运算子——所谓积分运算子类. 给定一个确定的函数 $k(x, y)$, 则公式

$$g(x) = \int_a^b k(x, y) f(y) dy$$

对于每个函数 f 使一函数 g 与之相对应. 符号上我们可以把这个变换照以下形式写出:

$$g = Af.$$

在这个情形中, 运算子 A 称为积分运算子. 还可以给出许多积分运算子的重要例子.

在 §4 中我们说到非齐次积分方程

$$f(x) = \lambda \int_a^b k(x, y) f(y) dy + h(x).$$

用运算子理论的记法, 这个方程可改写为

$$f = \lambda Af + h, \tag{33}$$

此处 λ 是已给的数, h 是已给的函数(无穷维空间中的向量), f 是待求的函数. 仍用这些记法, 齐次方程可改写如下:

$$f = \lambda Af. \tag{34}$$

关于积分方程的古典理论, 例如, 在 §4 中陈述过的关于非齐次及

相应的齐次积分方程可解性间关系的定理, 并不是对于所有运算子方程正确的. 然而可以指出来若干一般条件, 加于运算子 A 之上. 在这些条件之下, 定理成为真确的.

这些条件用拓扑学的词句陈述出来而总结为: 运算子 A 把单位球体(就是长度不超过 1 的向量总体)变换到紧集中.

运算子的固有值及固有向量 由关于振动的问题把我们引到关于积分方程固有值及固有函数的问题, 这些问题我们已照以下方式陈述过: 求 λ 的值使得有异于零的函数 f, 满足方程

$$f(x) = \lambda \int_a^b k(x, y) f(y) dy.$$

像先前一样, 这个方程可改写成

$$f = \lambda A f$$

或

$$Af = \frac{1}{\lambda} f. \tag{35}$$

今后将 A 理解为任意线性运算子. 于是满足等式(35)的向量 f 称为运算子 A 的固有向量而数 $\frac{1}{\lambda}$ 为相应的固有值.

因为向量 $\frac{1}{\lambda} f$ 在方向上与向量 f 一致 (与 f 仅相差一数值因子), 所以, 寻求固有向量的问题还可以陈述为寻求在变换 A 之下不变它自己的方向的非零向量 f 的问题.

在关于固有值问题上的这样的观点, 使得我们能够把关于积分方程(假如 A 是积分运算子)、微分方程(假如 A 是微分运算子)的固有值问题和关于线性代数中[假如 A 是有穷维空间中线性变换; 参见第六章(第二卷)及第十六章]的固有值问题统一起来, 对于三维空间情形这个问题已在求椭球体的所谓主轴中遇到.

在积分方程的情形, 固有函数及固有值的一系列重要性质(例如固有值的实数性, 固有函数的直交性等)表现为核的对称性——就是等式 $k(x, y) = k(y, x)$ 的推论.

对于希尔伯特空间中任意的线性运算子 A, 运算子的所谓自共轭性表现为这个性质的类似.

在一般情形中，运算子 A 的自共轭性条件如下：对任意两元素 f_1 及 f_2, 等式

$$(Af_1, f_2) = (f_1, Af_2)$$

成立, 此处 (Af_1, f_2) 表向量 Af_1 与向量 f_2 的纯积.

运算子的自共轭性在力学问题中通常表现为能量守恒定律的推论. 因之, 这个条件对于(譬如说)与振动[此时没有能量耗损(散逸)]有关联的运算子是成立的.

在量子力学中遇到的大多数运算子都是自共轭的.

我们来验证具对称核 $k(x, y)$ 的积分运算子是自共轭的. 事实上, 在这情形中 Af_1 是函数 $\int_a^b k(x, y)f_1(y)dy$. 因之, 纯积 (Af_1, f_2) 等于这个函数与 f_2 的积的积分, 由下列公式给出：

$$(Af_1, f_2) = \int_a^b \int_a^b k(x, y)f_1(y)f_2(x)\,dy\,dx.$$

类似地 $$(f_1, Af_2) = \int_a^b \int_a^b k(x, y)f_2(y)f_1(x)\,dy\,dx.$$

等式 $(Af_1, f_2) = (f_1, Af_2)$ 是核 $k(x, y)$ 的对称性的直接推论.

任意自共轭运算子拥有一系列重要性质, 它们在应用这种运算子来解各种问题当中是有用的. 可以证明：线性自共轭运算子的固有值永远是实的, 而且与不同的固有值对应的固有函数相互直交.

举例来证明最后的论断. 设 λ_1 及 λ_2 是运算子 A 的两个不同的固有值, 而 f_1 及 f_2 是与它们对应的固有向量. 这意味着

$$\begin{aligned} Af_1 &= \lambda_1 f_1, \\ Af_2 &= \lambda_2 f_2. \end{aligned} \tag{36}$$

取等式(36)的第一个与 f_2 的纯积, 并取第二个与 f_1 的纯积, 我们得到

$$\begin{aligned} (Af_1, f_2) &= \lambda_1(f_1, f_2), \\ (Af_2, f_1) &= \lambda_2(f_2, f_1). \end{aligned} \tag{37}$$

因为运算子 A 是自共轭的, 所以 $(Af_1, f_2) = (Af_2, f_1)$. 从(37)的第一个等式减去第二个, 得

$$0 = (\lambda_1 - \lambda_2)(f_1, f_2).$$

因为 $\lambda_1 \neq \lambda_2$, 所以 $(f_1, f_2) = 0$, 就是向量 f_1 与 f_2 直交.

自共轭运算子的研究弄明白了许多具体问题和与固有值理论有联系的问题.

我们现在仔细地看看这些问题之中的一个, 就是关于在连续谱情形中依固有函数的展开问题.

为了阐明什么是连续谱, 再借助于古典的弦振动问题. 上面我们已表明, 对于长为 l 的弦, 振动的固有频率可取一系列的值:

$$a\,\frac{\pi}{l},\ 2a\,\frac{\pi}{l},\ \cdots,\ na\,\frac{\pi}{l},\ \cdots.$$

在数轴 $O\lambda$ 上安置这一系列的点. 假如增大弦长 l, 则系列中任何两相邻的点的距离就将减小, 而它们就将更稠密地填挤在数轴上. 在极限情形, 当 $l\to\infty$, 就是对于无穷长的弦, 固有频率就填充半数轴 $\lambda\geqslant 0$. 这情形表示体系有连续谱.

我们已经说过, 对于长 l 的弦, 依固有函数的展开就是依 $n\,\frac{\pi}{l}\,x$ 的正弦及余弦的展开, 就是展成三角级数:

$$f(x)=\frac{a_0}{2}+\Sigma\,a_n\cos n\,\frac{\pi}{l}\,x+b_n\sin n\,\frac{\pi}{l}\,x.$$

对于无穷长的弦的情形, 可以证明, 或多或少任意的函数可依正弦及余弦展开. 而既然固有频率现在是连续地分布在数直线上, 这展开将不是展成级数而是展开成所谓傅里叶积分:

$$f(x)=\int_{-\infty}^{\infty}[A(\lambda)\cos\lambda x+B(\lambda)\sin\lambda x]d\lambda.$$

展开成傅里叶积分很早就已经知道, 且在十九世纪中当解不同的数学物理问题时广泛地被使用过.

而在具连续谱的更一般问题[1] 中, 许多与依固有函数展开有关的问题还没有弄清. 只有自共轭运算子一般理论的建立, 才会使这些问题得到必要的阐明.

还要指出一个以运算子一般理论为基础得到解决的一些古典问题范围. 在有能量散逸时振动的考虑引到这些问题.

在这情形中我们仍可找体系的形如 $u(x)\varphi(t)$ 的自由振动. 但

---

1) 非均匀弹性介质振动以及量子力学的许多问题可以作为例子.

是, 和没有散逸的振动情形不同, 函数 $\varphi(t)$ 不是简单的 $\cos\omega t$ 而是具有形式 $e^{-kt}\cos\omega t$, 此处 $k>0$. 照这样, 对应的解具有形式 $u(x)e^{-kt}\cos\omega t$. 每个点 x 在这情形中仍作振动 (具频率 ω), 然而振动表现为衰减的, 因为于 $t\to\infty$ 时这些振动的振幅所含的因子 e^{-kt} 趋于 0.

体系的固有振动可以很方便地写作复数的形式: $u(x)e^{-i\lambda t}$, 当没有摩擦时此处 λ 是实的, 当有摩擦时此处 λ 是复的.

具有能量散逸的体系的振动问题仍然化归成固有振动的问题, 但不再是对于自共轭运算子. 对于体系讲, 复固有值的存在表现出自由振动衰减的特征.

将运算子理论方法与解析函数论方法的联合使用, M. B. 凯尔迪什在 1950—1951 年研究了这类问题, 关于这类问题证明了固有函数系统的完备性.

泛函分析与数学其他分支及量子力学的联系 上面我们已提到, 量子力学的创立表现为泛函分析发展过程中具有决定性的一个阶段.

就象微积分的兴起在十八世纪中为力学及古典物理学的需要所统治一样, 泛函分析的发展已经并且将继续在现代物理学主要是量子力学最强有力的影响下出现. 本质上与泛函分析有关的数学分支已成为量子力学的基本数学工具. 我们只扼要地指出这里所涉及的联系, 量子力学基础的陈述则将超出本书的范围.

在量子力学中, 体系的状态当用希尔伯特空间的向量来做关于体系的数学描述时被给出来. 象能量、冲量、运动的振动矩这类数量借助于自共轭运算子来研究. 例如在原子里电子的可能能级作为能量运算子的固有值而被计算. 这些固有值的差给出被原子辐射的光的频率, 照这样定义了所给物质辐射的谱的构造. 电子的对应状态于此作为能量运算子固有函数而得到描述.

求量子力学问题的解常要计算不同的 (常微分) 运算子的固有值. 在复杂的情形下, 这些问题的准确解实际上是不可能的. 为了求这些问题的近似解, 广泛地使用所谓摄动理论, 它使得人们能依

某自共轭运算子 A 的已知的固有值及固有函数来找与 A 有微小差异的运算子 A_1 的固有值. 注意摄动理论距完备的数学基础还远, 建立此基础是一个有趣的重要的数学问题.

另外, 与固有值的近似决定无关, 常可借定性研究的帮助讨论很多给定的问题. 在量子力学问题中, 这种研究是建立在所给的对称性问题中的有效用的基础上. 晶体对称性、原子里球对称性、关于反射的对称性等可以当做这种对称性的例子. 既然对称组成群(参见第二十章), 所以群的方法(所谓群表现论)不用计算而给出一系列问题的回答的可能性. 作为例, 我们指出原子谱分类, 核转化及其它问题.

这样, 量子力学广泛地利用自共轭运算子理论作为数学工具.

量子力学在现时的继续发展导致运算子理论进一步的发展, 在这理论前面摆着新的问题.

量子力学的影响以及泛函分析在数学内部的发展, 使得在最近若干年中代数的问题及方法在泛函分析中发生相当大的作用. 在现代分析中代数趋势的加强值得与代数方法在现代理论物理中增长着的意义(通过与十九世纪物理学方法比较)相对照.

在结束时再强调一次, 泛函分析是现代数学中正在有趣地发展着的分支之一. 它可联系并应用到现代物理学、微分方程、近似计算中, 以及代数学、拓扑学、实变数函数论中, 并由此产生了应用的一般方法, 这使泛函分析成为现代数学的基本枢纽之一.

文 献

А. Н. Колмогоров и С. В. Фомин, Элементы теории функций и функционального анализа, вып. 1. Метрические и нормированные пространства. Издво МГУ, 1954.

Р. Курант и Д. Гильберт, Методы математической физики, т. I. Гостехиздат, 1951.

书中除其它材料外, 还陈述了振动理论与固有值理论的联系.

Л. А. 刘斯铁尔尼克, В. И. 索伯列夫, 泛函数分析概要, 科学出版社, 1955.

Ф. Рисс и Б. Секефальви-Надь, Лекции по функциональному анализу. Ил, 1954.

此书要求读者有相当的数学知识。

Г. Е. Шилов, Введение в теорию линейных пространств. Изд. 2, Гостехиздат, 1956.

阅读本书要有充分的分析学及解析几何学基础。

本章结尾涉及的问题的文献:

Б. Ван дер Варден, Метод теории групп в квантовой механике. Харьков, 1938.

И. М. Гельфанд и З. Я. Шапиро, Представления группы вращений трехмерного пространства и их применения. Успехи матем. наук, 7, №1, 3–117, 1952.

Л. О. Ландау и Е. А. Лифшиц, Квантовая механика. Гостехиздат, 1948.

田方增 译

杨宗磐 校

王建华 复校

第二十章 群及其他代数系统

§1. 引 言

在介绍多项式代数的本书第一卷第四章中，已经谈到代数发展的基本道路、它在其他数学部门中所占的位置和关于代数对象本身的观点的改变．本章的目的是给读者介绍某些新的代数理论的概念．这些理论发生在上一世纪，在本世纪中得到了充分的发展．它们对近代数学的研究有很大的影响．

近世代数，就像古典的那样，是关于运算的学说，是关于计算规则的学说．但它不把自己局限在研究数的运算的性质上，而是企图研究更具一般性的元素上运算的性质．这种趋向是现实中的要求所提示的．譬如，在力学中，力、速度、旋转的合成．在线性代数(见第十六章)中，运算的对象是矩阵，线性变换和 n 维空间的向量．我们知道，线性代数中的想法和方法，在实际计算中被广泛的使用着．

群论在近世代数中起着特别突出的作用，本章将用很多篇幅介绍它．在其他别的代数理论中，我们将谈到超复数系的理论．这个理论在数的概念发展的历史过程中是一个必须的和重要的阶段．当然，这两种理论远非穷尽近世代数的内容，但用它们可以相当清楚地阐明近世代数的想法和方法．

为了研究像对称的规律这样重要的现实世界的规律，必须找到工具．由于这种必要性就出现了群论．

关于任何几何体或其他数学和物理对象的对称性质的知识，有时给出一个弄清这些物体、对象结构的门路．虽然对称的概念看来是很明显的，但为了给对称这个概念一个精确的和一般的描述，特别是对称的性质的量上的计算，却需要利用群论这个工具．

群论的发生比较早, 约在十八世纪末和十九世纪初. 起初, 它仅是作为解决这样一个问题的辅助工具而发展起来的, 就是为了解决高次方程的根是否能用根号表示的问题. 这是由于下面事实引起的: 在解决上述问题中, 第一次发现了方程的根的对称性和平等性是解决全部问题的关键. 从十九世纪到二十世纪这段时间, 在科学的许多别的部门, 例如在几何、结晶学、物理、化学都弄清了对称的规律的重要意义. 因此群论的方法和结果得到了广泛的流传. 既然每一个应用部门都向群论提出自己特殊的问题, 这样部门数目的增加也就必然反过来起着推进的作用, 促使群论新分支的发展. 而这发展把按基本概念是统一的近代群论引向分裂, 分裂成为许多或多或少独立的课目: 群的一般理论、有限群论、连续群论、变换的离散群、群表示与特征值的理论. 并逐步地发展起来. 群论的方法和概念, 不仅是在研究对称的规律时, 就是对于解决许多其他别的问题也是重要的了.

现在群的概念已成为现代数学中最重要的、具有概括性的概念之一了, 而群论在数学中居于显著的地位. 在群论的发展过程中, 费得洛夫、施密特、邦特里雅金作出了杰出的贡献. 就是在群论的现代发展中, 苏联学者的研究也居于领导的地位.

§2. 对 称 和 变 换

对称的一些最简单形式 我们先介绍一些对称的最简单形式, 这些是读者从日常生活中就熟习了的. 这样的对称形式之一就是几何体的镜面对称或关于平面的对称.

空间的一点 A 叫做点 B 关于平面 α 的对称点(图1), 如果这平面垂直地交线段 AB 于其中点, 通常说, 点 B 是点 A 关于平面 α 的反射象. 说一个几何体关于平面是对称的, 如果这个平面把几何体劈成两部分, 其中任一部分都是另一部分关于所给平面的镜面映象. 此时这个平面就称为物体的对称平面. 在自然界, 镜面对称的形体非常多, 例如, 人体的形状, 兽体和鸟体的形状通常都有对称平面.

可以相仿地定义关于直线的对称. 通常说点 A, B 是关于直线对称的, 如果该直线垂直地交线段 AB 于其中点(图2); 说一个几何体关于直线是对称的, 或者说, 它以这条直线为自己的二阶对称轴, 假如几何体上每一点的对称点也属于该体.

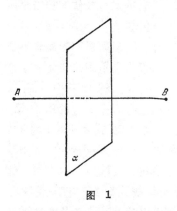

图 1

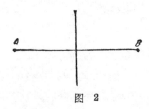

图 2

有二阶对称轴的物体, 当它围绕该轴旋转一半, 也就是旋转 $180°$ 时, 结果仍和自己相重.

对称轴的概念可以用很自然的方式来推广. 一直线称为给定物体的 n 阶对称轴, 如果围绕轴旋转 $\frac{1}{n} 360°$ 时, 物体和自己相重合. 例如一个底是正 n 角形的正锥体, 锥的顶点和底中心的连线是它的 n 阶对称轴 (图3).

一直线称为物体的旋转轴, 如果围绕着轴旋转任何角度时, 物体都和自己重合. 例如, 圆柱体和圆锥体的轴, 球的任一条直径都是它们的旋转轴. 旋转轴同时也是任何阶的对称轴.

最后, 关于点的对称, 或者说中心对称, 也是对称的一种重要类型. 说点 A, B 是关于中心 O 对称的, 如果 A, B 所定的线段被 O 平分. 一个物体称为关于中心 O 对称, 假若它的所有点

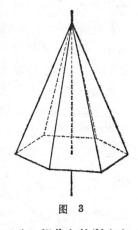

图 3

被分成一对对的、关于 O 对称的点组. 球和立方体可以作为中心对称体的例子, 它们的中心就是它们的对称中心(图 4).

知道物体的所有对称平面、对称轴和对称中心, 就能得到关于它的对称性质的相当全面的概念.

然而对称的概念不是仅当应用到几何体上才有意义. 例如下面的断语也有着完全清楚的意思: 在多项式 $x_1^3 + x_2^3 + x_3^3 + x_4^3$

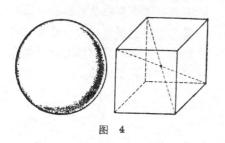

图 4

中, 变量 x_1, x_2, x_3, x_4 的出现是对称的; 而在多项式 $x_1^3 + x_2^3 + x_3^3 + x_4^3$ 中, x_1 和 x_4, x_2 和 x_3 的出现是对称的. 但这时, 例如说, 变量 x_1 和 x_2 却是不同的. 这样的例子可以找到很多, 这就迫使我们提出下面的重要问题: 什么是对称? 如何用数学方法来考虑对称的关系? 原来这个问题的精确答案和变换这个概念相联系着, 后者从前几章开始就在本书中多次的出现了. 为了把各种不同性质的情形, 例如空间物体的对称和多项式的对称, 有可能包括在关于对称的一个一般定义中, 必须把变换这个概念也在很一般的形式下描述.

变换 令 M 表有限或无限集合, 它的元素可以是完全随意的对象. 例如, M 可以是由数 1, 2, $\cdots$, n 组成的团体, 可以是独立变量 x_1, x_2, x_3, x_4 的全体或平面上所有点的全体. 若对集合 M 中的每一点, 在 M 中都有一个完全确定的元素和它相对应, 则说给出了集合 M 的一个变换. 对于有限集合 M, 每一个变换都可用表来给出. 表是由二行组成的, 在上一行按任意次序记下集合 M 的元素的符号, 而在它们的每一个下面注明和它对应的那个元素的符号. 例如, 表 $\begin{pmatrix} 1 & 2 & 3 & 4 \\ 2 & 3 & 2 & 1 \end{pmatrix}$ 说明集合 $\{1, 2, 3, 4\}$ 的一个变换. 在这个变换下, 数 1, 2, 3, 4 顺序映到数 2, 3, 2, 1. 假若把数 1, 2, 3, 4 按次序 3, 4, 1, 2 记在上面的那一行, 则我们可以把上面

谈到的变换记成表 $\begin{pmatrix} 3 & 4 & 1 & 2 \\ 2 & 1 & 2 & 3 \end{pmatrix}$.

假若 M 是无限集合，但是有可能排列（编号）它的元素，这时把元素的符号安置在一行（例如，M 是所有自然数的集合：1, 2, 3, …），也可用相仿的办法给出集合的变换。

为了研究变换，需要引入适当的符号。我们将简单地用字母 A, B 等来表示变换，并且当我们用字母 A 来表示集合 M 的某一变换时，若 m 是 M 的任一元素，则 mA 就表示元素 m 的象，即指在变换 A 下 m 所对应的那个元素。例如，令 $A = \begin{pmatrix} 1 & 2 & 3 & 4 \\ 2 & 3 & 2 & 1 \end{pmatrix}$，则

$$1A=2,\ 2A=3,\ 3A=2,\ 4A=1.$$

下面指出几个在几何中起重要作用的变换。

在空间中任取一直线 α，令空间的任一点 P 与点 Q 对应，而点 Q 是点 P 绕轴 α 转一固定角度所达到的点（图5）。这样，我们就定义了所有空间点集合的一个变换，叫做空间绕轴 α 作角 φ 的一个旋转。

要注意的是，"旋转"这个字在力学中是指某种过程，物体上的点经这种过程而达到新的位置。这里我们用的术语"旋转"是指空间的变换，此时不去注意运动过程的本身而是仅考察它的最终结果——点的最初位置与最终位置的对应。

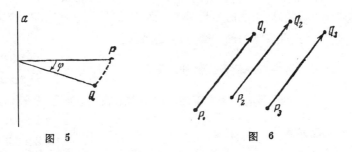

图 5　　　　　　　　　　　图 6

另外一种重要的空间变换是所有点按所给方向作给定距离的平移。在图6中，对于任意点 P_1, P_2, P_3 示出了它们的对应点

Q_1, Q_2, Q_3. 由此可见，假若知道在平移下某一个点的对应点，那就可以找到空间中所有其他点的对应点.

上面曾定义过空间图形的对称平面、对称轴和对称中心等概念. 这些概念中的每一个都有空间的一个确定的变换和它对应着，那就是关于平面的映射、关于直线的旋转和关于中心的映射. 例如，关于平面的映射是一个变换，在这个变换下空间的每一点与它关于平面的对称点对应着. 相仿可定义关于直线的旋转和关于中心的映射.

我们谈了一些空间的变换. 它们相应的平面的变换是：平面绕点作给定角的旋转、平面沿自己向给定方向的平移、关于位于平面上直线的映射. 这些平面的变换可以相仿地定义，它们较比相应的空间变换更加醒目.

双侧单值变换（即一一对应） 在考察一个集合的所有可能的变换时，首先应注意两种映射间的基本差异，即集合到自身的双侧单值映射及非双侧单值映射. 集合 M 的一个变换 A 叫做这个集合到自身的双侧单值映射，假若不仅是对集合 M 的每一元素在 M 中都有唯一确定的元素和它对应——这已经包含在变换的定义中——并且对 M 的每一元素 y, 存在且只存在一个元素 x, 它所对应的元素是 y. 换句话说，若对 M 的每一元素 y, "方程" $xA=y$ 在 M 中有一个且仅有一个解 x, 则 A 是一个双侧单值的变换.

上面考察过的所有空间变换——映射、旋转和平移——都是双侧单值的，因为此时不仅对每一点 X 都存在一个点，X 恰好变成它，且只存在唯一的一个点，它能变成 X.

很容易举出反例来. 例如，数集 $\{1, 2, 3, 4\}$ 的由表 $\begin{pmatrix} 1 & 2 & 3 & 4 \\ 2 & 1 & 2 & 3 \end{pmatrix}$ 给出的变换就不是双侧单值的，这是因为在该变换下没有什么数能变成数 4. 所有自然数 1, 2, 3, … 的集合，由表 $\begin{pmatrix} 1 & 2 & 3 & 4 & 5 & 6 \cdots \\ 1 & 1 & 2 & 2 & 3 & 3 \cdots \end{pmatrix}$ 所给定的变换也不是双侧单值的. 对每一数 n 言，$2n$ 确是变到它，但 $2n$ 不是唯一具有这性质的数，因为 $2n-1$ 也是变到 n 的.

一般对于由表给定的变换，很容易制定一种标志，合乎它的要求时变换就是双侧单值的。为此，易见其必要且充分条件是：在表的下一行，集合的每一元素必出现且只出现一次。

在数学里有时也讨论非双侧单值的变换。例如，众所周知的空间到平面上投影的运算是有很大意义的。这个变换就不是双侧单值的。因为投影到每一个点的不是一个点，而是空间中的许多的点。但是在大多数场合遇到的仍是双侧单值变换；特别是，当考察某些物理过程时，这样的变换起着基本的作用。通过这些物理过程，所研究的系统的元素彼此不合并、不消失、也不产生新的。

今后谈到变换时，指的是双侧单值的变换。它们也常被称为置换，特别是当讨论有限集合变换的情形。

对于集合 M 到自己上的每一个（双侧单值）变换 A，很容易定义一个逆变换 A^{-1}。假若变换 A 把集合 M 的任一元素 x 变到元素 y，则把元素 y 变到 x 的变换就称为变换 A 的逆变换，用 A^{-1} 表之。例如，若 $A=\begin{pmatrix}1\,2\,3\,4\\2\,3\,4\,1\end{pmatrix}$，则 $A^{-1}=\begin{pmatrix}2\,3\,4\,1\\1\,2\,3\,4\end{pmatrix}=\begin{pmatrix}1\,2\,3\,4\\4\,1\,2\,3\end{pmatrix}$；若 A 是空间绕轴作角 φ 的旋转，则 A^{-1} 是围绕同一个轴，但向相反方向作角 φ 的旋转；等等。

有时可能碰到逆变换和原给的相重合的情形。比如说，在空间中关于平面或点的映射就有这样的性质。置换 $A=\begin{pmatrix}2\,1\,4\,3\\1\,2\,3\,4\end{pmatrix}$ 也有此性质，因为 $A^{-1}=\begin{pmatrix}1\,2\,3\,4\\2\,1\,4\,3\end{pmatrix}=\begin{pmatrix}2\,1\,4\,3\\1\,2\,3\,4\end{pmatrix}$。

注意，对于非双侧单值变换不能谈什么逆变换，因为这样的变换可能把谁也变不到某些元素上去，另一方面也可能把同一元素变到许多元素上去。

对称的一般定义　在数学和它的应用中，很少会发生考虑给定集合的一切变换的要求，这是因为集合本身很少能被认为仅仅是一些互不相关的元素的简单联合。这也是很自然的，因为在数学里研究的集合是许多具体集合的抽象形象，而这些具体集合的元素是永远处于千千万万的相互联系中的，且与所考察的集合范围以外的一些东西相联系着．虽然在数学中不得不撇开这些联系的大部分，但最本质的部分是要保留下来并加以考虑的．这就促使我们首先研究集合的这样一些变换，它们不破坏元素间这些或那些被考虑的联系，通常称这样的变换为可容许变换或称为对集合元素间被考虑的那些联系的自同构对应．例如，对于空间的点，两点间距离的概念是很重要的．这个概念的存在是考虑到下面的这个点间的联系：任两点间都有一定距离．不破坏这些联系的变换是使点间距离不变的变换．这样的变换叫做空间的"运动"．

利用自同构这个概念，不难给出对称的一般定义．设给定一集合 M，在其内考虑元素间的某些关系，并设 P 是 M 的一个子集．对于 M 的一个可容许变换 A，说集合 P 是对称的或不变的，若变换 A 把集合 P 中的每一点仍变为 P 的点．因此集合 M 的把 P 仍变到自己的可容许变换的全体就刻划了集合 P 的对称．我们的定义完全适用于在空间内物体对称的概念．把整个空间看做集合 M，把"运动"看做是可容许变换，把给定的物体看做 P，这样，使 P 仍回到自己的运动的全体就刻划了体 P 的对称．

从前讨论过的空间的映射、平移和绕给定直线的旋转是运动的一些特殊情形，因为在这些变换下点间的距离显然是不变的．更详细的研究就会知道，平面的每一运动或是平移，或是绕中心的旋转，或是关于直线的映射，或是关于直线的映射和顺着这条直线的平移的联合．相仿地，空间的每一运动或是平移，或是绕轴的旋转，或是扭转运动，即伴有着沿旋转轴平移的绕轴旋转，或是关于平面的映射，也可能还伴有一个沿映射平面的平移或是一个绕垂直于该平面的轴的旋转．

空间的平移、旋转和扭转称为它的固有运动或第一类运动．其他的"运动"（包括映射在内）叫做非固有运动或第二类运动．在平面上第一类运动是平移和旋转，而关于直线的映射以及伴有旋转或平移的映射被认为是第二类运动．

容易想象，凡第一类运动的变换可以看做是空间到自身的或平面到自身的连续运动的结果．这样去看第二类的运动是不可能的，因为作为它们的组成部分的映射破坏了这一点．

常常说平面在自己所有部分上都是对称的，或是说平面的点都是平等的．用变换这个精确的语言来说明这断语，那就是借助一个适当挑选的"运动"可以使平面任意一点与任意另外的一个点相重合．

从前考察过的一些物体或图形对称的情形也是包含在对称的一般定义内的．例如，关于平面 α 对称的物体，在关于平面 α 的映射下是回到自身的；关于中心 O 对称的物体，在关于 O 的映射下是回到自身的．因此空间的使一物体或一空间图象和自己重合的第一类和第二类运动的全体，就充分刻划了这个物体或空间图象对称性的程度．上面指出的这个运动的集合愈丰富，种样愈多，则该物体或图象对称性的程度也就愈大．特别是，假若这个集合除去恒等变换外不包括任何运动，则可以称该物体或图象为不对称的．

使平面上的正方形仍回到自身的平面运动的全体刻划了正方形对称性的程度．但若正方形和自己重合，则两对角线的交点也必然要和自己重合．因此，所求运动使正方形中心不动，因而或是绕中心的旋转，或者关于通过中心的直线的映射．由图 7 容易看到，正方形 $ABCD$ 是关于绕其中心作 90° 倍数角的旋转对称的，对于关于对角线 AC, BD 和直线 KL, MN 的映射，它也是对称的．这八个运动也就刻划着正方形的对称．

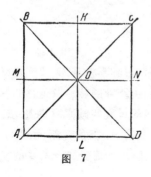

图 7

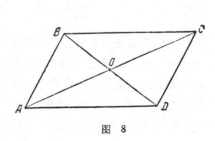

图 8

长方形的对称的集合由绕中心作 $180°$ 的旋转和关于对边中点连线的映射组成, 而平行四边形 (图 8) 对称的集合则仅由绕中心作 $180°$ 倍数角的旋转组成, 即由关于中心的映射和恒等变换组成.

上面我们引用了代数里的对称的例子, 即曾指出, 多变数多项式对称的概念是有意义的.

现在来考察如何刻划多项式的对称. 我们说, 在多项式 $F(x_1, x_2, \cdots, x_n)$ 内完成了未知量的一个置换 $A = \begin{pmatrix} x_1, x_2, \cdots, x_n \\ x_{i_1}, x_{i_2}, \cdots, x_{i_n} \end{pmatrix}$ 或简写成 $A = \begin{pmatrix} 1, 2, \cdots, n \\ i_1, i_2, \cdots, i_n \end{pmatrix}$, 是指在这个多项式内所有的地方都把字母 x_1 换成 x_{i_1}, x_2 换成 x_{i_2}, $\cdots\cdots$ 等等. 象这样得到的多项式用 FA 表示. 例如, 若 $F = x_1^2 - 2x_2 + x_3 - x_4$, $A = \begin{pmatrix} 1 2 3 4 \\ 3 1 4 2 \end{pmatrix}$, 则 $FA = x_3^2 - 2x_1 + x_4 - x_2$.

给定的多项式的对称, 是由下面那些未知量的置换所作成的集合来刻划, 当在多项式上完成了这些置换, 它们使该多项式不变. 例如, 多项式 $x_1^2 + 2x_2 + x_3^3 + 2x_4$ 的对称可由下面四个置换来刻划: $\begin{pmatrix} 1 2 3 4 \\ 1 2 3 4 \end{pmatrix}$, $\begin{pmatrix} 1 2 3 4 \\ 3 2 1 4 \end{pmatrix}$, $\begin{pmatrix} 1 2 3 4 \\ 1 4 3 2 \end{pmatrix}$, $\begin{pmatrix} 1 2 3 4 \\ 3 4 1 2 \end{pmatrix}$, 而多项式 $x_1^3 + 2x_2 + x_3^3 + x_4$ 的对称仅由两个置换来刻划: $\begin{pmatrix} 1 2 3 4 \\ 1 2 3 4 \end{pmatrix}$, $\begin{pmatrix} 1 2 3 4 \\ 3 2 1 4 \end{pmatrix}$.

§3. 变 换 群

变换的乘法 在研究变换的性质时, 很容易发现, 某些变换可由另外一些变换组成. 例如, 螺旋运动由绕轴的旋转及延轴的移动组成. 这个由给定的变换组成新变换的过程叫做变换的乘法. 我们对集合 M 的一个任意元素 α 进行变换 A, 然后对新元素 αA 运用变换 B, 这样就得到元素 $(\alpha A)B$. 把 α 直接变到 $(\alpha A)B$ 的变

换称为变换 A 和 B 的乘积,用 AB 表示. 因此,按照定义,有

$$x(AB) = (xA)B.$$

例如

$$\begin{pmatrix}1\,2\,3\,4 \\ 2\,3\,4\,1\end{pmatrix}\begin{pmatrix}1\,2\,3\,4 \\ 3\,4\,1\,2\end{pmatrix} = \begin{pmatrix}1\,2\,3\,4 \\ 4\,1\,2\,3\end{pmatrix}.$$

这是因为第一个置换将 1 变到 2, 第二个置换将 2 变到 4, 因而它们的乘积应把 1 变到 4, 等等. 再看几个例子:

$$\begin{pmatrix}1\,2\,3\,4 \\ 3\,1\,4\,2\end{pmatrix}\begin{pmatrix}1\,2\,3\,4 \\ 1\,3\,2\,4\end{pmatrix}^{-1} = \begin{pmatrix}1\,2\,3\,4 \\ 3\,1\,4\,2\end{pmatrix}\begin{pmatrix}1\,2\,3\,4 \\ 1\,3\,2\,4\end{pmatrix} = \begin{pmatrix}1\,2\,3\,4 \\ 2\,1\,4\,3\end{pmatrix};$$

$$\begin{pmatrix}1\,2\,3\,4 \\ 2\,1\,4\,3\end{pmatrix}\begin{pmatrix}1\,2\,3\,4 \\ 3\,1\,2\,4\end{pmatrix} = \begin{pmatrix}1\,2\,3\,4 \\ 1\,3\,4\,2\end{pmatrix};$$

$$\begin{pmatrix}1\,2\,3\,4 \\ 3\,1\,2\,4\end{pmatrix}\begin{pmatrix}1\,2\,3\,4 \\ 2\,1\,4\,3\end{pmatrix} = \begin{pmatrix}1\,2\,3\,4 \\ 4\,2\,1\,3\end{pmatrix}.$$

最后两个例子说明,变换的乘法是不可交换运算,它的结果和因子的顺序有关. 对于平面上运动的乘法,这样事实也是容易肯定的. 例如, A 是平面上绕原点作 $90°$ 的旋转,而 B 是沿 Ox 轴平移一个单位长.

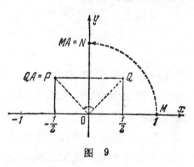

图 9

今考察,变换 AB 和 BA 把原点 O 变为哪个点. 按定义,有(图9)

$$O(AB) = (OA)B = OB = M,$$
$$O(BA) = (OB)A = MA = N,$$

即 $AB \neq BA$.

为了弄清楚变换 BA 的几何性质,我们来考察点 P. 我们有

$$P(BA) = (PB)A = QA = P,$$

即点 P 在变换 BA 下停留不动. 从这一点容易判断, BA 就是平面上一个绕点 P 做 $90°$ 的旋转. 类似地

$$Q(AB) = (QA)B = PB = Q,$$

而 AB 是平面上一个绕点 Q 做 $90°$ 的旋转.

平面或空间中运动的乘法规则，在一般情形是相当复杂的. 但在两种重要的情形下, 乘法的规则是很简单的. 首先, 若平面上绕同一点作角 φ 和角 ψ 的旋转相乘, 或空间内绕同一直线作角 φ 和角 ψ 的旋转相乘, 则其结果将是相应的作角 $\varphi+\psi$ 的旋转. 其次, 若两个顺序被向量 $\overrightarrow{MN}$ 和 $\overrightarrow{NP}$ 所刻画的平移相乘, 则其乘积仍是平移, 它由向量 $\overrightarrow{MP}$, 即最初的那两个向量之和, 所刻划.

变换"乘法"这个名词本身意味着在数的乘法和变换的乘法之间有某种类似, 但是这种类似并不是完全的. 譬如说, 对数的乘法有可换(交换)律. 我们已看到, 在进行变换的乘法时, 这个律可能被破坏. 算术的第二个基本律——乘法的结合律——对于变换的乘法完全适合, 即对集合 M 的任意三个变换 A, B, C, 都有 $A(BC)=(AB)C$.

事实上, 若 m 是 M 中任意元素, 则

$$m[A(BC)]=(mA)(BC)=[(mA)B]C$$
$$=[m(AB)]C=m[(AB)C].$$

结合律容许用乘积 $A(BC)=(AB)C=ABC$ 代替变换 A, B, C 的两个乘积 $A(BC)$ 及 $(AB)C$. 结合律还说明, 四个或更多个变换的乘积和括号的分布无关.

变换中有一个变换, 它相当于数 1, 就是使 M 的每一个元素不动的恒等变换, 或称单位变换 E. 显而易见 $AE=EA=A$, 不论 A 是什么样的变换.

我们还要指出下面重要事实: 双侧单值变换的乘积是双侧单值的. 事实上, 为了在集合 M 中找到一元素 x, 使它在变换 AB 之下的对象恰是给定的元素 a, 只须先找到一个被变换 B 变为元素 a 的元素 x_1, 然后再找到一个被变换 A 变为元素 x_1 的元素 x_2. 因为 $x_2(AB)=(x_2A)B=x_1A=a$, 故 x_2 就是想找的元素 x.

变换 A 及其逆变换 A^{-1} 的乘积是单位变换, 即

$$AA^{-1}=A^{-1}A=E.$$

这个直接由逆变换的定义得出.

上面考虑的平面的平移和旋转相乘的例子说明，从乘积中因子的性质，未必总能看出变换乘积的性质。但是形如 $C=B^{-1}AB$ 的变换乘积是一个重要的例外。C 的性质在这里非常简单的和 A，B 的性质相联系着，即，若集合 M 中的元素 m 被变换 A 变为元素 n，则被变换 B"移动"了的 mB 元素被变换 C 变为被"移动"了的元素 nB。

证明：$(mB)B^{-1}AB=mAB=nB$。

变换 $B^{-1}AB$ 称为用 B 去改变 A 的方法由 A 得来的，或称为借助于 B 与 A 相共轭的变换。

例如，我们用平移来改变绕点 O 平面旋转 P_0。根据引用过的规则，为了找对改变了的运动 $C=V^{-1}P_0V$ 而言点的开始位置和最终位置的对偶，应当利用 V 去移动对变换 P_0 而言的点的相应对偶。因为点 O 在旋转 P_0 下是和自己成对的（图10），故点 OV 对于变换 C 是和自己成对的。还有，假若点 M 被变换

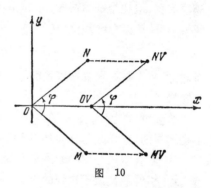

图 10

P 变为点 N，则被移动了的点 MV 将被变换 C 变为点 NV。因此从图10可看到，变换 C 是绕点 OV 作与旋转 P_0 相同角度 φ 的旋转。

可以类似证明，假若借助于作角 φ 的旋转 P_0 去改变平面上的平移，而后者是用向量 $\overrightarrow{MN}$ 来刻划的，则仍将得到平面上的平移，而它是被已旋转过的向量来刻划的。

即使在变换是由表给出的情形，上面所说求变换 $B^{-1}AB$ 的法则，也能非常漂亮地叙述出来。令

$$A=\begin{pmatrix} 1\ 2\cdots n \\ a_1\ a_2\cdots a_n \end{pmatrix}, \quad B=\begin{pmatrix} 1\ 2\cdots n \\ b_1\ b_2\cdots b_n \end{pmatrix}$$

此时有

$$B^{-1}AB=\begin{pmatrix} b_1\,b_2\cdots b_n \\ 1\ \ 2\cdots n \end{pmatrix}\begin{pmatrix} 1\ \ 2\ \cdots n \\ a_1\,a_2\cdots a_n \end{pmatrix}\begin{pmatrix} 1\ \ \ 2\ \cdots n \\ b_1\,b_2\cdots b_n \end{pmatrix}=\begin{pmatrix} b_1\,b_2\ \cdots\ b_n \\ b_{a_1}\,b_{a_2}\cdots b_{a_n} \end{pmatrix},$$

即, 为了利用置换 B 来改变置换 A, 只需把置换 A 的上列和下列中的数字用置换 B 所决定的变换作用一下. 例如, 若

$$A=\begin{pmatrix} 1\,2\,3\,4\,5 \\ 3\,5\,4\,1\,2 \end{pmatrix},\quad B=\begin{pmatrix} 1\,2\,3\,4\,5 \\ 2\,5\,1\,3\,4 \end{pmatrix},$$

则

$$B^{-1}AB=\begin{pmatrix} 1B\,2B\,3B\,4B\,5B \\ 3B\,5B\,4B\,1B\,2B \end{pmatrix}=\begin{pmatrix} 2\,5\,1\,3\,4 \\ 1\,4\,3\,2\,5 \end{pmatrix}=\begin{pmatrix} 1\,2\,3\,4\,5 \\ 3\,1\,2\,5\,4 \end{pmatrix}.$$

在这里提一下, 虽然在一般情形下两个变换的乘积和它们的顺序有关, 但在个别的情况, 乘积 AB 和 BA 是可能相同的. 此时变换 A 和 B 称为可换位的或可换的. 若 $AB=BA$, 则

$$B^{-1}AB=B^{-1}BA=A.$$

因此, 用一个与给定置换可换的置换去改变它, 将不影响这个给定的置换.

变换群　能刻划某一形体的对称的所有变换所组成的集合并不是随意的, 这样的集合显然具有下列性质:

1. 集合中任两变换的乘积仍属于这个集合;

2. 恒等变换属于这样的集合;

3. 若一变换属于这样的集合, 则其逆变换也属于该集合.

这些性质对于研究变换是非常重要的. 由一集合 M 的双侧单值变换所组成的且具有上面列举的三个性质的集合叫做集合 M 的变换群, 不论这个变换的集合是否刻划某一形体的对称.

从代数学的观点来看, 性质 1—3 是很基本的, 因为它们使得人们能够由给定的集合中的一些变换 A, B, C, …组成各种各样形状如 $ABAC$, $A^{-1}BCB^{-1}$ 等的新变换, 并且性质 1—3 保证了这样得到的所有变换, 都不出给定的变换集合的圈子.

一个群所含变换的数目称之为群的元素; 元素可能是有限的或无限的. 和这个相应的, 群分成有限的无限的. 上面曾讨论过平面上正方形的对称群, 这个群包含八个变换; 另一方面, 平面上

点 A_i 所组成的无限集合, 如图 11 所示, 被下列平面上的运动变为自身: 顺着 OA 轴向左或向右移动 OA 长的倍数; 关于虚线的反射; 关于 OA 轴的反射. 由此可见, 这个形体的对称群是无限的.

图 11

保持某一物体, 也就是说, 刻划它的对称的变换的全体永远是一个群. 用对称群的形式来给出群的这个方法是非常重要的方法之一. 按着这个原则可得到最重要的群. 它们中首先要举出的是平面和空间的运动群. 正多面体的对称群也很值得重视. 如众所周知的, 在空间中仅有五种正多面体(4, 6, 8, 12 和 20 面体). 任取正多面体中的一个并考察把它仍变回自身的所有空间运动, 我们就得到群——这个多面体的对称群. 假若代替所有的运动只考察把多面体变回自身的第一类运动, 则所得到的还是一个群, 这个群是整个的多面体对称群的一部分, 称此群为多面体的旋转群. 因为当多面体和自身相重合时, 其中心也必和自己相重合, 所以所有属于多面体对称群的运动都使多面体的中心保持不动, 因此它们只能或者是绕通过中心的轴的旋转, 或者是关于通过中心的平面的映射, 或者, 最后一种可能, 是伴有绕轴旋转的关于上述那样平面的映射, 而这里的旋转轴是通过中心且垂直于这些平面.

利用这些事实, 容易找到所有正多面体的对称群和旋转群. 在表 1 中示出正多面体的对称群和旋转群的元数. 所有这些群都是有限的.

置换群 在数学里, 历史上第一个被研究的变换群是 n 元多项式中变量 $x_1, x_2, \cdots, x_n$ 的置换群. 这样群的研讨和高阶方程式

表 1

面　　　数	4	6	8	12	20
对称群的元数	24	48	48	120	120
旋转群的元数	12	24	24	60	60

的解可否用根式来表示的问题紧密联系着. 显然, 具下面性质的某些变量的置换的全体作成一群: 它们使含这些变量的一个或几个多项式的值不变. 在变量的所有置换下都不改变的多项式叫做对称多项式. 例如, $x_1 + x_2 + \cdots + x_n$ 是对称多项式. 相应地, 某一给定的变量集合的所有置换的全体称为这个集合的对称置换群.

被摆置的变量的数目称为对称群的阶. 代替变量 x_1, x_2, $\cdots$, x_n 的置换, 可以考察数字 1, 2, $\cdots$, n 的置换. 由于数字的每一置换都能写成 $\begin{pmatrix} 1 & 2 & \cdots & n \\ a_1 & a_2 & \cdots & a_n \end{pmatrix}$ 的样子, 其中 a_1, a_2, $\cdots$, a_n 是数字 1, 2, $\cdots$, n 按某种顺序写成的, 故所有置换的总数等于 n 个元素的排列总数, 即对称群的元数等于 $n! = 1 \cdot 2 \cdot 3 \cdots n$. 这个元数是随着 n 的增大而迅速增长的, 当 $n = 10$ 时, 对称群的元数为 3628800.

我们考虑多项式

$$F(x_1, \cdots, x_n) = (x_2 - x_1)(x_3 - x_1) \cdots (x_n - x_1)(x_3 - x_2) \cdots$$
$$(x_n - x_2) \cdots (x_n - x_{n-1}). \tag{1}$$

显然, 每一个置换或者不改变多项式 F 的值, 或者仅改变 F 的符号. 第一种置换叫做偶置换, 改变 F 符号的置换叫奇置换. 全体偶置换的集合组成多项式(1)的对称群, 称这个群为交代置换群.

任意两个偶置换的乘积是偶置换, 因此全体偶置换组成群. 两个奇置换的乘积是偶置换.

事实上, 如果 A, B 是两个奇置换, 则

$$FAB = (FA)B = (-F)B = -(-F) = F.$$

同样方法可以证明, 偶置换与奇置换的乘积是奇置换. 偶置换的逆或者奇置换的逆与本身有同样奇偶性.

仅交换元素 1 和 2 位置的置换 $\begin{pmatrix} 1 & 2 & 3 & \cdots & n \\ 2 & 1 & 3 & \cdots & n \end{pmatrix}$，可以作为奇置换的例子.

置换分解成循回的乘积 在研究置换群时，将置换表成所谓循回的乘积有着巨大的意义. 首先，定义符号 $(m_1, m_2, \cdots, m_k)$ 为这样的置换，它把 m_1 变到 m_2，把 m_2 变到 m_3，$\cdots$，把 m_{k-1} 变到 m_k，最后，又把 m_k 变到 m_1，而所讨论集合中所有其余的元素均不变. 例如，如果讨论数字 1，2，3，4，5 的置换，那么

$$(1, 2, 3, 4, 5) = \begin{pmatrix} 1 & 2 & 3 & 4 & 5 \\ 2 & 3 & 4 & 5 & 1 \end{pmatrix}, \quad (3, 5) = \begin{pmatrix} 1 & 2 & 3 & 4 & 5 \\ 1 & 2 & 5 & 4 & 3 \end{pmatrix}.$$

置换 $(m_1, m_2, \cdots, m_k)$ 叫做长为 k 的循回；m_1，m_2，$\cdots$，m_k 叫做循回的元素. 单位置换约定写成长为 1 的循回 $(1) = (2) = \cdots$ 的形式. 长为 2 的循回叫做一个对换. 在循回中循环推移循回的元素，我们仍得到循回本身，例如 $(1, 2, 3) = (2, 3, 1) = (3, 1, 2)$；$(5, 6) = (6, 5)$.

容易验证，没有共同元素的两个循回，例如 $(2, 3)$，$(1, 4, 5)$ 是可换的置换. 因此，在这样的循回相乘时，可以不考虑乘积中因子的顺序.

在一般理论中，循回的意义基于下面的定理：每一个置换可以表成无共同元素的循回的乘积，而且除因子顺序外，表法是唯一的.

定理的证明由下面的表示法直接可以看出. 假定我们希望分解置换 $A = \begin{pmatrix} 1 & 2 & 3 & 4 & 5 & 6 \\ 4 & 5 & 6 & 3 & 2 & 1 \end{pmatrix}$. 我们看到，$A$ 把 1 变到 4，4 变到 3，3 变到 6，6 变到 1. 这样，我们便得到了要表成的乘积的第一个因子 $(1, 4, 3, 6)$. 还余下两个数目，我们看到，A 把 2 变到 5，5 变到 2. 因此，第二个因子是 $(2, 5)$. 由于所有元素都被讨论到了，故

$$\begin{pmatrix} 1 & 2 & 3 & 4 & 5 & 6 \\ 4 & 5 & 6 & 3 & 2 & 1 \end{pmatrix} = (1, 4, 3, 6)(2, 5). \tag{2}$$

将置换分解为有共同元素的循回的乘积也是可能的，但这样的分解不是唯一的．例如，

$$(a_1, a_2, \cdots, a_n) = (a_1, a_2)(a_1, a_3)\cdots(a_1, a_n)$$

$$= (a_2, a_3)(a_2, a_4)\cdots(a_2, a_n)(a_2, a_1). \tag{3}$$

我们来证明，每一个长为 2 的循回是奇置换．我们已经知道，对于 $(1, 2)$ 的循回是正确的．但任一循回 (i, j) 等于 $S^{-1}(1, 2)S$，此处 S 是把 1 变到 i，2 变到 j 的任意置换 $\begin{pmatrix} 1 & 2 & \cdots \\ i & j & \cdots \end{pmatrix}$．因为 $(1, 2)$ 是奇置换，而 S 与 S^{-1} 的奇偶性相同，故 $S^{-1}(1, 2)S$ 是奇置换．

按照公式 (3)，长为 $m+1$ 的循回可以表成 m 个奇置换的乘积．因之，如果 $m+1$ 是奇数，则长为 $m+1$ 的循回是偶置换，如果 $m+1$ 是偶数，则长为 $m+1$ 的循回是奇置换．这样，如果置换分解成循回的乘积是已知的，那么，便可以很快的计算出这个置换的奇偶性．例如，置换 $\begin{pmatrix} 1 & 2 & 3 & 4 & 5 & 6 \\ 4 & 5 & 6 & 3 & 2 & 1 \end{pmatrix}$ 是偶置换，因为按照 (2)，它是两个偶置换的乘积．

子群　若群的一部分也作成群，则称之为原来群的一个子群．这样，变量 x_1, x_2, $\cdots$, x_n 的置换的交代群是这些变量的置换的对称群的一个子群．平面的固有运动的全体组成一个群，这个群是平面的固有运动与非固有运动的全体所组成的群的一个子群．

从纯形式的观点看来，单位(恒等)变换本身也组成一个子群．同样，任意群本身也可视为它自己的子群．然而，除了这两个当然的子群以外，几乎每一个群均含有好多子群．知道群的所有子群的意义在于它给出关于已知群内部结构的足够完备的表示．

构成子群的一个相当广泛的方法，是指出所谓子群的生成元的方法．

设 A_1, A_2, $\cdots$, A_m 是属于群 G 的某些变换．作这些变换以及其逆的一切可能乘积的集合 H，则 H 是一个群．事实上，单位变换属于 H，因其可表成 $A_1A_1^{-1}$ 的形式．其次，如果 B, C 可表

成上述乘积的形式，那末 BC 也能表成上述乘积，故属于 H. 最后，如果 B 能表成上述乘积，例如，$B=A_1^{-1}A_2A_1A_1A_2^{-1}$，则 B^{-1} 也能表成所要求乘积的形式，即 $B^{-1}=A_2A_1^{-1}A_1^{-1}A_2^{-1}A_1$.

群 H 显然是群 G 的子群，称之为由 A_1, $\cdots$, A_m 生成的子群，而变换 A_1, A_2, $\cdots$, A_m 本身，叫做子群 H 的生成元. H 与 G 可能重合，这时，称 A_1, A_2, $\cdots$, A_m 为群 G 本身的生成元. 不难由例子看出，同一子群可以有不同的生成元组.

由一个变换 A 生成的子群叫做循环群，它的元素是变换

$$E, A, AA, AAA, \cdots, A^{-1}, A^{-1}A^{-1}, A^{-1}A^{-1}A^{-1}, \cdots.$$

很自然的称其为变换 A 的方幂，即

$$E=A^0, A=A^1, AA=A^2, \cdots, A^{-1}A^{-1}=A^{-2}, A^{-1}A^{-1}A^{-1}=A^{-3}, \cdots.$$

和在普通算术中一样，容易证明

$$A^mA^n=A^{m+n} \text{ 以及 } (A^m)^n=A^{mn}. \tag{4}$$

变换说是循环的，如果它的某个方幂等于恒等变换. 使循环变换成为恒等变换的最小正指数叫做变换的阶数(或周期). 我们约定非循环变换的阶数是无限的.

我们来讨论几个例子. 设 A 是平面绕 O 点所作 $\dfrac{360°}{n}$ 的旋转，此处 n 是大于1的正整数. 于是 A^2 是旋转 $2\dfrac{360°}{n}$ 角的旋转；A^3 是旋转 $3\dfrac{360°}{n}$ 的旋转；A^{n-1} 是旋转 $(n-1)\dfrac{360°}{n}$ 角的旋转；而 A^n 是作 $360°$ 的旋转，即恒等变换. 这就表明平面绕 O 点所作 $\dfrac{360°}{n}$ 的旋转是 n 阶循环变换.

设 A 是平面延某个直线所作的平移，于是 A^2, A^3, $\cdots$ 也是平面延同一直线的平移，但移动的距离分别是原来所移动的距离的二倍、三倍等等. 因之，A 的任何正方幂也不能是恒等变换，即 A 的阶数是无限的.

元素 A 所生成的循环群的元素是

$$\cdots A^{-2},\ A^{-1},\ E,\ A,\ A^2,\ \cdots. \tag{5}$$

若 A 是无限阶变换, 则序列(5)中的所有变换都是互异的, 因之, 这个循环群是无限群. 事实上, 如果不是这样, 我们将得出等式 $A^k=A^l(k<l)$. 由此可知 $A^{l-k}=E,\ l-k>0$, 这与 A 不是循环变换矛盾.

现在设 A 是 m 阶循环变换, 于是

$$A^m=E,\ A^{m+1}=A,\ A^{m+2}=A^2,\ \cdots,\ A^{m-1}=A^{-1},\ A^{m-2}=A^{-2},$$

$\cdots$, 即序列(5)由变换 $E,\ A,\ A^2,\ \cdots,\ A^{m-1}$ 所组成, 并且这 m 个变换中任意两个都不相等, 因为, 如果有 $A^k=A^l(0\leqslant k<l<m)$, 则将有 $A^{l-k}=E,\ 0<l-k<m$, 这与 A 的阶数为 m 矛盾. 因之, 阶数为 m 的循环变换所生成的循环群, 由 m 个不同的变换所组成.

所有元素彼此间都可换的群叫做可换群或者阿贝尔群, 是以挪威数学家阿贝尔的名字来命名的, 他发现了这样的群对于方程论的重要意义.

式子(4)表明, 同一变换的方幂彼此间永远是可换的: $A^m A^n = A^n A^m = A^{m+n}$. 因之, 循环子群恒为阿贝尔群.

在数的算术中, 除法同乘法起着重要作用. 在群论中, 由于乘法的不可交换性, 必须谈到两种除法: 左除和右除. 事实上, 解方程 $Ax=B$, 此处 $A,\ B$ 是给定的变换, 而 x 是要求的变换, 自然地引出用 A 除 B 的左商; 而解方程 $yA=B$, 引出用 A 除 B 的右商. 在第一个等式中, 两端同用 A^{-1} 左乘, 而在第二个等式中, 两端同用 A^{-1} 右乘, 我们得到 $x=A^{-1}B,\ y=BA^{-1}$. 因此, 可以把 $A^{-1}B$ 或者 BA^{-1} 看作为变换 B 被 A 除的"商".

从很多例子看到, 在群里通常 $AB\neq BA$. "商" $(AB)(BA)^{-1}$ 或者 $(BA)^{-1}(AB)$ 可以采取作为置换 A 与 B 的不可交换性的"测度". 上面第二个表示式 $(BA)^{-1}(AB)=A^{-1}B^{-1}AB$ 称为 A 与 B 的换位子, 并且用符号 $(A,\ B)$ 表示. 由式子

$$(A,\ B)=A^{-1}B^{-1}AB$$

可以看出, 换位子可以表为共轭变换 $B^{-1}AB$ 被第一个变换 A 除的"商".

例如,设 A 是平面的平移,则共轭变换也将是平移,而两个平移的商显然是一个平移. 因之,平移与任意变换的换位子是一个平移. 设 A 是绕某个定点 O 作 φ 角的旋转,而 B 是旋转或者平移. 于是,共轭变换仍是旋转 φ 角的旋转,然而是绕另外一个点 O'. 因之,在这个情形,换位子 (A, B) 是绕 O 点作负角 φ 的旋转与绕 O' 点作正角 φ 的旋转的乘积. 由图 12 可以看出,最后得出的变换是沿着与线段 $\overline{OO'}$ 成 $\left(\dfrac{\pi}{2}-\dfrac{\varphi}{2}\right)$ 角的直线作距离为 $2\cdot\overline{OO'}\sin\dfrac{\varphi}{2}$ 的平移.

因此,我们必须注意这样有趣的事实: 平面上任意两个第一类运动的换位子是平移或恒等变换. 由于 $(A, B)=E$ 表示 $AB=BA$,故在平面上第一类运动所作成的任意一个非交换群均含有平移.

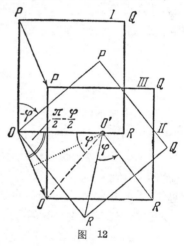

图 12

群 G 中所有元素的换位子生成的子群叫做 G 的换位群,换言之,群 G 的换位群由一切可表成换位子乘积的元素所组成. 由于平面上任意两个第一类运动的换位子是平移,而平移的乘积仍是平移,故平面上第一类运动群的换位群仅由平移所组成.

阿贝尔群的换位群仅由一个单位变换所组成,因为由 $AB=BA$ 可得出 $(A, B)=E$.

设 G 是数字 $1, 2, \cdots, n$ 的所有置换作成的对称群. 我们来证明,任意两个置换 A, B 的换位子永远是偶置换. 事实上,置换 AB, BA 因之 $(BA)^{-1}$ 都有相同的奇偶性,于是,作为有同一奇偶性的两个置换 $(BA)^{-1}, (AB)$ 的积 (A, B) 是偶置换.

我们看到,对称群的换位群仅含有偶置换. 容易证明,它与交代群重合.

群 G 的换位群也叫做 G 的导出群, 用符号 G' 表示. G' 的换位群叫做 G 的二次换位群, 用符号 G'' 表示. 把这个过程重复下去, 我们得到 G 的任意次换位群.

G 的各次换位群中, 如果有一个仅由单位变换所组成(于是, 这个换位群后面的各次换位群均由单位变换组成), 那么, 就说 G 是可解群. 这个名称起源于方程论, 在这里可解群与方程可用根号解相对应. 平面上第一类运动群是可解群, 因其第二次换位群等于单位元. 二次、三次、四次对称群也是可解群, 因为它们的一次、二次、三次换位群分别等于单位元. 然而, 五次以及五次以上对称群不是可解群, 因为可以证明, 它们的二次换位群与一次换位群重合, 而一次换位群是不等于单位元的.

§4. 费 得 洛 夫 群

有限平面形的对称群　就像已经说过的一样, 形或体的对称性可由平面或空间中使形体仍和自己重合的运动群来刻划.

平面上有限形[1] 的对称群是最容易被找到的. 事实上, 设给出平面上任一有限形, 并设此形经某一运动 A 后和自己重合. 此时形之重心 O 经运动 A 必仍和自己重合, 即 A 或是绕 O 点的旋转或是关于过 O 点直线的翻褶. 这样, 任意有限平面形的对称群仅由绕它的重心的旋转及关于过重心的直线的翻褶组成.

我们将顺序考察在研究有限形的对称群时可能出现的不同情形.

1. 仅由单位(恒等)变换所组成的对称群 K_1. 这是任意非对称形(图 13)的对称群.

2. 由单位变换及关于某一直线的翻褶组成的对称群(图 14).

今指出, 若群 K 含有关于过 O 点及夹角为 α 的两直线的翻

----

1) 有限性了解为: 整个图形位于平面中有限部分, 例如说在某个圆内.

图 13

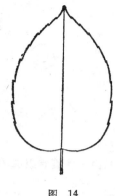

图 14

褶, 则此两翻褶的积是绕 O 点作 2φ 角的旋转(图 15). 由之可见, 群 K_2 是唯一不含旋转的对称群.

3. 只由一些旋转组成 的 对称群, 但其中不含作任意小角的旋转. 在此种情况, 在 K_3 的旋转可找到一个作最小正角的旋转. 设此角为 α^0. 今证, 群中的旋转所作之旋转角必是 α^0 之倍角. 设 β^0 为某旋转的角的度数, 可找到一整数 h, 使

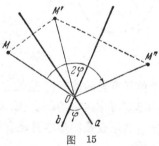

图 15

$h\alpha^0 \leqslant \beta^0 < (h+1)\alpha^0$, 由之 $0 \leqslant \beta^0 - h\alpha^0 < \alpha^0$. 群 K_3 含有 α^0 及 β^0 之旋转, 也必含有 $\beta^0 - h\alpha^0$ 之旋转. 但 $0 \leqslant \beta^0 - h\alpha^0 < \alpha^0$, 而群不包含有小于 α^0 的正旋转. 因此 $\beta^0 - h\alpha^0 = 0$, 即 $\beta^0 = h\alpha^0$. 特别是, 由于群 K_3 包含 $360°$ 的旋转, 则有一整数 n, 使 $n\alpha^0 = 360°$, 由之

$$\alpha^0 = \frac{360°}{n}.$$

这样, 群 K_3 由作 $0°, \dfrac{360°}{n}, 2\dfrac{360°}{n}, \cdots, (n-1)\dfrac{360°}{n}$ 的旋转组成. 给 n 以值 $2, 3, 4, \cdots$, 我们得到群 K_3 的所有类型. 在图 16 中给出的图形, 它们的对称群是仅由所有绕 O 点作 $\dfrac{360°}{n}$, $n=19, n=3$ 的倍角的旋转组成.

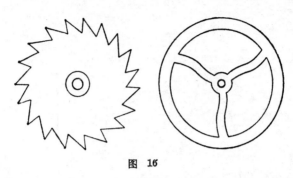

图 16

4. 只由一些旋转组成的对称群 K_4, 但它含有可任意小的旋
转. 此时转任意角 α 之旋
转可由属于群 K_4 的旋转
以任意精确度作出. 在这
里我们有兴趣的当然仅是
闭形, 即含所有界点(参看
第十七章 §9)的图形. 容
易断定, 对于闭形 K_4 包

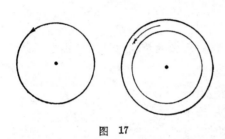

图 17

含作任意角的旋转. 这是有向圆对称的情形, 附有转向的圆和环
圈等等可作为它的例子(图 17). 这里在所有的容许变换下应当
重合的不仅是图形本身还有转向, 这就排除了关于直线的翻
褶.

剩下来要考察的是混合的情形, 当对称群 K 又含旋转又含翻
褶. 我们略去证明, 即使证明也是非常简单的, 而只述结果: 除去
群 K_1—K_4 只存在下面两种类型.

5. 由 n 个关于过 O 点的直线系的翻褶, 这些直线分平面为
$2n$ 个等角, 及旋转组成的对称群 K_5, 而这些旋转为作 $\dfrac{360°}{n}$ 之倍
角的旋转. 具有这样对称群的图形有, 例如正 n 角形(图 18).

6. 由绕 O 点所有旋转及关于所有过 O 点的直线的翻褶组成
的对称群 K_6. 这是完全圆对称的情形, 无向圆及无向圆环可作为
它的例子.

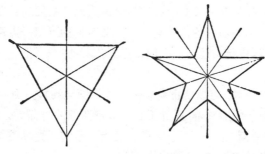

图　18

无限形的对称群　找出无限的平面图形的所有可能的对称群

是较复杂的问题．当然在实
际上永远不会给出全部无限
平面．但是平面上的一块有
时被非常小的图形盖满，和
它们比较起来这一块就象是
无限大了．例如，钢片的打
磨得非常光滑的平面上却是
被很小的、在显微镜下才看
得清的花纹所布满．这些花
纹反映了金属内部的结构的
均匀性质．

　　墙和布上的由重复图形
作成的图案可作为另外一些
例子．从古代开始一直到现
在这种图案的艺术——装饰

图　19

艺术——在很多民族广泛发展，图19中给出天花板上埃及图案的
式样，它是纪元前一千五百年左右的作品．

　　就是对于有限形对称群我们已不得不分别考察情形 1, 2, 3,
5 及情形 4, 6，在前者，对称群不含作任意小角的旋转，而在后者，
群中有这样旋转．当研究无限形的对称群，特别是在空间的情形，
这种把离散群和含有任意小变换的群分别讨论的作法有着更大的

意义．因此我们在一开始较确切地给出这两者之间的界限．

平面的运动群被称作是离散的，若对平面上每一点可圈以一个圆，使得群中每一运动或者使该点原位不动，或者把它一下子变出圆外．

和上面一样，可以找出所有离散的平面运动群．所有这些群都是平面图形的对称群，此处很自然地把离散的对称群分为三类：

I．在平面上有一点，它在所有变换下不动．这种类型的群包含上面举出过的群 K_1, K_2, K_3 和 K_4．

II．在平面上不存在不动点，但存在一直线，它在所有变换下仍和自己重合．此直线称为群的轴．具有这种类型的对称群的装饰品伸展成无限带（镶边）．这样的群一共有七个：

1．由一些平移作成的对称群 L_1，而这些平移所移动的距离为某一线段 a 的倍数．

2．由群 L_1 添加一个绕群轴上某一点作 $180°$ 角的旋转所得的群 L_2．

3．由群 L_1 添加一个关于垂直群轴的直线的翻褶所得到的群 L_3．

4．由群 L_1 添加一个关于群轴的翻褶所得到的群 L_4．

5．由群 L_1 添加一个变换所得到的群 L_5，这个变换是关于轴的翻褶和作距离 $\frac{a}{2}$ 的平移的乘积．

6．由群 L_4 添加一个关于某一垂直于群轴的直线的翻褶所得到的群 L_6．

7．由群 L_5 添加一个关于某一垂直于群轴的直线的翻褶所得到的群 L_7．

表 2 给出对应于每一群 L_1—L_7 的"镶边"的种种方案．

III．在平面上既不存在点也不存在直线，使它们在所有的变换下和自身重合．这种类型的群被称为平面费得洛夫群．它们是无限平面装饰品的对称群．它们共有 17 个：其中 5 个仅含第一种运动，12 个由第一种及第二种运动组成．

表 2

在表3中给出对应于17个平面费得洛夫群的装饰品图样,并且每一群由且仅由具下述性质之运动组成:它们把图中画出的小旗带到同一图中任意别的小旗上去.

值得指出的是,装饰师实际上发现了具有所有可能对称群的装饰品,至于群论所作的只是证明不再有其他别的类型.

结晶群 在1890年著名的俄国结晶学家及几何学家费得洛夫用群论的方法解决了结晶学的基本任务之一,即规则的空间点系的分类问题.这是第一次直接应用群的理论去解决自然科学中重大问题,这对群论的发展起了重大的影响.

结晶体具有这样的特点,它们的组成原子在空间中组成某种意义下的规则体系.我们考察使体系中的点仍回到体系中点的空间运动. 这些运动组成群,而该群的性质使得又能更精确的叙述点的规则体系这一概念.

空间的点系称作是规则的空间点系,若

表 3

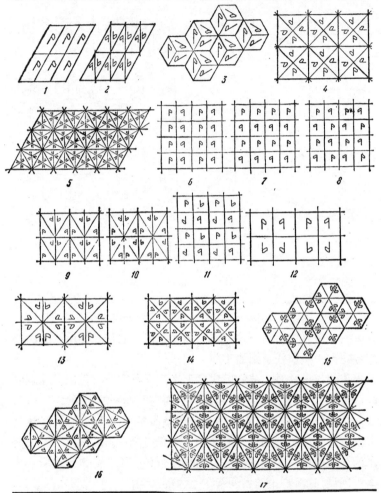

1. 借助于使体系仍和自己重合的运动可把体系中任意一点带到它的任意其他别的点去.

2. 任一有限半径的球都不包含体系中无穷多个点.

3. 存在一正数 r, 凡是有半径 r 的任意球都必至少包含体系中的一个点.

研究结晶体的构造问题原来是和规则的空间点系分类紧密联系的，而后者又是和离散的空间运动群的分类相联系的．和平面情况相似，空间的运动群 H 被称作是离散的，若对每一点 A 可作一以 A 为心的半径为某一正数的球，使 H 中每一运动或使点 A 不动，或将它变到球外．

　　可以证明，使给定规则空间点系仍和本身重合的空间运动全体必是离散群，并且从体系的一个固定点出发，利用群中的变换来移动它可得到体系中所有的点．反过来，若已知某一离散群 H，则在空间中任取一点，利用 H 中所有的运动来推移此点，便可得一个点系，它具有性质1，2，用加上不复杂的补充条件的方法，可以从离散群中划分出具有下述性质的群：它们对适当选定的点 A 给出真正的规则空间点系，即具有性质1，2，3，的点系．这样的离散群叫做费得洛夫群或结晶群．从已说过的可看出，找出费得洛夫群是研究规则的空间点系的第一步和最重要的一步．原来，对于自然科学的目的而言，必须要考察的不仅是由固有运动组成的群，还有那些又含固有运动又含非固有运动的群（亦即，包含有翻褶），仅由固有运动组成的费得洛夫群的个数大大地少于由固有运动及非固有运动组成的费得洛夫群的个数．仅在后面这个更一般的情形下，得到的规则空间点系的全体才真正地穷尽了在自然界中所遇到的晶体结构的全部丰富的内容．

　　值得指出的是，和上面提到的平面情形不同，只有群论才能帮助弄清这些非常众多的可能情况．

　　和平面情形比较，空间情形之复杂性可由下表看出：

空间费得洛夫群的数目

仅含第一种运动的群有 65 个

还含有第二种运动的群有 165 个

总共 230 个．

　　欲详细导出并列举所有的空间费得洛夫群，即使是在现在也还需要几十页的篇幅来叙述．因此，我们只限于介绍这些数量结果,对此有兴趣的读者可参阅专门的文献[1].

结晶学的近代发展使得进一步发展对称的概念成为必要. 关于这方面的新的可能性和途径在结晶学家舒布尼柯夫院士的"有限体的对称性和反对称性"(苏联科学院出版, 1951) 一书中已指出.

§5. 伽罗华群

前几页所叙述的结果, 为群论在解决晶体分类问题中所起的作用提供了一些概念. 然而这个问题并不是促使群论产生的原因, 大约在这个问题产生的一百年以前, 拉格朗日已经注意到代数方程根的对称性质与用根号解方程的可能性之间的联系. 在上世纪前三十年代著名数学家阿贝尔和伽罗华的工作中, 对这种联系作了深入的研究, 致使关于代数方程用根号可解性条件的著名问题得到解决. 这一问题的解决完全依赖于对置换群的性质作精细的讨论, 而这就是群论的实际起源.

研究代数方程的性质与群的性质之间的联系, 已成为现代一门巨大理论——伽罗华理论的对象.

关于这一问题的历史和伽罗华理论的意义, 已在第四章(第一卷)中叙述过了. 不过, 因为伽罗华理论在群论的发展中起着决定性的作用, 所以我们这里还要提一提这一理论的基本事实, 不过在提法上现在采用了最适宜于解释群论的形式. 这些事实的证明, 需要用到许多辅助概念, 因此把它们略去.

代数方程的群 设给了一个 n 次方程

$$x^n + a_1 x^{n-1} + \cdots + a_n = 0, \tag{6}$$

------

1) 在 D. 希尔伯特和 C. Э. 阔恩-佛新所著"直观几何学"(莫斯科-列宁格勒, 1951)一书中, 详细地叙述了如何导出由第一种运动组成的平面离散群. 关于空间结晶群的导出, 可在 E. C. 费得洛夫的重要著作"规则体系的对称"(费得洛夫, 基本论文,苏联科学院出版,1949) 中及 B. 杰龙涅, H. 巴都洛夫, A. 亚历山大洛夫所著"结晶结构分析的数学基础"(莫斯科-列宁格勒, 1934), 或 C. A. 波哥莫洛夫所著"按费得洛夫方法规则体系的导出"(库布奇出版, 1934) 等书中找到.

它的系数看作是给定的数值，例如是一些复数。由方程系数的有限次加、减、乘、除运算可能得到的一切数的集合，称为方程的基本域或方程的有理域。

例如，若方程有有理系数，那么它的有理域是由全体有理数组成的；若方程是 $x^2+\sqrt{2}\,x+1=0$，那么它的有理域由一切下述形状的数组成：$a+b\sqrt{2}$，其中 a, b 是有理数。

今以 ξ_1, $\cdots$, ξ_n 表示给定方程的根。由这些根实行有限次加、减、乘、除运算可以得到的一切数的集合，称为方程的分解域。例如，方程 $x^2+1=0$ 的分解域是有有理系数的复数 $a+bi$ 组成的集合，而上面提到的方程 $x^2+\sqrt{2}\,x+1=0$ 的分解域，则是由下述形式的数组成的集合：$a+bi+c\sqrt{2}+di\sqrt{2}$，其中 a, b, c, d 是有理数。

根据维达公式，方程的系数可以由它的根实行加、乘运算得到，所以方程的分解域永远包含它的基本域。有时这两个域是重合的。

分解域到它自身上的一个一一映象 A，叫作分解域关于基本域的一个自同构，假如对于分解域的每一对元素，它们的和映射到和，积映射到积，并且基本域的每一元素映射到它自身。上面所说的性质可以写成公式

$$(a+b)A=aA+bA, \quad (ab)A=aA\cdot bA, \quad \alpha A=\alpha$$
$$(a, b\in K \quad \alpha\in P), \tag{7}$$

这里 aA 是在映象 A 下元素 a 所映射到的元素，P 是基本域，K 是分解域。

按照 258 页所说的一般原则，分解域关于基本域的所有自同构的集合作成一个群。这个群叫作给定方程的伽罗华群。

为了给出关于伽罗华群比较具体的表示法，首先要注意，伽罗华群中的自同构将给定方程的根仍然映射到这个方程的根。事实上，如果 x 是方程(6)的一个根，那末对方程的两端实行自同构 A，并且应用性质(7)，我们得到

$$(xA)^n+a_1A(xA)^{n-1}+\cdots+a_nA=0\cdot A,$$

因为 $0 \cdot A = 0$, $a_i A = a_i$, 所以有

$$(xA)^n + a_1(xA)^{n-1} + \cdots + a_n = 0,$$

而这就是所要证明的. 因此, 每一个自同构都导出方程根的集合的一个确定的置换. 另一方面, 知道了一个这样的置换, 由于分解域的所有元素都可由根经过算术运算得出来, 因此我们也就同时知道了一个自同构. 这证明了, 为了讨论自同构群, 可以讨论与它相当的方程根的置换群. 由此可以推出, 所有伽罗华群都是有限群.

求任意方程的伽罗华群通常是一个复杂的问题, 只有在个别情况下, 伽罗华群才是比较容易求出的. 例如系数为 $a_1, \cdots, a_n$ 的方程 (6), 这个方程的有理域是由系数的有理分式(即分子和分母是 $a_1, \cdots, a_n$ 的多项式的分式)组成的. 分解域是由方程的根 $\xi_1, \cdots, \xi_n$ 的有理分式组成的, 这里根与系数的关系有公式

$$
\begin{aligned}
-a_1 &= \xi_1 + \xi_2 + \cdots + \xi_n, \\
a_2 &= \xi_1\xi_2 + \xi_1\xi_3 + \cdots + \xi_{n-1}\xi_n, \\
&\cdots\cdots\cdots\cdots\cdots\cdots\cdots\cdots\cdots\cdots\cdots \\
(-1)^n a_n &= \xi_1\xi_2\cdots\xi_n.
\end{aligned}
\tag{8}
$$

因为方程 (6) 是"一般的", 所以我们可以把它的根看作独立的变量. 于是这些根的所有置换都将导出分解域的自同构. 公式 (8) 表明, 在任一这样的自同构之下, 系数映射到自身, 因而同时它们的有理分式也就映射到自身. 这样一来, 一般 n 次方程的伽罗华群是 n 个文字的所有置换的对称群.

也可以举出这样数值系数的方程, 它的伽罗华群是对称群. 例如可以证明, 对于任意的 n 来说, 方程

$$
1 - \frac{n}{1}x + \frac{n(n-1)}{1 \cdot 2} \cdot \frac{1}{1 \cdot 2}x^2 - \frac{n(n-1)(n-2)}{1 \cdot 2 \cdot 3} \cdot \frac{1}{1 \cdot 2 \cdot 3}x
$$

$$
+ \cdots + (-1)^n \frac{1}{1 \cdot 2 \cdots n}x^n = 0
\tag{9}
$$

的伽罗华群就是 n 次对称群.

一般已经知道造一个方程使它以预先给定的群作为伽罗华群的方法. 不过这需要在这样的条件下, 方程的系数可以任意选取.

如果要求建立的方程有有理系数的话，那么现在只知道对于个别类型的群的造法．苏联数学家莎法列维奇在这方面获得了值得称道的成就，他得到建立有理系数方程以预先给定的可解群为伽罗华群的方法．但是对于一般情况，这一问题仍未能解决．

方程用根号的可解性　由定义看到，方程的伽罗华群刻划出方程根的内在对称性．可以证明，所有最重要的问题，如判别把解给定方程化为解一个较低次方程的可能性以及许多其他问题，都可以用伽罗华群的结构问题的形式叙述出来，而每一个 n 次方程的伽罗华群都是某一 n 次置换群，即总共有有限个对象．至少在理论上，它们的所有关系都可以用试验的方法找出来．

研究伽罗华群是解决与高次代数方程有关问题的一种值得重视的方法．例如可以证明，当且仅当伽罗华群是可解群时，方程可用根号解（可解群的定义见 §3, 272 页）．以前曾经指出，2, 3, 4 次的对称群是可解群．这就找到了 2, 3, 4 次方程可用根号解这个一般事实的全部根据．5, 6 等次的"一般"方程的伽罗华群是对称群，其次数与方程的次数相同，这些群是不可解群．所以推出，4 次以上的一般方程不能用根号解．

至于不能用根号解的数值方程可取方程 (9)($n>4$) 为例，因为它的伽罗华群也是对称群．

§6. 一般群论的基本概念

在十九世纪，群论主要发展了变换群的理论．但是渐渐地完全明白了，那里所得到的最重要的结果只是依赖于变换可以相乘，及依赖于这个运算具有一系列的特性．另一方面，可以找到一些事物，它们并不是变换，但是对它们却可以实行某种运算（不妨称之为乘法），这个运算具有同变换群的乘法一样的性质，并且可以证明，变换群的主要定理对它们来说也都成立．因此近一百年来群的概念已有力地运用到任意元素的系统上面，而不仅是变换的系统．

群的一般定义　目前一般采用的群的定义如下：设任一集合 G 的每一对按一定顺序给出的元素 a, b，都规定了这个集合中一个确定的元素 c 与它们对应。这时我们说，在集合 G 上给定了一个运算。通常对运算我们采用一个一定的名称，如加法、乘法、结合法等。G 中与元素 a, b 对应的元素，在这种情况下，分别称为元素 a, b 的和；a, b 的积；a, b 结合的结果；并分别记作 $a+b$，ab，$a*b$。"加法"或"乘法"这种名称可以用于与数的普通加法和乘法毫不相干的情况。

集合 G，连同定义在它上面的运算 $*$，叫作对于这个运算来说的一个群，假如满足下面群的公理：

1. 对于 G 的任意三个元素 a, b, c 来说，有

$$x*(y*z)=(x*y)*z(结合律).$$

2. G 的元素中有一个元素 e，对于 G 的任何元素 x 来说，有

$$x*e=e*x=x.$$

3. 对于 G 的任一元素 a 来说，在 G 中存在一个元素 a^{-1}，使得

$$a*a^{-1}=a^{-1}*a=e.$$

公理 2 提到的元素 e，称为群的恒等元。公理 3 所断言存在的元素 a^{-1}，称为 a 的逆元。如果群的运算叫作加法或乘法时，那么恒等元就相应地叫作零元或单位元，而群的公理就有下面的形式：

1) $x+(y+z)=(x+y)+z,$ 　 1) $x(yz)=(xy)z,$

2) $x+0=0+x=x,$ 　 2) $xe=ex=x,$

3) $x+(-x)=(-x)+x=0,$ 3) $xx^{-1}=x^{-1}x=e.$

在前几节中已看到许多群的例子。这些群的元素是变换，群的运算是变换的乘法。数 $0, \pm 1, \pm 2, \cdots$ 的集合对于加法运算来说也是一个群，因为整数的和仍是一个整数，整数的加法是结合的，整数零是恒等元，并且对于所讨论的数中的每一个数 a，$-a$ 是逆元。另一个群的例子是由所有实数（零除外）的集合对于乘法所构成的。事实上，两个非零实数的积仍是一个非零实数，实数的

乘法运算是结合的，有恒等元等于 1，每一非零实数 a 有倒数 $a^{-1} = \dfrac{1}{a}$. 可以不断地举出类似的例子.

虽然群的运算可以有不同的名称，不过我们约定以后几乎永远把它叫作乘法. 子群、群的元素的幂，循回群，群的元素的周期等概念，可以像对变换群一样来定义(参看 §3)，我们不再重复. 这里要指出的只是，G 的元素 a 称为与 G 的元素 b 共轭，假如在 G 中存在一个元素 x，使得 $b = x^{-1}ax$. 因为 $a = a^{-1}aa$，所以群的每一元素都与它自己共轭. 又由 $b = x^{-1}ax$，显然推出 $xbx^{-1} = a$ 或 $a = (x^{-1})^{-1}bx^{-1}$，这就是说，如果元素 a 与 b 共轭，则 b 也与 a 共轭. 最后，若 $b = x^{-1}ax$ 且 $c = y^{-1}by$，则

$$c = y^{-1}x^{-1}axy = (xy)^{-1}a(xy).$$

所以，若两个元素分别与同一第三元素共轭，那么这两个元素共轭. 这些性质证明了，在一个群中，所有的元素可以分成由相互共轭的元素组成的类. 不过，若是群可换，即对于任何 x 及 y 有 $xy = yx$，那么共轭的元素是相等的，因此上述的每一共轭类，都含且只含一个元素.

同构 在群的概念中可以分为两个方面. 为了给出一个群，必需：1) 指出它的元素是那些事物，2) 指出元素相乘的规则. 依此，研究群的性质可以在两个不同的观点下进行. 可以研究群的元素和元素的集合的各种性质同它们关于群的运算的性质之间的联系. 这种观点常常在研究各个具体的群，例如，在研究空间或平面的运动群的时候被采纳. 另外，也可以研究群的这样的性质，这些性质可以完全由群的运算的性质表示出来. 这种观点说明了抽象群论或一般群论的特性，它可以用同构的概念说明得更清楚.

称两个群是同构的，假如其中一个群的元素可以同另一群的元素对应起来，使得第一个群中任何元素的积对应到第二个群中相应元素的积. 两个群之间具有上述性质的一一对应，称为一个同构对应.

容易看出，两个群的元素，若在同构对应之下相互对应着，则

对于群的运算来说具有相同的性质. 例如, 在同构对应下, 一个群的恒等元、互逆的元素、具有给定周期 n 的元素、子群, 分别对应到另一个群中的恒等元、互逆的元素、具有同一周期 n 的元素、子群. 所以, 可以说抽象群论是只研究群的那些在同构对应下保持不变的性质的. 例如, 按照抽象群论的观点, 四个元素的所有置换作成的群同空间把一个固定的正四面体变为自身的固有运动和非固有运动作成的群具有相同的性质, 因为它们是同构的. 事实上, 上述的运动把四面体的四个顶点仍然变为它的顶点. 这样的运动的个数等于 24. 对每一个运动, 令由它导出的顶点的置换与之对应, 我们得到这两个群之间的一一对应, 而这就是所求的同构对应.

对数的理论给出一个同构对应的有意义的例子. 对于每一正实数, 令这个数的对数与之对应, 我们得到正实数集与所有正负实数的集合间的一个一一对应. 关系式 $\log(xy) = \log x + \log y$ 证明这样建立的对应是正实数集对乘法作成的群到所有实数对加法作成的群上的一个同构对应. 这个同构对应的实际重要性是众所周知的.

元数不同的有限群可以作为不同构的群的例子.

按照上面所说的, 抽象群由它的元素的乘法规则定义, 所以与它的元素的个性无关. 因此, 同构的各个群中的一个具体给定的群可以当作这些抽象群的一个模型.

一个抽象群可以用各种方式给出, 其中最自然的, 至少对有限群来说, 是用"乘法表"来给出.

对于元数为 n 的群来说, 把它的元素按照任意的顺序写好, 那么它的乘法表是由分成 n 行 n 列的一些方格构成的. 位于第 i 行第 j 列的格子里的元素是第 i 个元素与第 j 个元素的积. 有限群的乘法表也有时叫作它的凯利表.

但是由于过分繁琐, 利用乘法表来实际地给出群几乎是不被采用的.

还有其他的方法来给出抽象群. 我们常用的一种是, 利用生成元素组及定义关系式来给出群. 但是抽象群常常是由给出一个与它同构的具体群,特别是变换群,确定出来.

自然会发生这样的问题: 是否任一抽象群都可以看作一个变换群. 下面的定理回答了这个问题, 每一个群 G 都与它的元素集合的某一个变换群同构.

事实上, 设 g 是 G 的一个固定元素, 用 Ag 代表集合 G 的这样一个变换: 在这个变换之下, G 的每一个元素 x 有元素 xg 与之对应. 由于对于每一给定的元素 a, 方程

$$xA_g = xg = a$$

有唯一解 ag^{-1}, 所以变换 A_g 是一一的. 另一方面, 群的元素的乘积 gh 有变换的乘积 $A_g A_h$ 与之对应, 因为

$$xA_{gh} = x(gh) = (xg)h = (xA_g)A_h = x(A_g A_h).$$

群 G 的恒等元 e 有恒等变换与之对应, 而逆元 g^{-1} 有逆变换与之对应. 所以, 对应于 G 的元素的所有变换的集合 Γ 是一个与 G 同构的变换群. 容易相信, 如果群 G 的元素大于 2, 集合 Γ 不包含集合 G 的所有变换, 所以 Γ 只是集合 G 的所有变换的"对称群"的一个子群.

不变子群和商群 设 P 和 Q 是任意两个由某一群 G 的元素组成的集合. 群 G 中一切可以表为 P 的某一元素与 Q 的某一元素乘积的元素所成的集合, 叫作集合 P 与集合 Q 的乘积, 记作 PQ. 特别, 乘积 gP(其中 g 是群 G 的一个元素)是 g 与集合 P 的每一元素的乘积组成的集合.

如果群 G 的一个子群 H, 对于 G 的每一元素 g 来说, 有 $gH = Hg$, 则称 H 为 G 的一个不变子群或正规子群. 形如 gH 和 Hg 的集合(其中 H 是任一子群), 分别称为群 G 对子群 H 含元素 g 的左陪集和右陪集. 这样一来, 我们可以说, 不变子群完全由下述性质描述出来: 对于不变子群来说, 含同一元素的左陪集和右陪集是重合的.

如果 H 是一个不变子群, 那么容易证明, 两个陪集的乘积仍是一个陪集, 且 $aH \cdot bH = ab \cdot H$. 子群 H 本身也是一个陪集, 即对应于恒等元 e 或对应于它的任一元 h 的一个陪集, 因为 $hH = H$.

陪集的乘法是结合的:
$$(aH \cdot bH) \cdot cH = (ab \cdot c)H = (a \cdot bc)H = aH(bH \cdot cH).$$
在这一乘法中, 子集 H 起着恒等元的作用: $H \cdot aH = eH \cdot aH = (ea)H = aH$. 类似地也有 $aH \cdot H = aH$. 陪集 $a^{-1}H$ 是 aH 的逆元, 因为 $aH \cdot a^{-1}H = a^{-1}H \cdot aH = H$. 因此, 用对于某一不变子群来说的所有陪集作元素组合成一新的集合, 这个集合对陪集的乘法来说是一个群. 这个群叫作群 G 对不变子群 H 来说的商群, 记作 G/H.

容易断定, 有限群对于任一子群 H 来说的每一个陪集中含有元素的个数都与子群 H 含有元素的个数相等, 且不同的陪集不含公共元素. 所以推出, 有限群 G 对它们的任一子群 H 来说的陪集的个数, 等于 G 的元素个数被 H 的元素个数除所得的商. 由此得出重要的拉格朗日定理: 有限群的任一子群的元数是群的元素的一个因数.

由不变子群的定义易见, 阿贝尔群的所有子群都是不变子群. 另一种极端的情形是所谓的单群, 它除了单位子群和本身以外, 没有任何一个其他的子群是不变子群. 除阿贝尔群和单群外, 可解群也有重要的意义, 可解群的定义已在§3给出. 可以证明, 可解群有一个不变子群的有限链 $G, G_1, G_2, \cdots, G_k$, 其中第一个就是给定的群, 每一个后面的子群都被包含在前一个子群里面, 最后的子群是单位群, 并且所有的商群 $G/G_1, G_1/G_2, \cdots, G_{k-1}/G_k$ 都是阿贝尔群.

同态商群的概念与全部群论基础的同态映象概念有着非常密切的联系. 群 G 元素的一个集合到群 H 元素的一个集合上的单值映象叫作一个同态对应或同态映象, 如果第一个群中每两个元素的乘积映射到第二个群中相应元素的乘积.

这样一来, 对于群 G 的元素 x 如果用 x' 表示群 H 中与之相应的元素, 则同态映象可以用下面的性质描述出来:
$$(x_1 x_2)' = x_1' x_2'.$$
由同态对应和同构对应的定义, 显然知道, 同构对应必须是一一的，而同态对应则只有一方面是单值的，即对群 G 的每一元素在 H 中有唯一元素与之对应，但是 G 的不同元素在 H 中可以有同一对象。按通常的意义可以断言，在同构对应之下，群 H 是群 G 的一个精确的写照，而在同态映象之下，当把 G 映射到 H 时，G 的某些元素的差异被抹掉了，而某些元素"聚合"到 H 的一个元素上面。然而同态映象的这种"粗糙性"并不是一个缺陷，相反地倒是一个优点，致使同态映象能够用来作为研究群的性质的一个有力工具。

在许多情况下，同态映象常伴随变换自然而然地呈现出来。例如正四面体的对称群(图20)。这个群与四个元素置换的对称群同构，因为存在一个唯一的运动(第一种的或第二种的)，把顶点 A_1, A_2, A_3, A_4 变成另一个任意给定的排列。

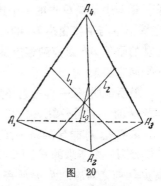

图 20

现在看联结对棱中点的直线 l_1, l_2, l_3。每一个把四面体变成自身的运动，都产生一个 l_1, l_2, l_3 的置换，并且 l_1, l_2, l_3 的任一置换也都产生一个四面体的对称。显然，四面体的变换的乘积对应直线 l_1, l_2, l_3 的置换的乘积。由图20容易看出，建立四元素 A_1, A_2, A_3, A_4 的置换的对称群到三元素 l_1, l_2, l_3 的置换的对称群上的一个同态映象的自然方式。也不难找出"大群"中在这个同态映象下"聚合"到一起的元素。

再看一些一般的例子。n 个元素的所有置换的集合，当 $n>2$ 时构成一个不可换群。另一方面，数 $+1$ 和 -1 对数的乘法来说也构成一个群。现在令任意 n 个元素的每一个偶置换对应到 $+1$，而每一奇置换对应到 -1。这样就给出了一个 n 元素置换的对称群到群 $\{+1, -1\}$ 上的同态映象，因为根据 §3，奇偶性相同的置换的乘积是一个偶置换，而奇偶性不同的置换的乘积是一个奇置换。

另一个例子：如果每一实数 $x \neq 0$ 用它的绝对值 $|x|$ 与之对应，那么所产生的正负实数(零除外)对乘法来说的群到只由正实数对乘法作成的群上面的映象是一个同态对应，因为 $|xy| = |x||y|$。

以前曾经提到，平面上每一个第一种运动 A 可以表成一个适当的绕固定点 O 的旋转 V_A 与某一平移 D_A 的乘积。绕定点 O 的旋转作成一个群。所以对应 $A \rightarrow V_A$ 把平面上第一种运动的群单值地映射到绕点 O 的旋转群上。今证这个映象是一个同态映象。由分解式 $A = V_A D_A$；$B = V_B D_B$ 推出

$$AB = V_A D_A V_B D_B = (V_A V_B)(V_B^{-1} D_A V_B D_B)。$$

第一括号中是绕 O 点的一个旋转，而第二括号中是平移变换 $V_B^{-1} D_A V_B$ 与平移变换 D_B 的乘积，因而是一个平移。这就证明了运动的乘积 AB 对应到相应旋转的乘积 $V_A V_B$，即所说的映象是一个同态映象。

最后证明，任一群对它任意一个正规子群 N 来说的商群 G/N 是群 G 的一个同态象。

事实上，对群 G 的每一元素 g 令含 g 的陪集 gN 与之对应，我们就得到一个所求的 G 到 G/N 上的同态映象，因为乘积 gh 有陪集 ghN 与之对应，而 ghN 等于与元素 g 和 h 对应的陪集 gN 和 hN 的乘积。

回到同态映象的一般性质，可以证明，在任意同态映象之下，恒等元映射到恒等元，并且互逆元素映射到互逆元素。

事实上，如果 e 是群 G 的恒等元，e' 是它在 H 中的象，则由 $ee = e$ 推出 $e'e' = e'$，用 ε 表示群 H 的恒等元，得 $e' = e'e'^{-1} = \varepsilon$。第一论断证完。现在令 x 和 y 在 G 中是互逆元素，而 x' 和 y' 是它们在 H 中的象。由 $xy = e$ 推出 $x'y' = e' = \varepsilon$，即 x' 和 y' 在 H 中是互逆元素，并且可知

$$(x^{-1})' = x'^{-1}。$$

所证明的论断，保证我们容易找出群 G 中任意元素乘积的象。例如

$$(ab^{-1}c^{-1}dh^{-1})' = a'(b^{-1})'(c^{-1})'d'(h^{-1})' = a'b'^{-1}c'^{-1}d'h'^{-1}。$$

下面的定理在全部同态映象的理论中居于基本地位.

在任意群 G 到群 H 的一个同态对应下，群 G 中所有对应到 H 中恒等元 e' 的元素集合 N，是 G 的一个不变子群，而对应到群 H 任意一个固定元素的 G 中元素集合，是 G 对 N 的一个陪集，并且这样建立起来的 G 对 N 的陪集与群 H 的元素间的一一对应，是 H 与商群 G/N 间的一个同构对应.

现在证明这个定理. 令 a, b 是 N 的任意两个元素，这表示 $a' = b' = e'$，这里以及此后，加撇表示 G 的元素在 H 中的象. 但

$$(ab)' = a'b' = e'e' = e',$$
$$(a^{-1})' = a'^{-1} = e'^{-1} = e',$$

即 ab 和逆元 a^{-1}, b^{-1} 属于 N，所以集合 N 是一个群. 其次，对于 G 的任意元素 g，

$$(g^{-1}ag)' = g'^{-1}a'g' = g'^{-1}e'g' = g'^{-1}g' = e',$$

即对 G 的任意元 g 和 N 的任意元 a 来说，$g^{-1}ag$ 属于 N. 由此显然推出，N 是 G 的一个不变子群. 定理的第一个论断证完.

为了证明定理的第二个论断，在 G 中任取一元 g，并且考虑 G 的所有这样元素 u 的集合 U，这些元素的象 u' 与元素 g 的象 g' 重合. 设 $u \in gN$，即 $u = gn$，其中 $n \in N$，于是 $u' = g'n' = g'e' = g'$. 所以 $gN \subset U$. 反之，若 $u' = g'$，则 $(g^{-1}u)' = g'^{-1}u' = g'^{-1}g' = e'$，即 $g^{-1}u = n$，这里 n 是 N 的一个元素. 由此 $u = gn$，故知 $U \subset gN$. 由 $gN \subset U$ 及 $U \subset gN$ 得出 $U = gN$.

最后，定理的第三个论断是显然的：商群 G/N 中的任意两个陪集 gN, hN 对应到 H 的元素 g', h'，而由公式

$$gN \cdot hN = ghN,$$

陪集的乘积对应到 $(gh)' = g'h'$，这就是所要证明的.

这个关于同态对应的定理证明了群 G 的每一个同态象 H 与相应的商群 G/H 同构. 这样一来，在同构的观点下，给定的群 G 的所有同态象被它的各个商群包罗净尽.

§7. 连 续 群

李群. 连续变换群　在解高次代数方程时，群论所获得的成就，促使上世纪中叶的数学家们企图把群论用来解其他类型的方程，首先是用来解在数学应用中起着非常巨大作用的微分方程. 这个企图终于实现了. 尽管群在微分方程里，较之在代数方程论里，处于完全不同的地位，但应用群论来解微分方程的研究，却使得群的观念本身有了本质上的扩充，而建立了所谓连续群或李群的新理论. 连续群对于形形色色的数学部门的发展说来，也是极为重要的.

可是代数方程的群只由有限多个变换组成，而以类似方法所构造的微分方程的群却是无限的. 此外，属于微分方程群的变换，可以借助于有限参数组来给出，改变这些参数的数值，可以得到群的所有变换. 例如，假设群的所有变换是由参数 $a_1, a_2, \cdots, a_r$ 来界定. 使这些参数具有值 $x_1, x_2, \cdots, x_r$ 时，我们就得到一个变换 X；使同一些参数具有新值 $y_1, y_2, \cdots, y_r$ 时，得到另一个变换 Y. 按照这些变换相乘的条件，$Z = XY$ 是群的一个变换，这就是说，我们得到了确定的新参数值 $z_1, z_2, \cdots, z_r$. 值 z_i 依赖于 $x_1, x_2, \cdots, x_r; y_1, y_2, \cdots, y_r$，即得到了依赖于这些参数值的一些函数：

$$z_1 = \varphi_1(x_1, x_2, \cdots, x_r; y_1, y_2, \cdots, y_r),$$
$$z_2 = \varphi_2(x_1, x_2, \cdots, x_r; y_1, y_2, \cdots, y_r),$$
$$\cdots\cdots\cdots\cdots\cdots\cdots\cdots\cdots\cdots\cdots\cdots\cdots$$
$$z_r = \varphi_r(x_1, x_2, \cdots, x_r; y_1, y_2, \cdots, y_r).$$

如果一个群的元素连续依赖于有限参数组的值，而乘法律是借助于可微分两次的函数 $\varphi_1, \varphi_2, \cdots, \varphi_r$ 来表示，那么这个群就叫做李群. 这是以首先研究这种群的挪威数学家索福斯·李来命名的.

十九世纪前半期，罗巴切夫斯基讨论了一种新的几何系统，这种几何学现在就叫做罗巴切夫斯基几何. 大约在同时投影几何形成了一个独立的几何系统；稍后建立了黎曼几何. 因此，到十九世纪后半期，从研究"现实世界的空间形式"(恩格斯)的种种观点出发，可以产生一系列独立的几何系统．要把所有这些系统在同一个观点下统一起来，但要保存它们最重要的质的差异，是可以借助于群论来实现的．

考虑某个几何空间点集的——变换，它们不改变已知几何系统中图形间的一些基本关系．这些变换的全体组成一个群，通常叫做已知几何系统的运动群或自同构群．运动群完全刻划了已知几何系统，因为若运动群已知，那么相应的几何学就可以看成是一种学问，它研究点集在给定群的变换下保持不变的性质．不同的几何系统按其运动群的分类方法，是在上世纪后半期由克莱茵提出的．关于这种方法以及各式各样的几何系统，在抽象空间一章里已经有所叙述．这里我们只想提一下，所有在上世纪实际研究过的几何系统，它的运动群都是李群．由于这个缘故，研究李群的课题就显得特别重要．

由于和数学与力学的许多不同分支的广泛联系，使得李群理论从它的建立到如今，一直是在飞跃发展着．并且发生这种现象，对于有限群说来现在也还没有解决，但对李群却较为迅速地得到解决，即单纯有限群(即不具有非当然不变子群的有限群)的分类问题，直到现在仍然少有进展，而单纯李群相应的分类问题，还在上世纪末叶就由基林和卡尔丹解决了．在发展李群理论中，苏联数学家莫洛佐夫、马尔采夫、邓肯完全解决了李群的单纯子群分类问题，这是长久期待解决的一个重要问题．李群理论在另一方向被苏联数学家盖尔芳特和奈玛尔克发展起来了．他们发现了单纯李群可以用希尔伯特空间的酉变换来既约表示；后一问题对于分析和物理特别有意义．

李群的研究是借助于一种独特的工具，所谓"无穷小群"或李代数来进行的．详见§13．

拓扑群　在苏联除了李群的古典理论的巨大发展外，更一般的拓扑群或连续群理论获得了突出的成就．李群是要求群的元素以有限参数组来界定，并且乘法律是借助于可微函数来表示．和李群概念不同,拓扑群概念更简单而广泛. 即是说,一个群叫做拓扑群,如果对于它们的元素说来,除了通常的群运算外,还定义了邻近概念,使得从群的一些元素邻近,就推出它们的乘积的邻近,它们的逆元素也邻近.

最初,为了把李群理论的很多基本概念整理得有条理,拓扑群的观念是必需的. 但是后来就显露出来,这个概念对于另外一些数学部门也极为重要. 关于一般拓扑群论的初步工作,是在本世纪 20 年代开始,但能使人们承认是出现了一个新的分支的那些基本结果,还是在 20 年代末到 30 年代初才被得到. 相当大一部分结果是被苏联数学家邦特里雅金获得的,因此他不愧被认为是近代拓扑群论的奠基者之一. 邦特里雅金的著作"连续群"包含着在世界文献中关于连续群理论的第一个总结性论述,在这个领域里已经将近 20 年仍旧是基本的文献.

§8. 基 本 群

在前面几节的所有已经考虑过的具体情况下,群通常是作为这种或那种集合的变换群. 仅有对于加法或乘法所成的数群是例外. 现在我们来分析一个重要的例子,这个群的最初发现不是变换群而是作为带有一个运算的代数系统.

基本群 我们考虑某一个曲面 S 和在它上面的一个动点 M. 使 M 在曲面上跑过一条连结点 A 和点 B 的连续曲线,我们就得到一条由 A 到 B 的确定的道路. 这条道路可以自己相交任意次数甚至可以在一些个别的地段里来回跑. 为了指明一条道路,只给出点 M 在它上面移动的曲线是不够的. 还需要指明,这个点以某方向和某些次数所重复跑过的那些地段. 例如,点可以以不同的次数和不同的方向跑过同一圆周,而且所有这些循环道路都认为是不同的. 两条带有同一个起点和终点的道路称为是等价的,如果两条道路中的一条可以经一连续的形变变成另外一条. 在平面或者球面上的任意两条连结点 A 和点 B 的道路都是等价的

(图 21). 然而在环面上,例如, 由点 A 出发又回到点 A 的两条闭道路 U 和 V(图 22)彼此不等价. 如果代替环面而考虑在两端是无限伸展的圆柱面并且在它上面取一条道路 X(图 23), 那么容易理解, 在圆柱面上的任意带有起点 A 的闭道路将等价于型为 $X^n(n=0, \pm1, \pm2, \cdots)$的道路, 这里的 $X^n(n>0)$ 应了解为道路 X 重复了 n 次而得的道路; X^0 了解为仅由一个点 A 组成的零道路, 而 X^{-n} 了解为以相

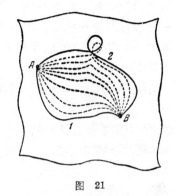

图 21

反的方向跑过 X^n, 例如, $Z \sim X^{-1}$, $Y \sim X^2$, $U \sim X^0$(图 23). 这个例子指明了道路等价概念的意义: 在圆柱面上的不同的闭道路组成一无法描述的集合, 但在等价的意义下所有这些道路都归结为以这样的或那样的方向和以足够的次数跑过圆周 X. 当 $m \neq n$, 道路 X^m 和 X^n 不等价.

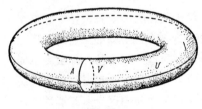

图 22

图 23

现在转回来考虑任意的曲面. 我们假设在它上面给了两条道路 U 和 V, 道路 U 是由点 A 到点 B, 而道路 V 是由点 B 到点 C. 那么首先使点跑过道路 AB 然后再跑过 BC, 我们就得到道路 AC, 自然把它称为道路 $U=AB$ 和 $V=BC$ 的乘积, 并且表为 UV. 如果道路 U, V 对应地等价于道路 U_1, V_1, 那么它们的乘积 UV 和 $U_1 V_1$ 也将等价.

道路的乘法在下述意义下是结合的: 乘积 $U(VW)$ 或 $(UV)W$

中的一个是确定的，那么另外一个也就是确定的，而且两个是等价的道路. 如果动点 M 以相反的方向跑过任意一条道路 $U=AB$，那就得到由点 B 到点 A 的与道路 $U=AB$ 相反的道路 $U^{-1}=BA$. 道路 AB 和与它相反的道路 BA 的乘积是一条等价于仅由一个点 A 组成的零道路.

根据定义，不是任意两条道路都可以相乘，而仅当第一条道路的终点与第二条道路的起点相重合时才可相乘. 这个缺点是可以消除的，如果我们仅考虑从同一个起点 A 出发的闭道路. 任意两条这样的道路可以相乘，结果又得到一条带有起点 A 的闭道路. 此外，对于每一条带有起点 A 的闭道路，它的逆道路具有同样的性质.

现在约定等价的道路认为是在曲面上仅以不同的方法所引出的同一条"道路"的不同的代表，而不等价的道路将认为是在本质上不同道路的代表. 以上所述指出，在这样的情况下从曲面的任意点 A 出发的所有闭道路的集合相对于道路的乘法运算成一群，零道路是这个群的单位元素，而已给的道路的逆元素仍是该路线，只是以相反的方向跑过.

一般讲，道路成的群不仅依赖于曲面的型而且依赖于起点 A 的选取. 然而如果曲面不能分离为单独的块，即如果它的任意两个点都可以被一条位于曲面上的连续的道路所连结，那么由不同起点所得的道路群将是同构的，而且在这情况下可以简单地说关于曲面 S 的道路群，而不用指明点 A. 曲面的这个道路群称为是它的基本群.

如果曲面 S 是平面或者球面，那么道路成的群仅由单位元素所组成，因为在平面和在球面上任意道路都可以缩为一点. 然而如我们所看到的，在无穷圆柱面上有不能集中到一点的闭道路. 既然在圆柱面上的由 A 点出发的任意闭道路，等价于道路 X 的某一次数(图 23)，而且不同次数的 X 彼此不等价，所以圆柱面的道路群是无限循回群. 可以证明，环面(图 22)的道路群由型为 $U^m V^n$ $(m, n=0, \pm 1, \pm 2, \cdots)$ 的道路组成，而且 $UV=VU$ 和

$U^m V^n = U^{m_1} V^{n_1}$ 仅当 $m=m_1$, $n=n_1$(提醒一下,在道路群中道路的等式了解为等价的意义).

道路群的重要性是因为它的以下性质. 我们假设, 除曲面 S 外, 给了另外一个曲面 S_1, 使得在曲面 S 和 S_1 之间可以建立双侧单值和连续的对应. 例如, 这样的对应是可能的, 如果曲面 S_1 是由借助于曲面 S 经过既不撕破又不把曲面不同的点粘起来的连续变形而得到. 对起始的曲面 S 上的每一条道路将在曲面 S_1 上对应一条道路. 在这情况下等价的道路将对应于等价的道路, 两条道路的乘积对应于对应的道路的乘积, 因而在曲面 S_1 上的道路群同构于在曲面 S 上的道路群. 换句话说,从抽象的观点来看,即在同构的意义下, 道路群在曲面的所有可能的双侧单值连续的变换下是不变的. 如果两个曲面的道路群是不同的, 那么所对应的曲面不可能连续地把一个变成另一个. 例如因为平面的道路群由一个元素组成, 而圆柱面的道路群是无穷的,所以平面不可能不经粘合和撕破而变形成圆柱面.

图形在双侧单值和双侧连续的变换下保留不变的性质是在数学中一个特别的分支拓扑学中来研究, 它们基本的思想在第十八章中阐明了. 连续变换的不变换称为是拓扑不变量. 道路群是拓扑不变量的重要例中的一个, 很明显道路群不仅对曲面是可以定义的而且对任意点集也是可定义的, 只要在这个集合里能说明什么是道路和它的变形.

定义关系 在拓扑里, 道路群的计算方法已仔细地研究过. 并且发现, 一般地说, 这些群不得不用特殊的方法来决定, 这个方法不仅对拓扑里的基本群可以用, 在群论里它也常被用来给定抽象群. 下面就来叙述它.

设 G 是某个群. 元素 g_1, g_2, $\cdots$, g_n 叫做群 G 的生成元,如果任意的元素 g 可以表示成形式
$$g = g_{i_1}^{\alpha_1} g_{i_2}^{\alpha_2} \cdots g_{i_k}^{\alpha_k},$$
此处 i_1, i_2, $\cdots$, i_k 是数 1, 2, $\cdots$, n 中的某一些; 不相邻的指标 i 可以重复; 因子的数目 k 任意; 指数 α_1, α_2, $\cdots$, α_k 是不为零的 正或

负整数.

为了充分地了解群 G, 除了生成元以外, 还要知道, 怎样的乘积代表群的同一个元, 怎样的乘积代表不同的元. 这样一来, 对于群来说, 必须列举在群 G 中成立的所有形如

$$g_{i_1}^{\alpha_1} g_{i_2}^{\alpha_2} \cdots g_{i_k}^{\alpha_k} = g_{j_1}^{\beta_1} g_{j_2}^{\beta_2} \cdots g_{j_l}^{\beta_l}$$

的等式. 由于这样的等式永远是无限多, 所以通常不列举它们全体, 而只给出这样的一些等式, 由这些等式按照群的公理就能推出其他的. 这些等式就叫做定义关系.

显然, 同一个群可以用不同的定义关系来给出.

例如, 我们考虑具有生成元 a, b 和关系

$$a^2 = b^3, \quad ab = ba \tag{10}$$

的群 H. 令 $c = ab^{-1}$, 我们有

$$a = bc, \quad a^2 = b^2 c^2, \quad b^3 = b^2 c^2, \quad b = c^2, \quad a = c^3.$$

我们看到, 群 H 的所有元素可以通过单一元素 c 来表达, 而且

$$a = c^3, \quad b = c^2.$$

因为关系式 (10) 可以直接由这些等式导出, 所以对 c 没有任何非显然的关系. 因此群 H 是有生成元 c 的无限循环群.

如果在群里可以选取这样的一些生成元, 它们没有任何非显然关系的约束, 那么群叫做自由的, 而所指出的生成元叫做自由生成元. 例如, 要是群有自由生成元 a, b, 那么它的每个元素可以唯一地写成形状

$$a^{\alpha_0} b^{\beta_1} a^{\alpha_1} b^{\beta_2} a^{\alpha_2} \cdots b^{\beta_k} a^{\alpha_k},$$

此处 $k = 0, 1, 2, \cdots, n$, 指数 $\alpha_0, \beta_1, \alpha_1, \cdots, \beta_k, \alpha_k$ 表示不等于零的正或负整数, 但 "边上的" α_0 和 α_k 可以取零值. 类似的断言对于有更多数目的生成元的自由群也成立.

把两个没有公共元的群的生成元和定义关系写出, 那么联合这些关系, 我们得到新的群, 叫做给定群的自由积.

自由群的理论, 甚而自由积的一般理论在群论里都占有显明地位. 从几何观点看来, 群 H_1 和 H_2 的自由积是这样的图形的

道路群,这个图形可以设想为只相交于一点的两个闭图形的和,这两个闭图形分别以 H_1 和 H_2 做为自己的道路群. 我们已经知道, 圆柱面的道路群是有一个生成元的自由群. 由上面所做的说明,知道由图 24 所描写的曲面的道路群是有两个生成元的自由群.

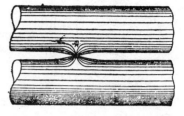

图 24

类似于曲面的基本群的定义, 对空间的有限或无限体可以引进基本群.

扭结和扭结群　像已说的那样,从拓扑的观点看来,两个曲面认为是一样的, 如果其中的一个可以用双侧单值和双侧连续的变换变成另一个. 所有的闭曲面的拓扑分类问题早已解决. 证明了每一个处于我们通常空间的闭曲面或者和球面拓扑等价, 或者和具有某些个柄的球面(图 25)拓扑等价. 例如,图 22 所描绘的环面可以连续形变为有一个柄的球面, 立方体的表面可以连续形变为球面等等. 由这个讨论,知道基本群的研究对闭曲面不很有意义,因为闭曲面的完全分类可以不用这些群. 但是存在着不用基本群至今仍几乎不能成功从事的很简单的例. 著名的扭结问题便属于这类.

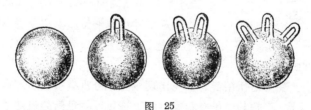

图 25

我们把安置在通常三维空间中的闭曲线叫做扭结. 这个安置像图 26 所显示的那样可以很不同. 两个扭结叫做等价的,如果其中的一个可以连续的形变为另一个, 但在形变过程中既不撕断曲线又没有地方重叠. 立刻发生两个问题: 1) 怎样知道由平面图

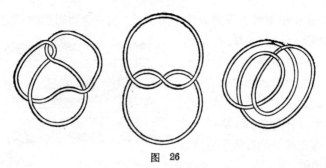

图 26

形给出的任意两个扭结是否等价；2）所有的不等价扭结怎样分类．

两个问题至今仍未解决，并且在它们的部分解中目前有的基本成果是和群论联系着的．

我们把空间中属于给定扭结的点取去，并且考虑余下点集的

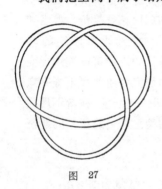

图 27

基本群．这个群也叫做扭结群．直接可以知道，如果扭结等价，那么它们的群同构．因此由扭结群的不同构可以做出扭结本身不等价的结论．例如，圆周的扭结群是循环群，而有三叶玫瑰曲线形状（图 27）的扭结群是一个更复杂的群．由于后者是不可交换的，所以和圆周的群不同构．因此可以断定三叶玫瑰形扭结不切开就不能展直成圆周．这个事实试验起来是显然的，但做为证明需要精细的数学理由．

可惜，在考虑扭结群时，也出现一些至今没有解决的困难问题．问题是，在拓扑中虽有很简单的办法可以按已给的扭结图象找出扭结群的生成元和定义关系，但是为了要利用这些群来比较不同的扭结，还需要解决由自己的生成元和定义关系所确定的群是否同构，而这个问题的解法到现在还不知道．不但如此，苏联数学家诺维科夫不久前证明了一个卓越的定理：不可能指出任何的

唯一正则方法(精确点讲是所谓正规算法), 利用它总可以解决具有相同生成元的两组已给定义关系是否确定同一个群. 这个定理使得我们对下述的那样一个一般方法的存在性产生怀疑, 这个方法能用来判别由平面图象所给出的扭结的等价性.

§9. 群的表示与指标(特征标)

群的一般理论就其方法来说有一点像初等几何学: 两者都是以确定的公理系统作为基础, 并由此出发建立起理论的全部内容. 然而, 解析几何的例子告诉我们, 为了研究几何问题, 引进分析的数值方法是非常有利的.

分析与古典代数的方法对群论的应用被称之为群表示论. 就像解析几何不仅是借分析的帮助, 给与解决几何问题的方法, 而且反转过来, 在许多复杂的分析问题上投下了几何的光辉一样, 群表示论在更大程度上也是如此. 它不仅供给了研究群的性质的辅助工具, 而且把分析与群论的一些概念密切地联系起来. 它不仅对于群论的一些事实找到了用数值关系的表示法, 而且对于分析的一些关系, 也找到了群的解释. 现在, 群论在物理上的很大一部分的重要应用是与表示论密切联系着的.

群的矩阵表示 在线性代数中(参看第十六章)已经讨论过矩阵乘法的运算. 这个运算是结合的, 但一般地说, 是非交换的. 阶数给定的全体非退化(亦称非奇异)方阵对乘法来说做成一个群. 事实上, 任意两个非退化方阵的乘积仍然是一个非退化方阵, 单位方阵起着群的单位元的作用, 并且对于每一非退化方阵, 存在其逆方阵, 也是非退化的.

设给出某个群 G, 并且对于 G 的每一元素 g, 有一确定的复数的 n 阶非退化方阵 A_g 与之对应, 而且, 对于群的元素的乘积, 也对应着与它们对应的矩阵的乘积: $A_{gh}=A_g \cdot A_h$. 这时我们就说, 给出了群 G 的一个 n 阶矩阵表示. 通常"矩阵"这个字可以省略, 而简单地说群 G 的一个 n 阶表示. 群 G 的一个 n 阶表示是 G 到

n 阶非退化矩阵群里的一个同态映象. 由同态映象的一般性质可知, 对于任意表示, 群 G 的单位元的对象是单位矩阵, 在 G 中互为逆元的象互为逆矩阵.

由于一阶方阵是单独的复数, 故群 G 的一阶表示是这样的对应: 对于 G 的每一元素, 对应着一个复数, 而且, 群的两个元素的乘积对应着与它们对应的复数的乘积. 例如, 对于对称群的偶置换来说, 命数 1 与之对应, 而对于奇置换, 命数 -1 与之对应, 则这个对应便是对称群的一个 1 阶表示.

对于群 G 的每一个元素, 命 n 阶单位方阵 E 与其对应, 这样, 我们便得到了群 G 的一个表示, 称之为 n 阶单位表示. 如果 G 是有限群并且含有非单位元素, 那么, 除了不同阶数的单位表示之外, 群 G 必然还有无限多个其他表示. 以下将指出求这些表示的方法.

设已经知道群 G 的一个表示, 则可得出无限多个其他表示. 事实上, 设 $g \rightarrow A_g$ 是群 G 的给定的一个 n 阶表示, 任取一个 n 阶非退化矩阵 P, 命 $B_g = P^{-1} A_g P$, 则 $g \rightarrow B_g$ 仍是群 G 的一个表示, 因为

$$B_{gh} = P^{-1} A_{gh} P = P^{-1} A_g A_h P = P^{-1} A_g P P^{-1} A_h P = B_g B_h.$$

由一已知表示出发, 选择各种不同的矩阵 P, 可得出许多表示, 这样得出的表示叫做与已知表示等价的. 在表示论里, 等价的表示本质上不认为是不同的, 被讨论的所有表示通常仅精确到等价性.

求新表示的另外方法是作表示的直接和, 此方法可述之如下: 设 $g \rightarrow A_g$, $g \rightarrow B_g$ 是群 G 的矩阵的某两个表示, 相应的阶数分别为 m 与 n. 考虑对应

$$g \rightarrow \begin{pmatrix} A_g & O \\ O & B_g \end{pmatrix}.$$

回忆矩阵的乘法规则 (参看第十六章), 我们得到

$$gh \rightarrow \begin{pmatrix} A_{gh} & O \\ O & B_{gh} \end{pmatrix} = \begin{pmatrix} A_g A_h & O \\ O & B_g B_h \end{pmatrix} = \begin{pmatrix} A_g & O \\ O & B_g \end{pmatrix} \begin{pmatrix} A_h & O \\ O & B_h \end{pmatrix},$$

亦即上述映象仍是群 G 的一个表示. 这个表示叫做已知的两个表

示的和, 而用符号 $A_g + B_g$ 表之. 如果交换被加项的位置, 那么, 我们得到另一个表示

$$g \rightarrow \begin{pmatrix} B_g & O \\ O & A_g \end{pmatrix}.$$

但是, 这个表示是与原先得出的表示等价的. 因此, 如果对于等价的表示不加区别, 那么, 表示的加法是可换的运算. 很容易看出, 表示的加法也是结合的运算. 设已经知道了群 G 的某些表示 A_g, B_g, C_g, $\cdots$, 那么, 利用表示的加法可以得出更高阶的表示: $A_g + B_g + C_g$, $A_g + A_g + A_g + A_g$ 等等.

例如, 数 1, -1, i, $-i$ 关于乘法组成一个群. 对于这个群的每一个数, 命这个数本身和它对应, 这样我们便得到一个一阶表示. 其次, 我们取映象 $1 \rightarrow 1$, $-1 \rightarrow -1$, $i \rightarrow -i$, $-i \rightarrow i$, 作为第二个表示. 这两个表示的和是映象

$$1 \rightarrow \begin{pmatrix} 1 & 0 \\ 0 & 1 \end{pmatrix}, \quad -1 \rightarrow \begin{pmatrix} -1 & 0 \\ 0 & -1 \end{pmatrix}, \quad i \rightarrow \begin{pmatrix} i & 0 \\ 0 & i \end{pmatrix}, \quad -i \rightarrow \begin{pmatrix} -i & 0 \\ 0 & i \end{pmatrix}.$$

利用矩阵 $P = \begin{pmatrix} 1 & i \\ 1 & -i \end{pmatrix}$ 来变换这个表示, 我们得到等价的表示

$$1 \rightarrow \begin{pmatrix} 1 & 0 \\ 0 & 1 \end{pmatrix}, \quad -1 \rightarrow \begin{pmatrix} -1 & 0 \\ 0 & -1 \end{pmatrix},$$

$$i \rightarrow \begin{pmatrix} 0 & 1 \\ -1 & 0 \end{pmatrix}, \quad -i \rightarrow \begin{pmatrix} 0 & -1 \\ 1 & 0 \end{pmatrix}.$$

让我们很有兴趣地指出, 这个表示的所有矩阵都是实矩阵.

设群 G 的某个 n 阶表示的所有矩阵都有以下形式:

$$g \rightarrow A_g = \begin{pmatrix} B_g & C_g \\ 0 & D_g \end{pmatrix},$$

此处 B_g, D_g 是方阵, 而 A_g 的左下角的元素均为零. 矩阵 A_g 与 A_h 相乘, 我们得到

$$A_{gh} = A_g A_h = \begin{pmatrix} B_g B_h & B_g C_h + C_g D_h \\ 0 & D_g D_h \end{pmatrix},$$

即 $B_{gh} = B_g B_h$, $D_{gh} = D_g D_h$. 这个事实表明, 映象 $g \rightarrow B_g$, $g \rightarrow D_g$ 也

是群 G 的表示,但阶数较低. 表示 A_g 叫做群 G 的阶梯表示,而每一个与其等价的表示均称之为可约的, 与任何阶梯表示不等价的表示叫做不可约的.

如果所有矩阵 A_g 不但左下角全部为零,而且右上角的 C_g 也全是零,那么就说表示 A_g 可分解为表示 B_g, D_g 的和. 与不可约表示的和等价的表示叫做完全可约的.

在群论中证明了以下事实: 有限群的每一表示都是完全可约的[1]. 由此可知, 为了求有限群的所有表示, 只要知道它的所有不可约表示即可, 因为所有其余表示都与不可约表示的各种和等价.

任何一个有限群的不可约表示的实际计算通常都是相当复杂的问题, 仅对于个别的有限群的类, 问题被用明显的形式解决了, 例如, 对于可换群、对于对称群以及某些其他的群, 虽然从理论观点来看, 有限群的表示的性质是相当仔细地被研究了.

对于每一个有限群, 都有用以下方法引入的特别"正则"表示: 设 g_1, $g_2\cdots$, g_n 是给定群 G 的按照任意顺序排起来的全部元素, 并设

$$g_i g_k = g_{ik} \quad (i, k = 1, 2, \cdots, n).$$

对 k 选择某个固定的值, 作一个 n 阶方阵, 使其第 i 行第 i_k 个位置为 1, 而其余地方均为零 $(i=1, 2, \cdots, n)$, 并且用符号 Rg_k 表示这个方阵. 通过简单的计算, 很容易证明对应 $g_k \rightarrow Rg_k (k=1, 2, \cdots, n)$ 的确是一个表示, 称这个表示为群 G 的正则表示.

也可以证明: 当群的元素的编号改变时, 我们得出的表示是与上述表示等价的. 因此, 就精确到等价的意义来说, 每一个有限群仅有一个正则表示.

让我们简短地叙述一下有限群表示论的一些基本定理. 有限群的不同的(非等价的)不可约表示的个数是有限的, 并且等于这个群的共轭元素类(参看 285 页)的个数. 不可约表示的阶数必然是群的阶数的因数, 而且正则表示等于所有不可约表示的和, 其中

---

1) 让我们回忆起: 所讨论的群的表示,矩阵的元素可以是任意复数.

每一个不可约表示重复出现的次数恰好等于其阶数.

由此可以得出,有限群的阶数与不可约表示阶数之间的下面有趣的关系式.

设群 G 的元素的个数用 n 表示,共轭元素类的个数用 k 表示,而 G 的不可约表示的阶数分别用 n_1, n_2, $\cdots$, n_k 表示. 由正则表示的作法,知其阶数是 n, 而正则表示等于 n_1 个第一个不可约表示的和,加 n_2 个第二个不可约表示的和,再加上 n_3 个第三个不可约表示的和等等,一直加到 n_k 个第 k 个不可约表示的和,故有以下等式:

$$n=n_1^2+n_2^2+\cdots+n_k^2. \tag{11}$$

让群的每一个元素与数目 1 对应,于是,我们得到一个阶数为 1 的不可约表示,这是每一个群都具有的显然表示. 设在式子 (11) 中的 n_1 就是这个单位表示的阶数,于是,(11) 可写成

$$n=1+n_2^2+\cdots+n_k^2$$

的形式,这时 n_2, $\cdots$, n_k 表示不可约表示的阶数.

利用 n_2, $\cdots$, n_k 应该是 n 的因数这个事实,并且知道了 k, 那么仅由等式 (11) 就可求出 n_2, n_3, $\cdots$, n_k. 例如,三个元素的置换对称群 S_3 有三个共轭元素类:(1);(12), (13), (23);(123), (132). 此处 $n=6$ 而 $k=3$, 等式 (11) 有唯一的一组解:$6=1^2+1^2+2^2$. 因此 S_3 由两个不同的一阶表示与一个不可约的二阶表示组成.

有限可换群可作为另外一个例子,这时每一个元素组成一个共轭元素类. 因此, $k=n$, 由式子 (11) 可知 $n_1=n_2=\cdots=n_k=1$, 即这样群的所有不可约表示都是一阶的,而且不可约表示的个数等于群的阶数.

可换群的不可约表示也叫做群的指标. 对于非可换群的每一表示,其指标是指组成这个表示的矩阵的迹(即矩阵对角元素的和)的集合. 有限群的指标具有很好的性质和关系. 群的表示和指标的研究以有兴趣的一般结果丰富了群论,并且这些结果在近代理论物理中找到了宽广的应用.

§10. 一 般 群 论

我们已经指出,几乎在上世纪的整个时期中,群论是主要作为变换群的理论而发展的. 然而, 逐渐看到, 群本身的研究是主要的,而变换群的研究可归结为抽象群及其子群的研究.

由变换群论向抽象群论的过渡开始是在有限群论中来完成的. 李群的迅速发展,以及群论之深入拓扑学,都要求建立一般的群论,而把有限群仅作为其某个特殊情形来讨论.

1916 年在基辅出版的施密特所写的关于群论的书, 是非常清晰地表明这个观点的第一本教科书. 在 20 年代,施密特得到了关于无限群理论的一些重要定理, 成为一些苏维埃代数学家研究的出发点. 由于施密特及 II. C. 亚历山大洛夫为普及近世代数概念所做工作的结果,在莫斯科形成了群论学派,他们的学生库洛什很快就成为这个学派的领导人. 特别是由他证明的关于自由积的每一子群本身是分别与乘积因子的子群同构的子群的自由积的定理而著名. 后来,他写了一本关于群论的专门著作,这是头一本系统地叙述在一般群论的领域中已得到的丰富成果的书. 在现在,这是一本在全世界范围内最完备的群的一般理论教程,并且享有国际声誉.

继莫斯科代数学家之后, 列宁格勒以及其他城市的代数学家也从事一般群论的研究,对群论的发展作出了很大的贡献. 现时,对群论的研究,包括其所有主要部分,苏联数学家起着主要作用,得出一些结果不止一次地表明在群论的发展上起着决定性的影响.

§11. 超 复 数

应用代数方法解决实际问题时,在比较简单的情形,通常归结为一个或若干个方程,其中以所要求的值作为其未知量. 这时未知量是所研究对象的数量描述；而方程的布列是借分析对象间存在着的实际关系而得出.

当所讨论的最简单的量是类似于质量、体积、长度的这些情形，为了描述它们的数量，用一个数即已足够. 然而，在一些具体问题中，常遇到不仅用一个数描述的对象. 恰恰相反，随着技术的发展，具有较复杂性质的对象，常具有较大的价值，而描述它们，必须要用到几个数甚至是无限多个数. 例如，像力、速度、加速度这样一些重要的物理量，描述它们，就需要三个数. 其次，我们都知道，描述空间中点的位置，需要用三个数，描述空间中平面的位置，也要用三个数，而描述空间中直线的位置，需要用四个数，而刚体的位置，甚至需要用六个数来描述. 因此，在利用代数方法解决涉及较复杂对象的问题时，常会得到多个未知量的方程. 而解这样的方程，常常是比利用这个对象的几何性质或物理性质直接解答困难得多. 由此自然发生这样的思想：企图描述较复杂的对象，不利用一组通常的数，而是利用某种较复杂的广义的数，对于这种广义的数，也可以施行与通常算术运算类似的运算. 问题的这样提法是比较自然的，科学的历史告诉我们，数的概念不是不变的，而其变化，都是逐次扩张数的集合. 由自然数扩张至分数，然后由分数扩张至正负数、至实数（有理数与无理数），最后，至复数.

复数 读者由第四章（第一卷）已经知道复数的基本性质及其简单应用. 现在，我们的兴趣仅在于复数概念的基础. 让我们回忆一下复数概念的本身通常是如何定义的. 开始仅讨论通常的实数，并指出负数的平方根没有意义，因为实数的平方是正数或者零. 进一步指出，科学的迫切需要，使得数学家作为一种特殊种类的数来讨论表示式 $a+b\sqrt{-1}$，把它称之为虚数，以区别于通常的实数. 如果认定这些虚数也适合通常的数所适合的算术运算法则，则所有负数的平方根都可用量 $i=\sqrt{-1}$ 来表示，而对实数和虚数进行有限次算术运算的结果，永远可表示 $a+bi$ 的形状，此处 a, b 是实数.

显然，虚数这样的定义在颇大程度上是与正常的思维矛盾的，因为开始断言表示式 $\sqrt{-1}$, $\sqrt{-2}$ 等等没有意义，然后又称这些没有意义的表示式为虚数．这种情况使得十七世纪和十八世纪的数学家对使用复数的合理性引起极大怀疑．但是，这种怀疑在十九世纪初便消失了，因为这时发现了复数用平面上的点的几何表示．稍后不久，匈牙利数学家伯依阿依和英国数学家汉弥登给出了复数理论严格的纯算术的基础，这个基础叙述在下面．

讨论实数对 (a, b) 以代替数 $a+bi$．两个数对当它们的第一个位置的数和第二个位置的数分别相等时，称之为相等的数对，即当且仅当 $a=c$, $b=d$ 时，认为 $(a, b)=(c, d)$．数对的加法和乘法用下面式子来定义：

$$(a, b)+(c, d)=(a+c, b+d);$$
$$(a, b)\cdot(c, d)=(ac-bd, ad+bc).$$

例如，我们有

$$(2, 3)+(1, -2)=(3, 1), (2, 3)\cdot(1, -2)=(8, -1),$$
$$(3, 0)+(2, 0)=(5, 0), (3, 0)\cdot(2, 0)=(6, 0).$$

后面的例子告诉我们，特别当数对的第二个位置的数是零时，这时数对的运算可归结为第一个位置的数的运算，因此，这样的数对可简单的用其第一个位置的数来表示．其次，对于数对 $(0, 1)$，我们用符号 i 来表示，于是，有

$$(a, b)=a(1, 0)+b(0, 1)=a+bi,$$
$$i^2=(0, 1)(0, 1)=(-1, 0)=-1.$$

这样，便得出了复数的通常表示法．

因此，从叙述的观点来看，复数是普通实数的数对，复数的运算不过是特殊种类的实数对的运算．

超复数 复数的多种多样有成效的应用，促使数学家在十九世纪头几十年就考虑这样问题：是否可以像由实数对建立复数那样，由三个实数的数组、四个实数的数组等等建立超复数．从上一世纪的中叶开始，各种各样不同的特殊的这类超复数被研究着，而在上一世纪末以及本世纪初研究了超复数的一般理论，并且发现它在数学和物理的相间领域中有着许多的重要应用．

这样,称 n 个实数的数组 $(a_1, a_2, \cdots, a_n)$ 为 n 阶超复数,其中的每一个实数,称之为这个超复数的坐标. 两个超复数 $(a_1, a_2, \cdots, a_n)$ 与 $(b_1, b_2, \cdots, b_n)$ 当其对应坐标相等, 即 $a_1=b_1$, $a_2=b_2$, $\cdots$, $a_n=b_n$ 时叫做相等的. 加法运算自然的被类似于复数的加法公式所定义,即

$$(a_1, a_2, \cdots, a_n) + (b_1, b_2, \cdots, b_n)$$
$$= (a_1+b_1, a_2+b_2, \cdots, a_n+b_n).$$

很自然地引入实数对超复数的乘法: 规定

$$a(a_1, a_2, \cdots, a_n) = (aa_1, aa_2, \cdots, aa_n).$$

除此以外,应规定两个超复数的乘法, 而且, 其结果应该是一个超复数.

把通常复数的乘法定义推广到一般情形是很困难的. 乘法可以用各种不同的方法来定义, 因而将得出各种不同的超复数系. 因此, 首先应该弄清楚, 这样的定义应该达到什么目的. 无疑的, 希望所定义出的超复数的运算将具有通常实数运算所具有的性质. 然而,这些通常运算具有哪些性质?

仔细地考查数及其运算在代数上最常利用的性质, 很容易发现,可归结为以下几条:

1. 对于任意两个数, 它们的和是唯一确定的.

2. 对于任意两个数,它们的积是唯一确定的.

3. 存在着一个数零, 它具有性质: 对于任意 a, 均有 $a+0 = a$.

4. 对于每一个数 a, 均存在其负数 x, 适合等式 $a+x=0$.

5. 加法适合交换律

$$a+b=b+a.$$

6. 加法适合结合律

$$(a+b)+c=a+(b+c).$$

7. 乘法适合交换律

$$ab=ba.$$

8. 乘法适合结合律

$$(ab) \cdot c = a \cdot (bc).$$

9. 乘法对加法适合分配律

$$a(b+c) = ab + ac, \quad (b+c)a = ba + ca.$$

10. 对于每一 a 以及每一 $b \neq 0$, 存在唯一的数 x, 满足等式 $bx = a$.

仔细分析的结果, 得出了上面性质 1—10. 近百年来数学的发展指出这些性质的极大重要性. 现在, 每一个满足性质 1—10 的量的系统, 称之为域. 例如, 全体有理数的集合、全体实数的集合、全体复数的集合都是域, 因为, 对于这些集合中的每一个来说, 任意两个数的相加、相乘都还在这个集合内, 并且具有性质 1—10. 除了这三个最重要的域外, 可以举出数所做成的无限多个域. 然而, 除了数目做成的域以外, 对于其他性质的量所做成的域, 我们也有很大的兴趣. 例如, 在中学中, 我们曾对被称之为代数分式的东西进行过运算, 所谓代数分式, 即这样的分式, 其分子分母都是某些字母的多项式. 代数分式可以相加、相减、相乘、相除, 而且这些运算具有性质 1—10. 因之, 代数分式所组成的元素的系统是一个域. 可以举出各种各样的由具有复杂性质的量所组成的域的例子. 由于作为域的定义的性质 1—10 的重要性, 首先, 我们将提出这样问题, 求出超复数这样的乘法运算, 使得超复数作成一个域. 如果这样问题能够顺利解答, 那么, 我们将得到新的、更一般的复数. 然而, 在上世纪一开始, 就已发现仅对于阶数 2 的超复数, 这个问题才是可能的, 而且得出的仅是通常的复数. 这个结果指出, 复数占有完善的、特殊的地位. 如果不改变性质 1—10 的要求, 希望得到一个广义的数系, 超过复数范围是不可能的. 因此, 为了进一步尝试建立新的数系, 必须放弃性质 1—10 中的一个或者某几个.

四元数 在数学上被讨论的第一个超复数系是四元数系, 是上一世纪中叶英国数学力学家汉弥登引入的. 这个系统满足性质 1—10 中除 7(乘法交换律)以外的所有要求.

四元数可以用下面方式来叙述. 对于四个数的数组(1, 0,

$0, 0), (0, 1, 0, 0), (0, 0, 1, 0), (0, 0, 0, 1)$ 引入简单的记号 $1, i, j, k$. 于是, 由于等式

$$(a, b, c, d) = a(1, 0, 0, 0) + b(0, 1, 0, 0)$$
$$+ c(0, 0, 1, 0) + d(0, 0, 0, 1)$$

成立, 每一个四元数可唯一的表成以下形式:

$$(a, b, c, d) = a \cdot 1 + b \cdot i + c \cdot j + d \cdot k.$$

四元数 1 将认为是这个系统的单位量, 即认为对于任意四元数 α, 有 $1 \cdot \alpha = \alpha \cdot 1 = \alpha$. 其次, 定义 $i^2 = j^2 = k^2 = -1$,

$$ij = -ji = k,$$
$$ik = -ki = -j,$$
$$jk = -kj = i.$$

利用图 28, 很容易记住四元数的这个"乘法表". 在图形中, 圆上的点 i, j, k 分别表示四元数 i, j, k. 这三个四元数中任意两个相邻的乘积等于第三个, 当第一个因子到第二个因子是按照顺时针方向旋转时, 作为乘积的第三个四元数取正号, 反之, 则取负号. 知道了四元数 i, j, k 的乘法表以后, 利用乘法对加法的分配律 9, 就可求出任意两个四元数的乘积, 即

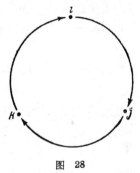

图 28

$$(a \cdot 1 + b \cdot i + c \cdot j + d \cdot k)(a_1 \cdot 1 + b_1 \cdot i + c_1 \cdot j + d_1 \cdot k)$$
$$= aa_1 \cdot 1 + ab_1 \cdot i + ac_1 \cdot j + ad_1 \cdot k + ba_1 \cdot i + bb_1 \cdot ii + bc_1 \cdot ij$$
$$+ bd_1 \cdot ik + ca_1 \cdot j + cb_1 \cdot ji + cc_1 \cdot jj + cd_1 \cdot jk + da_1 \cdot k$$
$$+ db_1 \cdot ki + dc_1 \cdot kj + dd_1 \cdot kk$$
$$= (aa_1 - bb_1 - cc_1 - dd_1) \cdot 1 + (ab_1 + ba_1 + cd_1 - dc_1) \cdot i$$
$$+ (ac_1 + ca_1 - bd_1 + db_1) \cdot j + (ad_1 + da_1 + bc_1 - cb_1) \cdot k.$$

四元数中第一项的因子 1 通常被省略, 而把 $a \cdot 1$ 写成 a. 等式 $ij = -ji, ik = -ki, jk = -kj$ 表明四元数的乘法不适合交换律. 这里乘数与被乘数的地位不是平等的, 因此, 在计算四元数时必须

细心地注意因子的顺序. 除此之外, 对四元数进行运算, 没有任何困难. 特别, 四元数乘法也适合结合律 8. 这个事实很容易借乘法表对基底四元数 1, i, j, k 来验证; 而由此过渡到一般情形是很明显的.

数 a 叫做四元数 $a+bi+cj+dk$ 的实数部分, 或者纯量部分, 而把和 $bi+cj+dk$ 叫做 $a+bi+cj+dk$ 的向量部分. 向量部分仅相差一个符号的两个四元数 $a+bi+cj+dk$ 与 $a-bi-cj-dk$ 叫做共轭的. 显然, 两个共轭的四元数的和是一个实数. 此外, 按照上面写出的公式求两个共轭四元数的乘积, 得到

$$(a+bi+cj+dk)(a-bi-cj-dk)=a^2+b^2+c^2+d^2, \quad (12)$$

即两个共轭的四元数的乘积也是一个实数.

四元数 $a+bi+cj+dk$ 的系数的平方和 $a^2+b^2+c^2+d^2$ 叫做这个四元数的范数. 由于任一实数的平方都是非负的数, 故任一四元数的范数也是非负的数, 仅当这个四元数是 0 时, 范数才能是零.

公式 (12) 表明, 任一四元数与其共轭的乘积等于该四元数的范数.

我们约定用星号表示一个四元数的共轭, 即用 α^* 表四元数 α 的共轭. 于是, 直接计算可证明以下公式是正确的:

$$(\alpha\beta)^* = \beta^*\alpha^*.$$

由此得出一个有趣的推论: 四元数乘积的范数等于因子范数的乘积. 事实上, 根据上面式子, 我们有

$$范数(\alpha\beta) = (\alpha\beta)(\alpha\beta)^* = \alpha\beta\beta^*\alpha^* = (\alpha\alpha^*)(\beta\beta^*)$$
$$= 范数\,\alpha \cdot 范数\,\beta.$$

由于范数的性质, 我们可以非常简单地解决关于四元数相除问题. 设 $\alpha=a+bi+cj+dk$ 是任意一个非零四元数, 于是

$$(a+bi+cj+dk)\frac{1}{a^2+b^2+c^2+d^2}(a-bi-cj-dk)$$

$$=\frac{1}{a^2+b^2+c^2+d^2}(a^2+b^2+c^2+d^2)=1,$$

即四元数

$$\frac{1}{a^2+b^2+c^2+d^2}(a-bi-cj-dk)=\alpha^{-1}$$

是给定的四元数 α 的逆元.

会求四元数的逆元以后,很容易就可求出两个四元数的商.事实上,设给出两个四元数 α, β,且第一个四元数不是零四元数.为了求 β 被 α 除的商,我们应该解下面两个方程

$$\alpha x=\beta, \ y\alpha=\beta.$$

第一个方程的两端同用 α^{-1} 左乘,我们得

$$x=\alpha^{-1}\beta.$$

第二个方程的两端同用 α^{-1} 右乘,我们得

$$y=\beta\alpha^{-1}.$$

因为 $\alpha^{-1}\beta$ 与 $\beta\alpha^{-1}$ 一般情形是不同的,故对于四元数来说,必须区分开两种除法:右除和左除.两者永远是可施行的,当然,以零为除数的应除外.

向量代数 虽然四元数的运算在很多方面与复数的运算相类似,但是,由于乘法不适合交换律,使得四元数的性质与数目的性质有很大差异.例如,由复数的代数,我们都知道,二次方程有两个根.如果我们在四元数的范围内,即使讨论二次方程

$$x^2+1=0,$$

那么,可以看出以下的六个四元数都是它的根: $\pm i$, $\pm j$, $\pm k$.更精确的分析,可以发现它有无限多个不同的解.这种情况使得四元数在数学上的应用带来很大困难,尽管汉弥登以及另外一些数学家把四元数引向数学与物理的各个部门作了很多的尝试,但到现在为止,四元数在数学上所起的作用仍然是比较小的,无论如何也不能与复数的作用相比较.

然而,四元数给与了作为近代技术与物理的不可缺少的工具向量代数的发展以很大的推动力.这是由于在力学和物理中,速度、加速度、力等概念起着重要的作用,为了描述它们,需要用三个数.上面我们已经看到,每一个四元数可以看作实数 a 与向量部

分 $bi+cj+dk$ 的集合. 由于向量部分是被三个数所确定的, 由此, 为了描述重要的物理量, 利用四元数的向量部分即已足够.

可以利用从直角坐标系原点引出、在三个坐标轴上的射影分别为 b, c, d 的向量来几何地表示四元数 $a+bi+cj+dk$ 的向量部分. 因此, 任意一个四元数可以用几何方法表成空间中的向量与数的总和. 让我们来考查一下四元数的运算可以有怎样的解释.

取纯量部分等于零的两个四元数(向量四元数)$xi+yj+zk$ 与 $x_1i+y_1j+z_1k$, 用几何方法把它们用从坐标原点引出的两个向量表出. 这两个四元数的和仍是向量四元数 $(x+x_1)i+(y+y_1)j+(z+z_1)k$. 很容易看出, 表示这个和的向量是头两个向量所构成的平行四边形的对角线. 因此, 向量四元数的加法与非常熟悉的按平行四边形规则的向量加法运算相对应. 类似地, 如果用某个实数乘向量四元数, 那么, 表示这个四元数的向量也应用这个数去乘.

当两个向量相乘时, 我们将遇到另一种情况. 实际上,

$$(xi+yj+zk)(x_1i+y_1j+z_1k)$$
$$= -xx_1-yy_1-zz_1+(yz_1-y_1z)i+(zx_1-z_1x)j$$
$$+(xy_1-x_1y)k,$$

也就是说, 两个向量四元数部分相乘, 我们得一个完全的四元数, 既有纯量部分, 也有向量部分.

向量四元数的乘积的纯量部分, 并取反号, 叫做表示该四元数的向量的纯量积, 而乘积的向量部分叫做表示该四元数的向量的矢量积. 向量 α, β 的纯量积通常用符号(α, β)表示, 或者简单地表为 $\alpha\beta$, 而这两个向量的矢量积用符号$[\alpha, \beta]$表示. 设 i, j, k 分别是表示四元数 i, j, k 的向量, 即在相应的坐标轴上的单位长的向量. 按照定义, 如果 $\alpha=xi+yj+zk$, $\beta=x_1i+y_1j+z_1k$, 则

$$(\alpha, \beta)=xx_1+yy_1+zz_1,$$
$$[\alpha, \beta]=(yz_1-y_1z)i+(zx_1-z_1x)j+(xy_1-x_1y)k.$$

利用上面的式子, 容易给与向量的纯量积与矢量积以几何解释. 这就是两个向量的纯量积等于这两个向量的长与其夹角的余弦的乘积, 而两个向量的矢量积是一个向量, 其长等于该两个向量

所构成的平行四边形的面积，且它垂直于上述平行四边形所在平面．而从它所在的一侧来看，由给出的第一个向量到第二个向量的旋转的转向正好像从 Oz 轴所在的一侧看 Ox 轴到 Oy 轴的旋转一样．

现时在力学和物理中，照例不应用四元数的运算，而仅讨论向量的运算以代替它，并且这些运算按照刚才所叙述的结果用纯几何方法来定义．

最后，让我们举出借四元数可以非常漂亮的解答的一个力学问题．它的解答是发现四元数的原因之一．

设刚体先围绕通过已知点 O 的确定的轴 OA 按照给定的方向旋转某个角 φ，然后再围绕通过 O 的另一轴 OB 旋转角 φ_1，求这个刚体围绕哪一个轴、旋转怎样的角度直接从第一个位置旋转到第三个位置？这是力学上关于有限个旋转复合的著名问题．诚然，它可以利用通常的解析几何来解决，在十八世纪欧拉就曾经这样做过．但是，当利用四元数时，它的解答可以有非常简明的形式．

设 $\xi=xi+yj+zk$ 和 $\alpha=a+bi+cj+dk$ 是两个四元数，其中第一个我们将认为是变动的，而第二个是给定的．经过计算，很容易验证表示式 $\alpha^{-1}\xi\alpha$ 是向量四元数．现在，如果用向量 $\boldsymbol{\xi}$, $\boldsymbol{\xi}_1$, $\boldsymbol{\alpha}$ 表示四元数 ξ, $\alpha^{-1}\xi\alpha$ 以及四元数 α 的向量部分，那么，向量 $\boldsymbol{\xi}_1$ 可由向量 $\boldsymbol{\xi}$ 围绕通过向量 $\boldsymbol{\alpha}$ 的轴旋转 φ 角而得出，此处角 φ 被式子

$$\cos\frac{\varphi}{2}=\frac{a}{\sqrt{a^2+b^2+c^2+d^2}}$$ 所决定．因此，可以认为四元数 $\alpha=a+bi+cj+dk$ 表示围绕轴 $\boldsymbol{a}=bi+cj+dk$ 作角 φ 的空间旋转．

反之，知道了旋转轴和角度 φ 以后，可以求出表示这个旋转的四元数．这样的四元数有无限多个，但是，它们彼此间仅相差一个常数因子．

现在，让我们再考虑一个旋转，角度为 φ_1 旋转轴为 $\boldsymbol{\beta}=b_1i+c_1j+d_1k$．设这个旋转用四元数 $\beta=a_1+b_1i+c_1j+d_1k$ 表示．设任意向量 $\boldsymbol{\xi}$ 在第一个旋转作用下得到向量 $\alpha^{-1}\xi\alpha$．得到的这个向量再经第二个旋转作用，得到 $\beta^{-1}(\alpha^{-1}\xi\alpha)\beta$．根据结合律，最后的

结果可以表为下述形式:

$$\beta^{-1}(\alpha^{-1}\boldsymbol{\xi}\alpha)\beta = (\alpha\beta)^{-1}\boldsymbol{\xi}(\alpha\beta).$$

由于向量四元数 $\boldsymbol{\xi}$ 左乘四元数 $(\alpha\beta)^{-1}$ 并且右乘四元数 $\alpha\beta$ 的乘积等于向量 $\boldsymbol{\xi}$ 围绕相应轴作相应角度的旋转, 故我们得出这样的结论: 依次施行与四元数 α, β 相应旋转的结果是与乘积 $\alpha\beta$ 相应的旋转. 换句话说, 旋转的加法对应于这些旋转的四元数的相乘.

四元数除了在几何和物理上的应用外, 在数论上也有极好的应用. 在这个领域中应特别指出林尼克的工作.

§12. 结 合 代 数

代数(超复数系)的一般定义 前面为超复数所下定义中必须用到实数, 把超复数简单地看作实数组. 然而, 这样的观点是太狭窄了, 为了理论研究的需要, 逐渐地采取下面一般的定义.

某个量的系统 S 叫做域 P 上的代数(或超复数系), 如果

甲) 对于域 P 中每一元素 a 以及系统 S 中每一个量 α, 确定这个系统中唯一的元素, 称之为 a 与 α 的乘积, 并用记号 $a\alpha$ 表示;

乙) 对于系统 S 中每两个量 α, β, 唯一确定这个系统中某一个量, 称之为 α, β 的和, 并用记号 $\alpha+\beta$ 表示;

丙) 对于系统 S 中每两个量 α, β, 唯一确定这个系统中某一个量, 称之为 α, β 的积, 并用记号 $\alpha\beta$ 表示.

上述三个运算具有以下的性质[1]:

1') $\alpha+\beta=\beta+\alpha$,

2') $(\alpha+\beta)+\gamma=\alpha+(\beta+\gamma)$,

3') 在系统 S 中存在一个零量 θ, 具有性质

$$\alpha+\theta=\alpha,$$

4') $a(\alpha+\beta)=a\alpha+a\beta$,

5') $(a+b)\alpha=a\alpha+b\alpha$,

---

1) 希腊字母表示系统 S 中的任意量, 而拉丁字母表示域 P 中的任意元素.

6′) $(ab)\alpha = a(b\alpha)$,

7′) $\theta\alpha = \theta$, $1 \cdot \alpha = \alpha$, 此处 1 是域 P 中的单位元,

8′) 在 S 中存在这样的一组量 α_1, α_2, $\cdots$, α_n, 使得 S 中每一个量均可唯一地表示成以下形式:

$$a_1\alpha_1 + a_2\alpha_2 + \cdots + a_n\alpha_n,$$

9′) $(a\alpha)\beta = \alpha(a\beta) = a(\alpha\beta)$,

10′) $\alpha(\beta + \gamma) = \alpha\beta + \alpha\gamma$, $(\beta + \gamma)\alpha = \beta\alpha + \gamma\alpha$.

在这个定义中, 任意域 P 的元素起着迄今为止实数所起的作用. 由条件 8′ 可知, 超复数系中的每一个元素被 P 中 n 个元素组所确定, 因之, 随着域 P 的选择, 超复数可定义为 n 个复数、n 个实数、n 个有理数等等.

前八个条件表明 S 组成域 P 上的有限维向量空间(参看第十六章 §2), 此处 P 是代数的基本域.

条件 9′ 与 10′ 可以联合成下面等式的形状:

$$(a\beta + b\gamma)\alpha = a(\beta\alpha) + b(\gamma\alpha),$$
$$\alpha(a\beta + b\gamma) = a(\alpha\beta) + b(\alpha\gamma),$$

由这两个等式可知,乘法的运算对于其每一因子都是线性的.

"超复数系"和"代数"这两个术语,近年来偏重于应用第二个,因为一般"超复数系"的元素就其性质来说与通常的数区别很大,把它称之为"超复数"是不怎么合适的. "超复数系","超复数"现在仅应用于最简单的代数,例如对于普通的四元数.

由条件 1′—10′ 可见, 在代数中不假定乘法适合交换律及结合律,也不假定存在单位元及可施行"除法".

在每一个代数 S 中都存在着基底, 即这样的元素组 α_1, α_2, $\cdots$, α_n, 利用它, 代数中的所有元素都能唯一地表为系数属于基本域 P 的线性组合的形式 $a_1\alpha_1 + a_2\alpha_2 + \cdots + a_n\alpha_n$. 每一个代数可以有无限多个基底, 但每一个基底中元素的个数是同一的, 称这个数为代数的维数.

复数系看作实数体上的代数, 以 1 与 i 为其基底. 但数 2 与 $3i$, 1 与 $a + bi$(a, b 是任意实数, $b \neq 0$) 也可以当作基底.

设 ε_1, ε_2, $\cdots$, ε_n 是某个域 P 上代数的一组基底. 按照定义, 代数的每一元素均可唯一地表成

$$\alpha = a_1\varepsilon_1 + a_2\varepsilon_2 + \cdots + a_n\varepsilon_n$$

的形式. 设 $\beta = b_1\varepsilon_1 + b_2\varepsilon_2 + \cdots + b_n\varepsilon_n$ 是代数的另一个元素, 那么, 由于性质 $1'$—$6'$, 有

$$\alpha + \beta = (a_1 + b_1)\varepsilon_1 + (a_2 + b_2)\varepsilon_2 + \cdots + (a_n + b_n)\varepsilon_n.$$

类似地, 对于域 P 中任意的 a, 有

$$a\alpha = aa_1\varepsilon_1 + aa_2\varepsilon_2 + \cdots + aa_n\varepsilon_n.$$

因之, 代数中元素的加法以及域 P 中元素与代数的元素的乘法可以被上述公式完全决定. 代数中元素的相乘, 也不必需要知道任意两个元素如何乘法, 只要知道基底元素 ε_i 如何相乘即已足够. 事实上, 由于性质 $9'$ 及 $10'$,

$$(a_1\varepsilon_1 + a_2\varepsilon_2 + \cdots + a_n\varepsilon_n)(b_1\varepsilon_1 + b_2\varepsilon_2 + \cdots + b_n\varepsilon_n) = \sum a_i b_j \cdot \varepsilon_i \varepsilon_j.$$

乘积 $\varepsilon_i \varepsilon_j$ 中每一个都是代数中的元素, 因之, 可用基底元素表示出

$$\varepsilon_i \varepsilon_j = c_{ij1}\varepsilon_1 + c_{ij2}\varepsilon_2 + \cdots + c_{ijn}\varepsilon_n,$$

此处 c_{ijk} 表示代数的基本域 P 中的元素. 第一重足码表示头一个因子号数, 第二重足码表示第二个因子号数, 第三重足码表示这个元素用基底表示时系数的号数. 系数 c_{ijk} 叫做代数的构造常数, 因为它可以完全决定代数元素的运算.

很容易计算出 n 阶代数构造常数的个数. 每一个构造常数有三个号码 i, j, k. 因之, n 阶代数的构造常数的个数等于从 1, 2, $\cdots$, n 中每次取三个的排列总数, 故等于 n^3. 例如, 复数系在实数域上有基底 1, i. 由于等式

$$1 \cdot 1 = 1 \cdot 1 + 0 \cdot i, \quad i \cdot 1 = 0 \cdot 1 + 1 \cdot i,$$
$$1 \cdot i = 0 \cdot 1 + 1 \cdot i, \quad i \cdot i = -1 \cdot 1 + 0 \cdot i,$$

故构造常数分别等于

$$c_{111} = 1, \quad c_{112} = 0, \quad c_{211} = 0, \quad c_{212} = 1,$$
$$c_{121} = 0, \quad c_{122} = 1, \quad c_{221} = -1, \quad c_{222} = 0.$$

反之, 设给出某个域 P 的用三重足码表示的 n^3 个元素 c_{ijk} (i, j, $k = 1, 2, \cdots, n$), 那么可以把这些元素看作域 P 上代数的

构造常数, 而且以等式 $\varepsilon_i \varepsilon_j = \sum\limits_{k=1}^{n} c_{ijk} \varepsilon_k$ 作为代数中乘法运算规则的定义.

上面我们已经看到, 每一个代数通常有无限多个不同的基底. 构造常数依赖于基底的选择, 因此, 不同的构造常数组可以确定同一个代数.

怎样的代数应该认为是不同的? 怎样的应该认为是相同的? 在代数论中, 如果同一域 P 上的两个代数是同构的, 则认为它们是相同的; 也就是说, 一个代数的元素与另一个代数的元素之间存在着这样的一一对应, 使得头一个代数中的任意两个元素的和与积与第二个代数的相应元素的和与积对应, 而域 P 中元素与头一个代数的元素的乘积与域 P 中的这个同一元素与第二个代数的相应元素的乘积相对应.

代数相同的这个定义表明, 在代数理论里仅研究元素与元素组的可以借三种基本运算表出的那些性质. 换言之, 代数理论研究对代数元素所施行的运算的性质, 而不是研究代数元素的性质.

很容易证明, 如果两个代数是同构的, 那么, 与一个代数的基底元素所对应的元素是另一代数的基底, 而且, 在相应基底下, 构造常数也是相等的. 反之, 如果同一域上的两个代数, 在适宜的基底下有相同的构造常数, 那么, 这两个代数是同构的.

在所有代数中, 结合代数直到今天仍然起着非常重要的作用. 所谓结合代数, 就是乘法运算适合结合律 $\alpha(\beta\gamma) = (\alpha\beta)\gamma$ 的代数. 在本节中所叙述的正是这样的代数的性质. 在非结合代数中最有兴趣的是李代数, 它的乘法满足下述性质:

$$\alpha\beta = -\beta\alpha, \ \alpha(\beta\gamma) + \beta(\gamma\alpha) + \gamma(\alpha\beta) = 0.$$

我们所以对它有兴趣是由于它和李群间有密切的联系, 而关于李群, 我们在 §7 中已经谈论过.

矩阵代数 前面我们曾经指出, 在超复数系理论发展的前期, 人们的主要注意力集中在研究由于某种原因引起研究者兴趣的个别系统上. 这些系统中的某些, 我们已经考查过. 大致在上一世纪中叶，人们就开始研究在现今一般代数理论中起着主要作用的矩阵代数，这里，我们将简略地回忆一下矩阵运算的定义（参看第十六章 §1）.

域 P 上的一个矩阵是指域 P 中的元素 P 所排成长方形的一张表. 两个矩阵说是相等的，如果其相应位置的元素相同. 此处我们将仅讨论方阵，即行数与列数相同的矩阵. 方阵的行数或者与它相等的列数叫做方阵的阶数.

为了相加两个阶数相同的方阵，应把它们的相应元素相加. 用一个数去乘矩阵按定义等于这个数遍乘这个矩阵的所有元素. 矩阵与矩阵相乘的定义比较复杂，两个 n 阶方阵的乘积是指这样的一个 n 阶方阵，其第 i 行第 j 列的元素等于头一个矩阵第 i 行的元素与第二个矩阵第 j 列的相应元素乘积的和. 例如

$$\begin{pmatrix} a & b \\ a_1 & b_1 \end{pmatrix}\begin{pmatrix} x & y \\ x_1 & y_1 \end{pmatrix} = \begin{pmatrix} ax+bx_1 & ay+by_1 \\ a_1x+b_1y & a_1y+b_1y_1 \end{pmatrix}.$$

矩阵相乘的定义所以如此选择的原因，在第十六章中曾经叙述过.

按照上述定义，元素属于某个域 P 的全体 n 阶方阵所组成的量的系统，它们可以相加，可以与域中的元素相乘，它们彼此间也能相乘. 经过不甚复杂的计算可以证明，代数定义中的性质 $1'$—$10'$，这里都满足. 除此以外，容易证明矩阵乘法适合结合律. 因此，元素属于给定域 P 的、阶数 n 给定的全体方阵组成这个域上的一个结合代数.

显然，等式

$$\begin{pmatrix} a & b \\ c & d \end{pmatrix} = a\begin{pmatrix} 1 & 0 \\ 0 & 0 \end{pmatrix} + b\begin{pmatrix} 0 & 1 \\ 0 & 0 \end{pmatrix} + c\begin{pmatrix} 0 & 0 \\ 1 & 0 \end{pmatrix} + d\begin{pmatrix} 0 & 0 \\ 0 & 1 \end{pmatrix}$$

表明，等式右端的四个方阵组成二阶方阵代数的基底. 一般说来，如果用符号 s_{ij} 表示第 i 行第 j 列位置的元素为 1 而其余位置的元素均为 0 的 n 阶方阵，那么，由于等式

$$\begin{pmatrix} a_{11}\cdots a_{1n} \\ \vdots \quad \vdots \\ a_{n1}\cdots a_{nn} \end{pmatrix} = \sum_{i,j} a_{ij}s_{ij}$$

成立,故知方阵 ε_{ij} 组成 n 阶方阵代数的基底;由于方阵 ε_{ij} 的个数为 n^2, 故 n 阶方阵代数的维数为 n^2. 基底矩阵 ε_{ij} 的乘法表有以下形式:

$$\varepsilon_{ij} \cdot \varepsilon_{jl} = \varepsilon_{il}, \ \varepsilon_{ij} \cdot \varepsilon_{kl} = 0, \ j \neq k, \quad i, \ j, \ k, \ l = 1, \ 2, \ \cdots, \ n.$$

矩阵代数含有单位元,即单位方阵.

结合代数的表示 设对于域 P 上某个代数 A 的每一个元素唯一地确定同一域 P 上某个代数 B 的一个元素. 如果 A 中任意两个元素的和与积,都与 B 中相应的两个元素的和与积对应,而且域中的每一元素与代数 A 中元素的乘积,对应于域中的这个同一元素与代数 B 中相应元素的乘积,那么就说代数 A 同态地映象于代数 B 内. 结合代数 A 到 n 阶方阵代数里的一个同态映象叫做代数 A 的一个 n 次表示. 如果代数 A 的不同元素对应于方阵的不同元素,那么就说这个表示是真正的或者同构的. 当代数 A 用矩阵同构表示时,可以认为代数元素的运算可以归结为相应矩阵的运算. 因此,求代数表示的问题有重大意义. 这里我们仅讨论求代数表示的最简单的方法,然而,它在一般理论中有重要的作用.

给出某个代数 A,选择其一组基底 $\varepsilon_1, \ \varepsilon_2, \ \cdots, \ \varepsilon_n$, 并假定 α 是 A 的任意元素. 乘积 $\varepsilon_1 \alpha, \ \varepsilon_2 \alpha, \ \cdots, \ \varepsilon_n \alpha$ 仍是 A 的元素,因之,应能用 $\varepsilon_1, \ \varepsilon_2, \ \cdots, \ \varepsilon_n$ 的线性表示. 设

$$\varepsilon_1 \alpha = a_{11} \varepsilon_1 + a_{12} \varepsilon_2 + \cdots + a_{1n} \varepsilon_n,$$
$$\varepsilon_2 \alpha = a_{21} \varepsilon_1 + a_{22} \varepsilon_2 + \cdots + a_{2n} \varepsilon_n,$$
$$\cdots\cdots\cdots\cdots\cdots\cdots\cdots\cdots\cdots\cdots\cdots$$
$$\varepsilon_n \alpha = a_{n1} \varepsilon_1 + a_{n2} \varepsilon_2 + \cdots + a_{nn} \varepsilon_n.$$

这样,对于固定基底,每一个元素 α 可以对应到一个确定的矩阵 $\|a_{ij}\|$. 经过简单的计算,可以证明这个对应是代数 A 的一个表示. 这个表示常称做代数 A 的正则表示. 显然这个表示的次数等于代数的维数.

复数可以看作实数域上以 $1, \ i$ 为基底的 2 维代数. 等式

$$1 \cdot (a + bi) = a \cdot 1 + b \cdot i,$$

$$i \cdot (a+bi) = -b \cdot 1 + a \cdot i$$

表明每一个复数 $a+bi$ 对应于矩阵 $\begin{pmatrix} a & b \\ -b & a \end{pmatrix}$ 的对应是复数的正则表示. 类似地, 四元数的正则表示有以下形状:

$$a+bi+cj+dk \rightarrow \begin{pmatrix} a & b & c & d \\ -b & a & -d & c \\ -c & d & a & -b \\ -d & -c & b & a \end{pmatrix}.$$

复数和四元数的上述表示是真正的(同构的). 然而有例子表明, 正则表示并不永远是真正的. 但是, 如果代数含有单位元, 那么它的正则表示必然是真正的.

容易证明, 每一个结合代数都可包括在一个有单位元的代数中. 这个扩大代数的正则表示是真正的; 因之, 对于原来给出的代数来说, 这个正则表示也是真正的. 因此, 每一个结合代数都有用矩阵的真正表示.

上述求表示的方法对于建立代数的所有表示来说是不够的. 比较细致的方法是与代数的理想子代数的概念相联系着, 而理想子代数在近代数学上起着重要的作用.

代数的某些元素的集合 I 叫做一个右理想子代数, 如果它是一个线性空间, 而且用代数的任意元素右乘 I 中任意元素的结果仍然属于 I. 类似地 (交换因子的顺序) 可以定义左理想子代数. 同时是左、右理想子代数的叫做两边理想子代数. 显然, 代数中的零元素本身作成一个两边理想子代数, 称之为零理想子代数. 同样, 每一个代数本身也可看作其自己的理想子代数. 然而, 除了这两个当然的理想子代数外, 代数可能含有其他的理想子代数, 它的存在通常与代数的有趣的性质相联系.

设结合代数 A 含有右理想子代数 I. 在这个理想子代数中选择一组基底 $\varepsilon_1, \varepsilon_2, \cdots, \varepsilon_m$. 因为在一般情形 I 仅是 A 的部分, 故 I 的基底元素的个数少于 A 的基底元素的个数. 设 α 是 A 中任意元素. 因为 I 是右理想子代数, 且 $\varepsilon_1, \varepsilon_2, \cdots, \varepsilon_m$ 含于 I, 故 $\varepsilon_1\alpha$,

$\varepsilon_2\alpha$, $\cdots$, $\varepsilon_m\alpha$ 也含于 I. 因之可以用基底 ε_1, ε_2, $\cdots$, ε_m 线性表示,即

$$\varepsilon_1\alpha = a_{11}\varepsilon_1 + a_{12}\varepsilon_2 + \cdots + a_{1m}\varepsilon_m,$$

$$\varepsilon_2\alpha = a_{21}\varepsilon_1 + a_{22}\varepsilon_2 + \cdots + a_{2m}\varepsilon_m,$$

$$\cdots\cdots\cdots\cdots\cdots\cdots\cdots\cdots\cdots$$

$$\varepsilon_m\alpha = a_{m1}\varepsilon_1 + a_{m2}\varepsilon_2 + \cdots + a_{mm}\varepsilon_m.$$

命矩阵 $\|a_{ij}\|$ 与元素 α 对应,与前面一样,我们得到了代数 A 的一个表示. 这个表示的次数等于理想子代数 I 的基底元素的个数,因之,在一般情形将少于正则表示的次数. 显然,如果理想子代数本身是最小的, 则利用这个理想子代数所得到的表示的次数也将是最小的. 由此可以看到,最小理想子代数在代数理论中起着特别重要的作用.

代数的构造 如上所述, 每一个结合代数 A 可以用某阶的矩阵同构表示. 在这个表示中, 与代数 A 的元素对应的全体矩阵本身组成一个代数, 是给定阶数的矩阵代数的一部分. 如果一个代数的部分集合作成一个代数, 则称之为原来代数的子代数. 因之, 可以这样说, 每一个结合代数都与矩阵代数的某个子代数同构.

虽然这个结果有原则性的益处, 因为它把求所有代数的问题归结为求矩阵代数的所有子代数的问题, 但是, 它并不能对代数的构造问题给出直接的回答. 对于这个问题头一个一般的回答是上一世纪末由列夫斯克大学(塔尔吐斯克)教授摩林(1861—1941)于1900 年在托姆斯克工艺大学给出的.

一个代数如果不含异于 0 及本身的两边理想子代数, 那么称之为单纯代数. 摩林证明了复数域上维数 $\geqslant 2$ 的单纯结合代数都与这个域上适当阶数的全矩阵代数同构.

继摩林之后, 魏德邦在二十世纪初得到了一系列的结果, 非常完善地阐明了任意域上代数的构造.

代数 A 的某些元素的集合(特别是代数 A 本身、它的某个理想子代数或子代数)叫做幂零的, 如果存在这样一个自然数 s, 使得这个集合中任意 s 个元素的乘积均等于零. 每一个结合代数都

有一个极大的幂零两边理想子代数，称之为代数的根．根等于零的代数叫做半单纯的．可以证明，每一个半单纯可以分解成特殊类型的单纯代数的和，这样，整个半单纯代数的研究可以归结为单纯代数的研究．最后，代数 A 叫做可除代数，如果在 A 中每一个形如 $ax=b(a\neq0)$ 的方程都有解．

复数域上单纯代数的构造被上面提到的摩林定理完善描述出．如果基本域是任意的，那么有更一般的魏德邦定理成立：域 P 上维数大于等于 2 的每一个单纯代数都与元素属于 P 上某个可除代数的适当阶数的全矩阵代数同构．这样一来，魏德邦定理把求给定域 P 上单纯代数的问题归结为求域 P 上可除代数的问题．复数域上仅有一个可除代数，即复数域本身．由魏德邦定理可知，复数域上的每一单纯代数都与复数域上某个阶数的全矩阵代数同构，这就是摩林定理．

实数域上仅存在三个结合的可除代数：实数域本身、复数域、四元数代数．这个断言的证明不太简单，这里我们将不讨论它．由魏德邦定理可知，实数域上每一个单纯代数都与实数域上或者复数域上或者四元数代数上适当阶数的全矩阵代数同构．

由这些例子可以看出，摩林和魏德邦定理是如何阐述半单纯代数构造的．至于谈到有根的代数，所谓的魏德邦主要定理，对于它们有重大意义．按照这个定理，对基本域加上某些附加限制，在每一个有根 R 的代数 A 中，存在一个半单纯代数 L，使得 A 的每一个元素都可唯一地表为和 $\lambda+\rho(\lambda\in L,\ \rho\in R)$ 的形状，而且在某种意义下，子代数 L 在 A 中是唯一确定的．

上面叙述的一些主要定理，给出关于结合代数可能类型的完整观念，并且把它们的构造问题基本上归结为关于幂零代数构造的相应问题．后者的理论暂时还在形成过程中．

§13. 李 代 数

在 §12 中我们曾说过，现在除结合代数的理论外，李代数的

理论也非常详细地被研究着. 在李代数中,乘法满足以下的要求:

$$\alpha\beta = -\beta\alpha, \ \alpha(\beta\gamma) + \beta(\gamma\alpha) + \gamma(\alpha\beta) = 0.$$

这样代数的重要性在于它们与李群(参考§7)有密切的联系,即与连续群的最重要类型有联系. 正如我们前面看到的,李群在近世几何中起着重大的作用. 按照李群和李代数理论的起源,我们对于所有实数以及所有复数作成的域上的李代数最感兴趣.

下面是李代数的一个最简单的例子. 考虑给定阶数 n 的全部 n 阶方阵的集合. 对于它们引入换位运算,即对于给定的矩阵 $A, B,$ 命称之为换位子的 $AB-BA$ 与它们对应,并用符号 $[A, B]$ 表示 A, B 的换位子.

很容易证明

$$[A, B] = -[B, A]$$
$$[A, [B, C]] + [B, [C, A]] + [C, [A, B]] = 0.$$

因之,给定阶数的全部方阵对于换位运算作成一个李代数. 很明显, 矩阵所组成的李代数的每一个子代数,即每一个矩阵的集合,对加法运算、乘以基本域中的数的乘法、换位运算均关闭,本身也是一个李代数.

关于对每一个抽象的李代数是否存在一个矩阵代数与其同构的问题, 长时期来未得解决. 直到 1935 年, 著名代数学家切波塔廖夫的学生阿朵才给出了肯定的回答.

关于李群与李代数之间的对应关系,现在只谈其大概,而不涉及详细情形, 也不给与严格的描述; 并且仅限于李群与李代数均用矩阵表示的情形.

设 L 是某个矩阵的李代数. 对于 L 中每一个矩阵 $A,$ 令矩阵 $U = e^A = E + \dfrac{A}{1!} + \dfrac{A^2}{2!} + \cdots$ 与之对应. 于是,用这样方法所得的全体矩阵的集合对于通常的矩阵乘法组成一个李群. 反之,对于每一个李群,存在唯一的一个(就同构意义来说)李代数,使得与它对应的李群恰与所给李群同构.

为了简单起见,上面引出的关于李群和李代数之间对应关系的定理不是精确的，而只是简化了的描述．实际上，关系 $U=e^A$ 仅对于与单位矩阵足够接近的 U 以及与零矩阵足够接近的 A 存在．严格的描述需要引进相当复杂的局部群与局部同构的概念．

因此，由李代数到其相应的李群的过渡，是借类似于方幂的运算来实现的，而由群到代数的过渡是借类似于求对数的运算来实现的．

若 L 是全体 n 阶方阵所作成的代数，那么与 L 对应的李群将是全体非退化方阵所作成的群，因为任意一个与单位方阵足够接近的 U 均可表成 $U=e^A$ 的形状．

矩阵 $A=\|a_{ij}\|$ 叫做斜对称的，如果它的元素之间适合关系式 $a_{ji}=-a_{ij}$．全体斜对称方阵组成一个李代数，因为若 A, B 是斜对称方阵，则 $AB-BA=[A, B]$ 以及 $\alpha A+\beta B$ 也将是斜对称方阵．

容易验证，对于每一个斜对称方阵 A，式子 e^A 将是一个正交方阵，而且对于每一个与单位方阵足够接近的正交方阵，均可表成上述指数的形式．因之，所有正交方阵所成群的李代数是全体斜对称方阵代数．

由解析几何知道，空间中围绕坐标原点的任意一个旋转都可借正交方阵给出，而且旋转的乘积与相应的矩阵的乘积相对应．换句话说，空间中围绕固定点的所有旋转所成群，与三阶正交方阵群同构．由此我们可得出结论：空间的旋转群的李代数是全体三阶斜对称方阵代数，亦即如下形状的方阵

$$A=\begin{pmatrix} 0 & -a & -b \\ a & 0 & -c \\ b & c & 0 \end{pmatrix}$$

所作成的李代数．

因为这样的每一方阵由三个数 a, b, c 完全确定，所以我们可以约定，用在坐标轴上投影为 a, b, c 的向量 $\boldsymbol{a}$ 表示．而且上述形状的方阵 A_1, A_2 的线性组合 $\alpha A_1+\beta A_2$ 显然与对应向量 $\boldsymbol{a_1}$, $\boldsymbol{a_2}$ 的线性组合 $\alpha\boldsymbol{a_1}+\beta\boldsymbol{a_2}$ 相对应，而方阵 A_1, A_2 的换位子

$$[A_1,\ A_2] = A_1 A_2 - A_2 A_1$$

$$= \begin{pmatrix} 0 & -a_1 & -b_1 \\ a_1 & 0 & -c_1 \\ b_1 & c_1 & 0 \end{pmatrix} \begin{pmatrix} 0 & -a_2 & -b_2 \\ a_2 & 0 & -c_2 \\ b_2 & c_2 & 0 \end{pmatrix} - \begin{pmatrix} 0 & -a_2 & -b_2 \\ a_2 & 0 & -c_2 \\ b_2 & c_2 & 0 \end{pmatrix} \begin{pmatrix} 0 & -a_1 & -b_1 \\ a_1 & 0 & -c_1 \\ b_1 & c_1 & 0 \end{pmatrix}$$

$$= \begin{pmatrix} 0 & b_2 c_1 - b_1 c_2 & a_1 c_2 - a_2 c_1 \\ b_1 c_2 - b_2 c_1 & 0 & a_2 b_1 - a_1 b_2 \\ a_2 c_1 - a_1 c_2 & a_1 b_2 - a_2 b_1 & 0 \end{pmatrix}$$

将与射影为 $b_1 c_2 - b_2 c_1,\ a_2 c_1 - a_1 c_2,\ a_1 b_2 - a_2 b_1$ 的向量相对应, 即与向量 $\boldsymbol{a}_1$ 与 $\boldsymbol{a}_2$ 的向量乘积相对应. 我们得到了一个著名的结果: 通常的向量的集合对于向量加法、纯量与向量的乘法以及向量乘法组成一个李代数, 与空间中围绕不动点的旋转群相对应. 这个事实再一次告诉我们, 几何概念与空间的旋转群, 换句话说, 与刚体运动规律的联系是多么密切!

在上一世纪末以及本世纪初, 对于李代数得到了许多与结合代数主要结果相类似的结果, 虽然这里的证明和描述都是比较复杂的. 这样, 经过李、基林、卡当等人的努力, 在二十世纪初, 对于李代数已经成功地建立起根和半单纯的概念, 并且求出了实数体和复数体上所有单纯李代数. 到了三十年代初, 卡当和魏尔建立了李代数的矩阵表示理论, 是解决一系列问题的极好工具. 近十五年来, 一些苏联数学家对李代数理论进行了研究, 在这个领域中获得了不少极好的结果. 特别, 他们对李代数表示的理论作出了重大的推进, 彻底地解决了关于李代数的半单纯子代数的问题、关于建立具有给定根的代数问题等等.

§14. 环

在 §11 中 (310 页) 我们曾经给出域的一般定义, 即元素的任意一个集合, 在其中定义了满足条件 1—10 的加法与乘法的运算. 在这个定义中, 如果去掉关于商的存在的条件 10 以及乘法适合交换律和结合律的条件 7 和 8, 那么我们便得到近世代数中最重要概念之一的环的概念的定义.

每一个域以及每一个代数,如果仅考虑其加法与乘法的运算,是一个环. 环的最简单的例子是全体有理整数集对于通常的加法与乘法的运算. 所有形如 $a+bi$, $a+b\sqrt{2}$, $a+b\sqrt[3]{2}+c\sqrt[3]{4}$ 等等的数集对于通常的加法与乘法也都作成环, 此处 a, b, c 是任意有理整数. 由于这些环的元素是数, 故称之为数环. 这些环的某些重要性质及其应用在第四章(第一卷)及第十章(第二卷)曾经讨论过.

然而, 也存在着非数环的重要的类. 例如, 给定变量 x_1, x_2, $\cdots$, x_n 系数属于某个固定的环或域的全体多项式的集合, 定义在某区域上全体连续函数的集合、线性空间或者希尔伯特空间的线性变换的集合, 对于通常定义的它们的加法与乘法运算都作成环.

数环的算术性质是介乎代数本身与数论本身之间的深刻的代数数论的研究对象. 多项式环性质的研究被称之为多项式理想子环论, 与解析几何的高等部分有着密切的联系. 最后, 函数环与变换环在泛函分析上起着基本作用(参看第十九章).

以这些及其他一些具体理论为基础, 近百年来, 一般环的理论以及拓扑环的理论发展非常迅速.

由于篇幅的限制, 下面我们仅指出环论中的某些个别结果.

理想子环 某个环 K (不一定是结合的)的元素的部分集合 I 叫做 K 的理想子环, 如果 I 中任意两个元素的差以及 I 中任意元素 x 与 K 中任意元素 a 的乘积 ax, xa 均属于 I.

每一个理想子环是环的这样一个部分, 它本身对于在环中给出的加法与乘法的运算做成一个环. 这样的部分叫做已知环的子环, 也就是说, 每一个理想子环同时也是子环. 其逆通常是不成立的.

一个环的任意多个理想子环的交集仍是这个环的一个理想子环. 特别, 环中含有某个固定元素 a 的所有理想子环的交集仍是这个环的理想子环. 这个理想子环叫做元素 a 生成的主理想子环, 并用符号 (a) 表之.

两个或者若干个元素生成的理想子环的概念，可用与上面同样的方式定义．很容易证明，如果可换的结合环有单位元素，那么由元素 a_1, a_2, $\cdots$, a_n 所生成的理想子环将简单地是环中可以写成和 $x_1a_1+x_2a_2+\cdots+x_na_n$ 形状的所有元素所组成，此处 x_1, x_2, $\cdots$, x_n 是环的任意元素．特别，在有单位元的可换结合环中，主理想子环 (a) 是 a 的倍数的所有元素，亦即 xa 形状的所有元素所组成．

在所有有理整数所做成的环中，每一个理想子环都是主理想子环．在系数属于某个域的一个未知量的多项式环中、在一切形如 $a+bi$（此处 a, b 是有理数）的复数环中以及在其他一些环中也具有这样的性质．然而，在系数为有理数的未知量 x, y 的多项式环中，没有常数项的两个未知量 x, y 的所有多项式的集合，已经不是主理想子环．

与在群论中对不变子群所做过的类似，对于环 K 的每一个理想子环 I, 可以建立商环 K/I. 这可用下面方法来做．环 K 中元素 a, b 叫做关于理想子环 I 等价，如果它们的差 $a-b$ 属于 I, 这时用符号 $a\equiv b(I)$ 表示．很容易验证，这个等价的关系是自反的、对称的、传递的（参看第十五章），因之，K 的所有元素可以按关于理想子环 I 等价关系分成类．现在，让我们来考虑以这些类作为元素的新的集合，对于它引进和与乘积的概念：所谓两个类的"和"是指这样一个类，它含有分别属于这两个类的某两个元素的和，而两个类的乘积是指这样一个类，它含有分别属于这两个类的某两个元素的乘积．由理想子环的定义可知，和与乘积的这样定义，事实上是与代表选择无关的，并且最后所有类的集合作成一环．

在环论中，商环的作用完全类似于在群论中商群的作用．特别，由已知环建立商环，是形成具有各种不同性质的环的一种特别方便的方法．此外，例如很容易证明，任意一个可换环都能与以有理整数为系数的适当个数未知量的多项式环的商环同构．

环的算术性质　在数环以及在域中,若干个元素的乘积,当且仅当其中有一个因子等于零时才能等于零.　在任意环中,这个事实可以不成立,例如,两个不等于零的矩阵的乘积可以是零.　如果在某个环中, $a \neq 0$, $b \neq 0$. 但是有 $ab = 0$, 那么就说 a 与 b 是零因子.　如果在一个环中没有这样性质的元素,就说这个环是没有零因子的环.

在环中研究可除性时,通常假定这个环是可换的,而且没有零因子.　这样的环照例叫做整域.　上面提到的数环以及多项式环都是整域.

设 K 是某个整域.　我们说,元素 a 在 K 中能被 b 整除,如果 $a = bq$, $q \in K$.　由此直接可知,被 b 整除的若干个元素的和仍能被 b 整除, K 中若干个元素的乘积中如果有一个因子能被 b 整除,则这个乘积也能被 b 整除.　在环论中引入类似于第十章(第二卷)所讲过的素数概念的素元概念,通常是比较复杂的.　这时必须先引入相伴元的概念.　环中的元素 a, b 叫做相伴的,如果 a 被 b 整除, b 也被 a 整除.　命 $a = bp_1$, $b = aq_2$, 则有 $ab = ab \cdot q_1 q_2$, 亦即 $q_1 q_2 = e$, 此处 e 是整域 K 的单位元.　因此,称相伴元的商为单位元因子.　整域中的每一个元均能被任意一个单位元因子整除.　在有理整数环中,单位元因子是 ± 1, 在一切 $a + bi$(a, b 是整数)形状的元素所组成的环中,单位元因子是 ± 1, $\pm i$.

整域 K 中的每一个元素均有形如 $a = as \cdot s^{-1}$ 的分解, 此处 s 是某个单位元因子.　这样的分解叫做显然的分解.　如果 K 中的元素 a 没有其他分解, 那么, 就称 a 为 K 的素元, 或者叫作 K 的不可分解元.　由于整数分解为素因子的唯一性定理具有重要意义,于是找这样的环的类(其中也包括非可换环),使得类似定理在其中也成立,是有意义的.　例如, 在主理想子环中, 即其中每一个理想子环都是主理想子环的整域,这个定理成立.

理想子环这一概念本身的出现, 是与分解为素因子唯一性问题相联系的.　大约在上一世纪中叶,德国数学家库莫尔企图证明费尔马的关于方程 $x^n + y^n = z^n$ 当 $n \geq 3$ 时没有非零的整数解的著名命题时，考虑了形如 $a_0 + a_1\xi + \cdots + a_n\xi^{n-1}$ 的数，此处 $\xi = \cos\dfrac{2\pi}{n} + i\sin\dfrac{2\pi}{n}$ 是方程 $x^n = 1$ 的解，而 $a_0, a_1, \cdots, a_n$ 是普通整数．这样形状的数组成一个整域．库莫尔最初把这个整域中分解为素因子的唯一性定理看作是一个显然的命题．在这个基础上库莫尔证明了费尔马命题．然而，在进一步检查时，发现了上述分解为素因子的唯一性定理不成立．为了希望保持素因子分解的唯一性定理成立，库莫尔被迫讨论整域中数的分解，而这分解中的因子不在该整域中．他称这些数为理想数．后来在建立一般理论时，引进了被某个理想数整除的、整域的元素的集合以代替理想数．

发现在数环中分解为素因子的唯一性不成立，是上一世纪所发现的最有兴趣的事实之一，并由此产生了丰富的代数数论．

这个理论的极好应用之一是在第十章(第二卷)末指出的对分解普通整数为平方和问题的应用．苏联数学家佐洛塔辽夫、沃洛诺依、维诺格拉朵夫以及切波塔廖夫的工作在数环的理论发展中起着非常重要的作用．

代数流形 理想子环论的另一个发源地是代数几何．当我们第一次接触二次曲线的理论时，对下面事实常常会感到惊奇：一个双曲线是指互不相连的两个曲线的全体——每一个叫做双曲线的一支，同时两条直线叫做一个分解的二次曲线．术语上的区别在代数中找到解释：如果把曲线的方程表为 $f(x, y) = 0$ 的形状，此处 $f(x, y)$ 是 x, y 的多项式，那么，在第一种情形，这个方程的左端是二次既约多项式；而在第二种情形，左端是两个一次因式的乘积．一个曲线叫做既约的，如果它的方程可借既约多项式 $f(x, y)$ 表出，相反的情形，曲线叫可约的．

同样问题对空间曲线进行讨论时，就变得较为复杂．空间曲线可以用含有两个方程的方程组 $f(x, y, z) = 0$, $g(x, y, z) = 0$ 表示，这时，f, g 远不是唯一地被曲线所决定．这里，自然发生这样的问题，应该把什么样的曲线叫做既约曲线？

理想子环论给出自然的回答. 设 f_1, f_2, …是变量为 x, y, z 的复系数多项式的某个集合, 使得这个集合中每一个多项式都等于零的点 (x, y, z) 的集合(复空间的点)叫做给定的这些多项式所确定的一个代数流形. 用 M 表示这个流形, 并讨论被 M 中任何点代入都等于零的一切变量 x, y, z 的多项式集合. 很容易看出, 所有这样多项式的集合 I 是变量 x, y, z 的多项式环的一个理想子环. 此外, 这个理想子环还具有这样性质: 如果某个多项式的方幂属于 I, 那么, 这个多项式本身也将属于 I, 可是, 不同的多项式的集合, 可以确定同一的代数流形, 然而, 代数流形与具有上面提到的补充性质的理想子环之间的对应是一一对应.

因此, 在研究流形的性质时, 很自然的不讨论它们的"方程", 而讨论其对应的理想子环. 如果理想子环 I 可以表成某两个理想子环 I_1, I_2 的交集, 那么, 流形 M 将可表成与 I_1, I_2 对应的流形 M_1, M_2 的并集. 由此可以看出, 流形 M 自然地叫做既约的, 如果与它对应的理想子环 I 不能表成包含 I 的两个不同理想子环的交集. 曲线分解为阶数较低的曲线与流形分解为既约流形, 它们现在将与相应的理想子环表为不可分解的理想子环的交的形式相对应. 这样分解的唯一性和可能性的问题是代数流形以及一般的理想子环论的最初问题之一.

非可换环的构造 每一个代数, 同时也是对于它的加法与乘法运算的一个环. 因此, 代数论的许多基本概念以及结果对任意环也成立. 然而, 代数论的一些比较细致的结果, 特别是类似于摩林-魏德邦定理(参看§11)转移到任意环上来, 有很多困难. 最近 10—15 年来, 才部分地克服了一些. 这里所指的困难首先是在于寻求环的根的定义, 使得根为零的环与半单纯代数有某种类似, 并且在任何情形, 可以由环论的定理作为其特殊情形得出相应的代数论的结果. 现在,在环论上已经有很多根的定义, 利用它, 在某种限制下建立起半单纯环的构造论. 正如已经指出的, 对非可换环论的兴趣在很大程度上受到作用子环论在泛函分析中非常显著的意义所刺**激**.

§15. 格

正如读者已经知道的,元素的集合叫做偏序集,如果对于它的某些元素对,定义了一元素在另一元数之前,或者说从属于另一元素,并且适合以下条件:1) 每一个元素从属于其本身;2) 由 a 从属于元素 b 以及 b 从属于元素 a,可得出 a 恒等于 b;3) 由 a 从属于 b 以及 b 从属于 c 可得出 a 从属于 c。从属关系通常用符号 $\leqslant$ 表示。某个集合的所有子集的集合是偏序集的重要例子,此处,从属关系是一个子集是另一个子集的一部分。

如果从属关系对于偏序集的每一对元素均被定义,那么,称这个集合为有序(线性)集。例如,实数集是有序集,此处关系 $a \leqslant b$ 表示 a 不大于 b。相反的,含有多于一个元素的某个集合的所有子集的集合所做成的偏序集不是有序集,因为没有共同元素的两个子集是不能比较的。

设某个偏序集 M 具有以下性质:对 M 的每一对元素 a, b,有唯一的最小公共大元 c,即 $a \leqslant c$, $b \leqslant c$,并且对 M 中任意元素 d,只要 $a \leqslant d$, $b \leqslant d$,就有 $c \leqslant d$。这时称 M 为上半格,而称元素 c 为 a, b 的"和"。很易证明,这个"加法"具有下面的性质:

$$a+b=b+a, \quad (a+b)+c=a+(b+c), \quad a+a=a. \tag{13}$$

非常妙的是可以证明其反面。设在某个集合中定义了具有性质(13)的加法运算,那么,当 $a+b=b$ 时,称元素 a 从属于 b。这样,我们便得出一个偏序集,而且在这个偏序集中,元素 a, b 的唯一最小公共大元将是 $a+b$。

类似地,可以定义下半格。这时,讨论最大公共小元以代替最小公共大元,并且称 a, b 的最大公共小元为 a, b 的"积",这个运算也具有上面"加法"的性质,即

$$ab=ba, \quad (ab)c=a(bc), \quad aa=a. \tag{14}$$

既是上半格又是下半格的一个偏序集叫做一个格。按照前面所说过的,在每一个格里,可以定义满足条件(13),(14)的两种运

算. 然而, 这两种运算彼此间是有联系的, 因为关系 $a \leqslant b$ 在格中可以写成 $a+b=b$, $ab=a$ 的任一形式. 换言之, 在格中等式 $a+b=b$ 与 $ab=a$ 应该是等价的, 也就是说, 上面条件可以写成代数形式的等式

$$a+ab=a, \quad a(a+b)=a. \tag{15}$$

由于这个缘故, 格的研究便成为研究具有适合条件(13), (14), (15)的两个运算系统的纯粹代数问题. 用代数的方法研究格论的意义, 粗略的说, 在于: 在个别情形的某种具体的格的特点得以表成元素间某种代数关系, 因而得以利用群论和环论上的丰富工具.

上面已经提到过, 某个集合的所有子集的集合是一个偏序集. 不难证明, 它将是一个格, 如果规定格的和是子集的并集, 而格的积是子集的交集. 如果不是讨论全部而仅讨论某些子集, 那么, 可以得出各式各样的格. 例如, 任意一个群的所有子群的集合是一个格, 所有不变子群的集合也是一个格, 任意一个环的所有子环的集合, 所有理想子环的集合等等都是格. 特别是, 在一个群的所有不变子群所成格中, 以及在一个环的所有理想子环所成格中, 除了基本等式(13), (14), (15)成立外, 下面的所谓模律

$$a(ab+c)=ab+ac$$

也成立. 具有模律的格(戴德金格)的理论在一般格论中占有重要位置.

群论与环论中很大一部分定理是陈述子群、不变子群、理想子环的分布情况的. 因之, 这些定理可以作为子群或者理想子环的格的定理重新叙述. 在某些限制下, 类似的定理对于一般的格也成立. 这种方法, 能够把群论、环论以及其他科目中的某些重要定理转移到格论中来. 另一方面, 利用格论的工具, 反过来在群论和环论中寻求具体的格的性质, 也是很有益的.

格论的出现不是太久的事, 在本世纪二十年代到三十年代还不象群论那样有重要的应用. 然而, 现在格论已经形成数学的一个重要分支, 并且是一个有巨大内容和重要问题的分支.

§16. 一般代数系统

在前面几节曾经企图给出这样的概念：把代数方法应用于问题的更广范围，是如何引导出被代数所研究的元素的系统的扩展，也引导出代数运算概念本身的推广. 在这方面，被罗巴切夫斯基关于几何基础的著作以及一般集合论的发展所刺激的公理方法的发展，起着巨大的作用.

这方面的基本成果之一是逐渐地总结出代数运算、代数系统的一般概念，并且累积了关于定义代数系统方面的一些重要事实. 代替在中学所定义的具体的代数运算（这个定义很大一部分是关于数的），在近世代数中是从运算的一般概念出发. 即给出元素的某个系统 S，并且给出一个规则，对于 S 中取一定顺序的 m 个元素 $a_1, a_2, \cdots, a_m$，在 S 中确定唯一的一个元素 a. 这时，就说在 S 中给出了一个 m 元运算，并说元素 a 是施行这个运算于元素 $a_1, a_2, \cdots, a_m$ 上的结果. 定义了一个或者若干个运算的元素的集合，叫做一个代数系统. 代数的主要问题之一是研究代数系统并对之进行分类. 然而这样形式的问题具有太一般的性质. 事实上，在现在真正重要的并且具有丰富内容的仅是某些特殊的代数系统. 例如，具有一个运算的代数系统，暂时只有在本章的 §§1—10 中介绍过的群论在数学科学中根深蒂固地成长起来，而在具有两个或者多于两个运算的代数系统中，域、代数、环以及格的理论有着重要意义. 然而，由于这种或者那种原因，实际被讨论的代数系统的数目不断增多. 同时，代数的某些典型的部分，例如，关于同态的理论、关于自由系统以及自由并的理论、关于直并的理论以及近来关于根的理论，也都转到一般的代数系统中来. 这就可以作为代数的一个新的部分来谈论这些理论.

在研究整个代数科学的特点时，常常作为其特殊性质，着重指出其缺乏连续性的概念. 因之承认代数科学主要是关于离散性的. 这种观点，无疑地反映出代数的重要客观性质之一. 在现实世界中，连续性与不连续性是辩证的统一．但是，为了认识现实，有时需要把它分成几部分，然后分别地研究这些部分．因之，代数单方面的注意到离散关系，不能够认为这是它的缺点．

从群论的例子中可以看到，个别的代数科目不仅给出计算技巧的工具，而且也给出了表达深刻的自然界规律的语言．然而，代数各个部门除了对于物理、化学、结晶学以及其他一些科学的直接实践意义外，在数学本身，代数也占有重要地位．用杰出的苏联代数学家切波塔廖夫的话来说，代数是数学中发生的许多新的思想和概念的摇篮，它显著地丰富了并发展了数学的许多部门，这些部门已成为物理与技术科学的共同基础．

文　献[1]

П. С. Апександров, Введение в теорию групп. Учпедгиз, 1952.

Ван дер Варден, Современная алгебра, ч. I и II. Гостехиздат, 1947.

Н. Джекобсон, Теория колец. ИЛ, 1947.

А. Г. Курош, Теория групп. Гостехиздат, 1953.

Л. С. Понтрягин, Непрерывные группы. Гостехиздат, 1954.

在苏联大百科全书"代数"、"群论"、"数学"等篇文章中，包括了简短的历史知识以及基本方法问题的讨论．苏联数学家在代数领域中的成就，叙述到 1947 年为止，刊登在"三十年来的苏联数学"文集中．Гостехиздат, 1948.

有关费得洛夫群的文献已在 280 页上指出．

刘绍学　吴品三　王隽骧　译

沈信耀　李培信　江嘉禾

秦元勋　校

刘绍学　复校

---

1) 代数的一般教程在第四章及第十六章的文献中已经指出．